VOYAGE

EN CHINE

PARIS. — TYP. SIMON RAÇON ET COMP., RUE D'ERFURTH, 1.

VOYAGE
EN CHINE

DU CAPITAINE MONTFORT

AVEC

UN APPENDICE HISTORIQUE SUR LES DERNIERS ÉVÉNEMENTS

PAR

GEORGES BELL

PARIS

VICTOR LECOU, ÉDITEUR

LIBRAIRE DE LA SOCIÉTÉ DES GENS DE LETTRES

10 — Rue du Bouloi — 10

MDCCCLIV

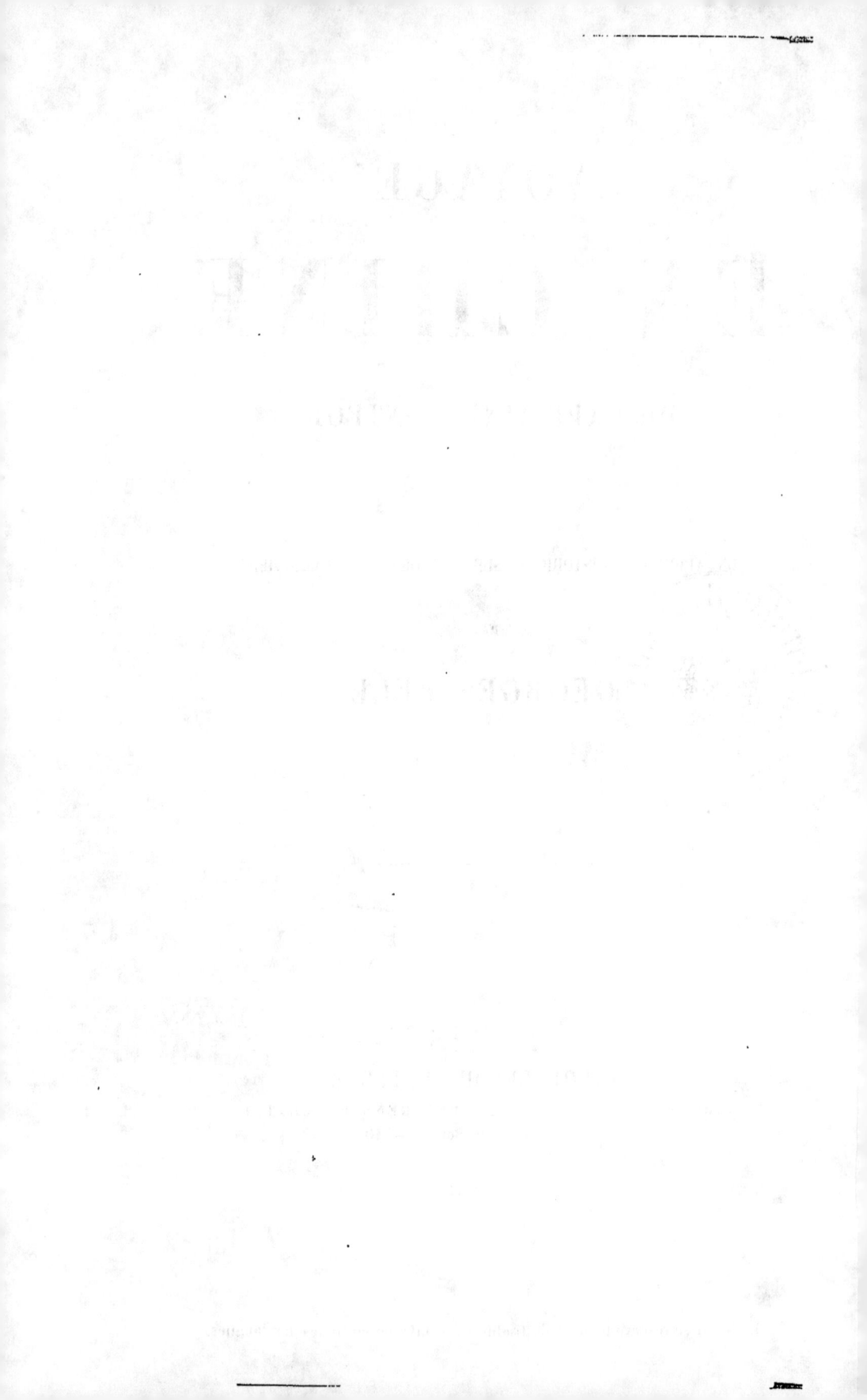

A MONSIEUR LOUIS MÉRY

PROFESSEUR A LA FACULTÉ DES LETTRES D'AIX-EN-PROVENCE

Mon cher monsieur Méry,

Lorsqu'à mon retour de mon cinquième voyage dans
les mers de la Chine je vous communiquai mes livres
de bord, où j'avais consigné toutes les observations que
j'avais pu recueillir sur ces curieux pays, vous m'enga-
geâtes fortement à publier le récit de ma dernière expédition, en y joignant ce que j'avais pu observer dans
les voyages précédents : c'est ce que je fais aujourd'hui.
En mettant votre nom en tête de cet ouvrage, j'ai voulu
acquitter, quoique bien faiblement, la dette contractée
envers vous; car, si vous ne m'aviez aidé de vos conseils et de vos lumières, jamais ce livre n'aurait vu le

1

jour. C'est grâce à vous que j'ai pu colliger avec soin mes observations, leur trouver la forme qui convient au récit d'un voyageur, et peut-être leur donner quelque intérêt. Aussi, acceptez cette dédicace comme le remerciment d'un cœur qui vous est tout dévoué.

MONTFORT,
Capitaine au long cours.

Marseille, 1855.

VOYAGE EN CHINE.

J'avais déjà fait quatre fois le voyage des mers de la Chine, et sur le port de Marseille je jouissais d'une certaine réputation pour mes connaissances spéciales de ces contrées, lorsque mes armateurs ordinaires m'offrirent le commandement d'une nouvelle expédition commerciale dans ces parages lointains. Un voyage de cette nature, surtout pour un navire marchand, est toujours une affaire considérable et exige quelque réflexion. Je demandai donc à mes armateurs quelques jours de répit avant de leur faire réponse. J'avais besoin de m'assurer du concours d'hommes sur lesquels je pusse compter, et surtout de voir si la place me fournirait les moyens de composer un équipage d'élite, comme il convient d'en avoir pour de semblables traversées.

Trois jours après j'avais terminé toutes mes démarches, et j'étais prêt à donner une réponse favorable à mes armateurs. Je m'étais assuré le concours de mon ami, le capitaine Caillet, qui consentait à m'accompagner; nous devions partager le commandement du navire, seulement lui s'occuperait plus spécialement de la partie maritime, pendant que moi je m'étais réservé la partie commerciale,

et ceci à cause de la mission de confiance que les armateurs ne voulaient remettre qu'en mes mains. En outre,
j'avais trouvé un équipage de ces marins du Midi, les
hommes de la mer les plus propres à ces courses lointaines.

Mes armateurs furent très-satisfaits quand je leur racontai mes démarches préalables, et de leur côté ils se
montrèrent disposés à tout faire pour rendre mon expédition fructueuse. Ils s'en rapportèrent à mon expérience
pour la cargaison, qui devait être mi-partie pour Bourbon,
mi-partie pour les ports de l'empire chinois. Je les déterminai aisément à cet arrangement, en leur faisant observer que je trouverais à compléter mon chargement à
Bourbon, qui a plus de relations avec la Chine et mieux
suivies que nos villes de commerce d'Occident. L'événement réalisa mes prévisions, et j'en fus d'autant plus
joyeux, que mon expédition a ouvert une voie qui n'a pas
cessé d'être fréquentée depuis, et chaque jour tend à accroître et à développer nos relations avec ces pays, que
nous connaissons à peine depuis quelques années.

Je choisis, parmi les nombreux navires de la maison à
laquelle j'appartiens, le *Joseph-et-Claire*, un beau trois-
mâts, fin voilier, d'une charpente solide et capable de supporter les plus rudes traversées. Quoique notre expédition
fût toute commerciale, comme je n'ignorais pas que nous
aurions à traverser des parages et des archipels infestés
par la piraterie, je munis notre navire de quelques menues
nues pièces d'artillerie, j'embarquai une certaine quantité
d'armes et de munitions de guerre, afin d'être prêt à tout
événement; j'eus une sainte-barbe comme un navire de
guerre, et mes matelots, en me voyant faire ces provisions,
apprirent que je ne les avais pas trompés en leur annon-
çant un voyage où peut-être nous aurions à jouer du pis-
tolet et du poignard. Au reste, je dois le dire à leur éloge.

tous ces intrépides marins n'en étaient que plus contents
de m'accompagner, et, à voir l'enthousiasme qui régnait
à bord lorsque je commandai l'appareillage, je crois volontiers qu'ils m'auraient suivi et sans sourciller au bout du
monde.

Nous étions trente-cinq hommes d'équipage, le capitaine
Caillet, les mousses et moi compris; nous avions des vivres
pour un an; avec cela, nous pouvions sans crainte mettre
à la voile.

C'était, il m'en souviendra toujours, par une belle matinée de mars. La veille nous nous étions rapprochés de la
tour Saint-Jean; nous étions amarrés entre cette forteresse
et la Santé. Une population immense couvrait la Tourette
pour nous voir partir; car on savait où nous allions, et
bien des vœux nous accompagnèrent sur la mer, bien des
prières ardentes furent pour nous adressées au ciel! Nous
avions tous les yeux sur Notre-Dame de la Garde pendant
que nous franchissions l'entrée du port, et, quand nous
fûmes au large, bien longtemps encore nos regards cher-
chèrent la vigie sur la montagne! Car la vigie qui s'élève
sur cette sainte chapelle, et qui signale au loin les navires
qui viennent ou qui s'en vont, est la dernière chose que
nous apercevions de la patrie, et ce n'est jamais sans
émotion qu'on quitte ou qu'on revoit la terre natale.

Maintenant franchissons vite cette longue traversée :
nous n'avons rien de nouveau à dire sur nos diverses stations à Cadix et au Cap. Cette dernière ville est cependant
fort curieuse, et, si les Anglais qui la possèdent nous
l'avaient fait moins connaître, elle mériterait d'occuper
une place d'élite sur les tablettes d'un voyageur.

Nous arrivâmes sans encombre à Bourbon, et là toutes
mes prévisions se réalisèrent à l'endroit de notre cargaison. Je fus heureux de pouvoir me débarrasser avantageusement des marchandises de France que j'avais à bord

1.

à destination de cette île. Mais je ne pus de quelque temps reprendre la mer. La saison n'était pas favorable. J'allai donc choisir mon mouillage dans la baie de Saint-Denis, et, tout en me tenant prêt, j'attendis l'occasion de commencer mon véritable voyage.

Je profitai du séjour que j'étais obligé de faire à Bourbon pour étudier les mœurs des Chinois qui travaillent en grand nombre sur les plantations, et je pus observer que, si nous désirons vivement pénétrer dans l'Empire du Milieu, les Chinois, de leur côté, ne demandent pas mieux que de venir se mêler aux barbares. Ceci redoubla mon courage, et je m'applaudis une nouvelle fois d'avoir entrepris un pareil voyage pour couronner ma carrière de navigations.

I

Bancs de Curgados-Curajas. — Chélonée. — Pulo-Brace. — Beautés des mers tropicales. — Iles Bouton. — Séjour à Pulo-Pinang. — Commerce. — Indications pour les expéditeurs marseillais. — Missionnaires. — Un évêque propriétaire d'une sucrerie. — Les sucreries de deux Marseillais. — MM. Barban et Donnadieu.

Le 6 février 1846, à huit heures du soir, je quittai la rade de Saint-Denis par une petite brise de terre qui s'éteignit insensiblement, et laissa mon navire en calme vers une heure du matin.

Le jour se passa à attendre le vent, qui se remit à souffler au sud, et, le 8, nous étions sous le vent de Maurice, à la distance de huit à dix lieues. Le 15 nous nous trouvâmes près du banc de Curgados-Curajas, où nous prîmes, après avoir obtenu des sondes depuis trente-quatre jusqu'à seize brasses, une grande quantité de poissons de la famille des sparoïdes. Le fond, à cette profondeur, se laissait parfaitement voir; il était formé de sable fin, de coquilles brisées, de coraux et de roches. Depuis ce point jusqu'au 5° de latitude sud et au 82° de longitude est, nous eûmes, chose assez rare, des vents variables du nord à l'ouest et à l'ouest-sud-ouest; quelquefois il soufflait très-frais; puis nous retombâmes dans des calmes à peine interrompus par de faibles brises venant des diverses côtes.

Voici la seule distraction que l'aspect de cette mer immobile nous donna : une chélonée (tortue de mer) d'une moyenne grosseur nageait escortée par un pilote (*cen-tronotus ductor*); c'est un poisson que nos matelots marseillais nomment *fanfré rescass*. Cette tortue n'était plus, à ce qu'il nous sembla, la maîtresse de ses actions ; car, toutes les fois qu'attirée par la végétation dont se revêtent les flancs des navires dans ces lointaines excursions elle allongeait la tête pour essayer de saisir ces friandes mousses, le pilote la devançait et l'écartait vivement : la tortue se résignait aux caprices de son impérieux compagnon de route. Ce manége durait depuis quelque temps déjà et nous réjouissait, lorsqu'un de nos matelots s'avisa de jeter une ligne, à l'amorce de laquelle mordit aussitôt le pilote. La tortue, débarrassée de son tyran, put alors repaître sa faim à loisir ; mais c'était à elle bien plus qu'au pilote qu'en voulait notre matelot, et un instant après il la pêcha et la jeta vivante sur notre pont. La graisse verte des tortues de ces parages est un mets dont les marins se montrent très-friands. Celle qu'on venait de pêcher ainsi servit pendant trois jours à doubler l'ordinaire de notre équipage.

Le 12 mars, la côte ouest de Sumatra nous apparut à dix lieues environ. Nous avions devant nous Pulo-Brace. Comme le vent soufflait du nord-nord-est à l'est-nord-est, mêlé de grains fréquents, je fus forcé de prendre bâbord amures et de passer à l'ouest des îles, à une très-petite distance des récifs qui s'élèvent au nord-ouest de Pulo-Brace. Nous fumes tribord amures jusque par 7° 30′ ; là, le vent ayant halé le nord-est, nous avons pris bâbord amures. Notre longitude était de 93° est.

Rien ne saurait donner une idée de la beauté dont la saison où nous étions entrés revêt ces splendides mers tropicales ; c'est ici que l'imagination du poëte est aisément mise en défaut ; les langues parlées et écrites n'ont pas d'expressions assez riches et assez variées pour décrire les couleurs dont se parent ce ciel et cette mer, toutes les harmonies de cette nature puissante qui vit et tressaille sous les embrassements du soleil.

Pourtant des clapotis soulevaient quelquefois cette masse d'eau, tout irisée de lumière et se teignant des couleurs du prisme. Ces clapotis, parfois assez forts, ne peuvent être entièrement expliqués par les courants qui se manifestent le plus souvent dans le nord-nord-ouest, sans beaucoup de véhémence. Il est évident, pour moi, que des causes sous-marines opèrent ces soulèvements. Toutes ces contrées sont peuplées de volcans, et on peut fort raisonnablement admettre qu'il en existe en travail sous les flots.

Là nous vîmes, pour la première fois, ces hydrophides (1) de diverses espèces qui se montrent en grand nombre dans ces mers, dans celles de la Chine et dans une partie de l'océan Pacifique. Quelques hydrophides sont d'une assez grande taille, il y en a qui revêtent une couleur noire, d'autres portent des anneaux noirs découpés sur un fond jaune. Les naturalistes n'ont guère parlé encore de cette espèce d'ophidiens.

A mesure que nous avancions vers la côte, nous assistions à la formation de ces fréquents orages qui naissent au-dessus des terres et dont les explosions introduisent dans les vents une grande variété; puis, les parfums de la terre nous arrivaient, portés sur les ailes des brises. Le 19 mars, les îles Bouton, signalées par un dôme superbe, nous apparurent; nous apercevions Lencava et Ladda; les eaux blanchissaient et semblaient nous inviter à prendre terre; mais le navire filait toujours. Le 20 mars, au lever du jour, une égale distance nous séparait des îles Boonting et de Pulo-Pinang; des navires se montraient à nos

(1) Espèce de serpent de mer, très-déprimé vers sa partie inférieure surtout, dont la morsure est mauvaise et fort redoutée des Malais.

regards, dans l'ouest; nous vîmes une jonque chinoise et nous commençâmes à distinguer les pêcheries des Malais, qui, lorsqu'on les aperçoit de loin, avant que les vapeurs des couches inférieures de l'air se soient dissipées, ressemblent à des navires sous voiles. Si la nuit vous surprenait en cet endroit et qu'on craignît de s'aventurer, on trouverait un mouillage, pourvu qu'on se rapprochât un peu de Pulo-Pinang.

Nous étions encore à douze milles de la rade lorsque nous vîmes arriver à notre bord les donbachis, qui s'empressèrent de nous étaler des masses de certificats; de ces donbachis on en prend un si on le juge convenable pour faire le bazar. Nous engageons les navigateurs qui se rendent à Pulo-Pinang de bien tenir le milieu du chenal, et de gouverner sur la pointe du fort, que l'on reconnaît à son mât de pavillon; ils laisseront à tribord un petit îlot que l'on nomme Pulo-Ticoot, et près duquel on pourrait mouiller, si l'on était surpris par la nuit. Entre Pulo-Ticoot et la pointe du fort, il y a peu de fonds; aussi fera-t-on bien de tenir la pointe du fort un peu par tribord. En cet endroit, on compte un grand nombre de pêcheries.

Nous trouvâmes sur rade une corvette danoise, la *Galathea;* elle venait des îles de Nicobar, où le gouvernement danois avait fait des essais de colonisation qui avaient coûté la vie à un grand nombre de personnes; les maladies s'étaient déclarées parmi les Danois, qui avaient été forcés de remettre à des Chinois le soin de défricher les terres que le soc ne peut remuer sans que de meurtrières exhalaisons ne se répandent dans l'air.

La rade où nous entrâmes est située entre la côte ouest de la province de Queda, dont une partie vient d'être cédée à l'Angleterre, qui l'a nommée Wellesley, et la côte est de Pulo-Pinang; elle offre un abri très-sûr aux navires. Nous jetâmes l'ancre à un demi-mille de l'île, au

milieu du courant, afin d'être dans le cas de moins prendre des tours aux changements de marées. Nous étions
par un fonds de quatorze ou quinze brasses. Ce courant
augmente de force à l'époque de sizygie. Cette rade, toujours assez fréquentée, l'est moins cependant qu'autrefois,
depuis que Singapour a pris une grande extension. Nous
y trouvâmes une grande quantité de petits bricks parias
qui apportent du riz d'Aracan ; il y avait aussi une infinité
de jonques chinoises ; celles-ci, après avoir débarqué les
marchandises qu'elles apportent de la Chine, vont à Aracan chercher du riz, et reprennent la route de leur pays
à la mousson de sud-ouest, qui s'établit à Pulo-Pinang à
la fin d'avril.

Pulo-Pinang, que les Anglais, qui voudraient que tous
les points du globe portassent des noms bretons, appellent
Prince-of-Walles, est d'une hauteur moyenne, et peut être
aperçue de quinze lieues ; de la côte de Queda on aperçoit
une haute montagne de forme conique. L'île est très-bien
boisée et toute verdoyante ; cette verdure s'étend du rivage
de la mer jusqu'au sommet des montagnes.

La ville que les Anglais nomment Georges-Town est bâtie sur le rivage, à la moitié de la côte et de l'île. Les rues
sont droites et larges, non pavées ; les maisons sont spacieuses et commodes, presque toutes bâties en briques et
n'ayant qu'un rez-de-chaussée et un étage, dont les appartements sont somptueusement meublés ; des jalousies à
toutes les fenêtres et une *varanga* (sorte d'auvent soutenu
par des colonnes), extérieurement disposées, empêchent la
chaleur de s'y faire trop sentir, et arrêtent ces rayons so-
laires qui tombent d'aplomb dans ce pays enflammé et vous
maintiennent dans un continuel état de moiteur. Les
maisons sont la plupart isolées, et s'élèvent au milieu
d'un vaste emplacement où se trouvent, séparées par un
certain espace du corps principal de logis, les cuisines et

les écuries. Les maisons du peuple, la plupart habitées par des Chinois, se touchent et sont toutes pourvues de magasins.

Les Chinois sont répandus sur tous les points principaux où peuvent aborder leurs jonques; ils forment la portion la plus industrieuse des populations de la Malaisie ; les uns se livrent à la culture des terres, les autres à l'exercice d'une foule de métiers, et tous, dans les différentes professions qu'ils embrassent, font preuve d'intelligence et d'activité. Ces Chinois, vrais bannis volontaires, ne peuvent plus retourner dans leur pays, sous peine de s'exposer à des châtiments qu'un petit nombre brave toutefois ; aussi ne gardent-ils plus, sauf quelques-uns, plus audacieux que la foule de ces exilés, aucun esprit de retour ; ils n'en persistent pas moins cependant à conserver soigneusement les usages de leur mère patrie. La Chine me paraît une pépinière de travailleurs, et il conviendrait peut-être d'en tirer parti pour peupler des lieux où les intentions civilisatrices de l'Europe sont mal ou point secondées par des habitudes de vie nomade ou paresseuse chez des indigènes, et surtout paralysées par un défaut de population. Le Chinois est aussi sobre qu'industrieux ; il est dur à la fatigue, et, pourvu qu'il découpe des lanternes de papier dans ses rares moments de loisir, qu'il se donne, le soir, le spectacle d'une illumination à bon marché, qu'il brûle sur ses petits autels de petits morceaux de papier, qu'il cloue au fond de son appartement les images du bouddhisme, et qu'on lui laisse son costume national et sa longue queue, il consent à vivre sous la loi de l'étranger, et travaille avec une patience et une assiduité exemplaires. Ne pourrait-on pas tenter une importation de travailleurs chinois en Algérie, par exemple? L'espèce humaine regorge en Asie, depuis la mer d'Aman jusqu'à la mer Jaune. Il y aurait profit et humanité à ouvrir d'autres champs de culture à ces populations entassées dans les villes indiennes et chinoises, exposées à tant de misères et douées cependant d'une telle énergie de reproduction, que, malgré tant de causes qui semblent en conspirer la diminution, elles ne pullulent pas moins dans les lieux où la terre semble devoir leur manquer.

A Pulo-Pinang on ne connaît, pour ainsi dire, que la vie claustrale; personne ne s'y fréquente et on y mène une existence assez triste, bien que les vivres y soient à très-bon marché et l'air assez salubre. Les dames, la plupart fort jolies et fort aimables, ne cherchent pas à animer cette solitude commerciale ; car elles ne se visitent pas et restent cloîtrées dans leurs appartements jusqu'au moment où l'on peut trouver, hors des maisons, un peu de fraîcheur atmosphérique. Les hommes alors montent à cheval, et les femmes se font porter dans des palanquins roulants ; mais chacun vit à part et porte sur son visage l'expression d'un ennui profond.

Les Français que l'on trouve à Pulo-Pinang ont un moyen de distraction dans les courses fréquentes qu'ils font au village de Pulo-Ticoot, situé à trois milles environ de la ville. Là se sont établis des missionnaires de notre nation, qui y ont bâti un collége pour l'éducation des jeunes Cochinchinois. Le nombre des élèves est de deux cent cinquante environ ; ces jeunes Cochinchinois sont destinés à répandre dans leur pays les lumières évangéliques. J'allai les voir, et l'on se figurera l'étonnement que j'eus en m'entendant saluer, dans la cour où je les trouvai réunis, par ces mots nettement prononcés : *Ave, domine viator, quomodo vales?* (Bonjour, seigneur voyageur, comment vous portez-vous?) Ces deux cents Cochinchinois m'adressaient la parole en latin, dans cette langue qu'ils apprennent tous, et en échange de laquelle ils enseignent la leur à leurs maîtres.

2

Les missionnaires qui les élèvent sont fort instruits et reçoivent les visiteurs avec des manières extrêmement polies. Je fus réellement enchanté de ces dignes ouvriers évangéliques, qui, reprenant la civilisation à sa base antique, introduisent la langue de Cicéron et de Virgile dans les contrées les plus voisines de l'aurore, et maintiennent ainsi l'universalité de l'idiome dont M. Destutt de Tracy voudrait proscrire l'enseignement dans nos colléges. Il y a dans cette initiation d'intelligence asiatique à la langue du peuple-roi quelque chose d'antique et d'apostolique qui frappe par sa grandeur et sa singularité, qui nous fait songer aux merveilles opérées par la parole et la lance des Romains, et aux merveilles du christianisme primitif. La réception que ces dignes missionnaires me firent me toucha vivement; nous parlâmes de la France, de cette France dont l'image ne s'efface jamais du cœur même de ceux qui remplissent un apostolat divin, un apostolat qui semble les détacher complétement des affections terrestres, et je trouvai dans les paroles de monseigneur Bouchard, évèque *in partibus*, l'émotion et l'expression que le souvenir de la patrie donne aussi aux discours des exilés volontaires pour une cause sainte.

Le capitaine français qui arrive à Pinang prend ordinairement un consignataire. Nous étions adressés à la maison W. Hall et Cie, une des premières du pays; nous eûmes le plaisir d'y rencontrer M. Barban, de Marseille, l'agent de MM. Vidal frères. A Pulo-Pinang, le donbachi se charge de faire vos provisions et toutes les commissions de détail. On règle avec lui au moment du départ. Un navire trouve dans cette île tout ce qui lui est nécessaire et à des prix bien modérés. On peut y faire toutes les réparations dont il a besoin sans que cela coûte trop.

Je porterai la population de la ville à trente mille âmes;

les Chinois sont des ouvriers universels, et ils font tous les métiers. Quant aux Malais, ils y sont en petit nombre, et ne se livrent qu'à la culture et à l'élève de quelques bestiaux. J'aimais assez à visiter les campagnes voisines, assez bien tenues et productives. La noix d'Arec y est recueillie avec abondance ; on en fait des cargaisons pour la Chine et pour le Pégu. On a commencé des plantations d'épices telles que la noix muscade et le girofle.

Un navire français qui se rendrait directement de France à Pinang, et qui n'aurait pas fait comme nous, c'est-à-dire y aurait porté une cargaison complète, s'exposerait à ne pouvoir l'écouler. La plus grande prudence et une connaissance profonde des localités sont nécessaires dans ce commerce lointain. On y placera avantageusement et même assez facilement une cinquantaine de tonneaux de sel, vingt-cinq barriques de vin, une cinquantaine de barils de farine, autant de caisses de liqueurs, une vingtaine de barils d'eau-de-vie, que les Anglais préfèrent à celle qu'on leur apporte en caisse. Au delà, tout ce qu'on apporterait de France risquerait fort d'être aventuré.

Une branche de commerce qui y prend chaque jour plus d'extension est celle des épices, et principalement des girofles. Les navires venant de Bourbon avec cette cargaison y font de bonnes affaires, et cependant ils ont recours à une ruse qui commence à être éventée. Quand ils arrivent, ils ne déclarent que la moitié de leur chargement, et, quand cette moitié est avantageusement placée, ils déclarent le reste. Ils feraient mieux cependant de porter cette cargaison à Singapour, où les girofles sont très-recherchés.

Pendant mon séjour à Pinang, je profitai des loisirs que me laissaient mes occupations commerciales pour m'initier encore plus dans la connaissance des mœurs

chinoises. Parmi les travailleurs de cette nation avec lesquels j'eus des affaires à régler se trouvait un mécanicien
fort habile, que j'employai à divers travaux qui m'étaient
personnellement nécessaires. Cet homme était d'une grande
intelligence, et, quoique dans une position inférieure, savait
une foule de choses qu'ignorent en général les gens de sa
profession. Il était doué d'une facilité merveilleuse pour
apprendre les langues. Il parlait purement l'Anglais, et,
quoique la langue française lui fût moins familière, il
causait avec nous assez couramment pour nous rendre sa
conversation des plus intéressantes. Il me servit de guide
dans plusieurs excursions que je fis, soit par la ville, soit
dans les environs, et m'apprit en outre sur la Chine, sur
la vie des Chinois, une foule de détails dont j'eus lieu
plus tard de reconnaître toute l'exactitude. C'est grâce à
lui que j'ai pu pénétrer, lorsque je me trouvai dans les
ports du Céleste Empire, jusque dans l'intérieur domestique de ce peuple et saisir à leur début le sens de ces idées
de réformes et de revendication de nationalité qui, quelques mois après mon retour en Europe, devaient révolu-
tionner l'Empire du Milieu.

Mon Chinois n'omettait de me faire voir aucune des bizarreries, aucun des spectacles qui peuvent piquer la curiosité d'un Européen. C'est ainsi qu'il vint un jour me
chercher pour me faire voir des jongleurs arrivés de la
veille. On sait que les jongleurs hindous laissent bien loin
derrière eux leurs confrères de l'Europe dans l'art de
tromper la vue et d'émouvoir en même temps par le genre
de scènes qu'ils représentent. Les jongleurs chinois sur-
passent encore leurs confrères de l'Inde, et leur habileté
ne peut être comparée qu'à leur figure béate et insigni-
fiante. Ceux qui venaient d'arriver à Pinang se proposaient de s'en aller par le monde, en Amérique et en
Europe, donnant des représentations. Ils faisaient des

VOYAGE EN CHINE. 21

merveilles dans leur genre. Je me rendis à leur baraque avec le capitaine Caillet, et, parmi leurs divers exercices, je citerai le tour suivant, dont nous fûmes témoins, et qui excita au plus haut point notre étonnement. Je le transcris tel que je l'ai consigné le soir même sur mon journal de voyage :

« Le jongleur Tato-oo-Kaïb fait entrer dans un panier une petite fille de huit ans, presque nue, puis il lui adresse diverses questions. Les réponses partent bien du panier. Tout à coup il se fâche et menace l'enfant de la tuer. Celle-ci crie merci, mais le jongleur, sourd à ses prières, tire une épée, et, avec une expression de férocité infernale, il l'enfonce dans le panier ; ses traits contractés, sa bouche écumante, les cris de l'enfant, tout contribue à saisir d'effroi les spectateurs. Bientôt le sang s'échappe du panier, on entend l'enfant se débattre ; ses gémissements brisent le cœur, puis ils s'affaiblissent graduellement, et enfin ils se terminent par un soupir convulsif. Le jongleur prononce alors quelques paroles cabalistiques et ouvre le panier... l'enfant n'y est plus. Mais, au moment où l'inquiétude règne dans l'auditoire, elle apparaît tout à coup à l'autre bout de la salle, salue l'assemblée et vient recevoir, avec force révérences et remercîments, la gratification, qui lui est donnée de bien bon cœur. Ce qu'il y a de plus extraordinaire dans cette scène, c'est que le jongleur touche presque les spectateurs, dont il n'est séparé que par une distance de quelques centimètres. »

Le mécanicien chinois qui nous avait conduit à ce spectacle jubilait de notre étonnement. Pour lui, son petit œil rond et oblique était la seule partie de son corps qui témoignât quelque satisfaction. Cependant son contentement avait été aussi grand que le nôtre, et il le témoigna, quand la petite fille passa près de nous, en détachant la ceinture de monnaie qu'il portait autour du corps pour

2.

lui donner quelques morceaux de cuivre percés à leur milieu, usage que le Chinois contracte dès l'enfance et qu'il conserve religieusement toute sa vie.

Au retour de cette joyeuse équipée, j'eus avec le complaisant mécanicien une conversation sur le théâtre et les amusements populaires des Chinois. Tout ce qu'il me dit était fort sensé, fort original pour moi et fort exact. J'en parlerai longuement ailleurs, lorsque j'aurai raconté une nouvelle rencontre de bonne fortune que je fis à Nan-King, près du temple de la Reconnaissance, le célèbre Pao-gnen-tzée. Revenons à Pinang.

Depuis que l'infatigable gouverneur anglais s'est fait céder la partie de l'île qui porte le nom de Wellesley, il distribue des terrains à des particuliers et encourage l'établissement des sucreries. Les principales de ces sucreries sont celles du Val d'Or, d'Iaoué et de Baton-Couan. La sucrerie du Val d'Or est tenue par MM. Barban et Donnadieu, de Marseille. Ces deux honorables industriels sont sur la voie de la fortune, et justifient la réputation commerciale des Marseillais par leur intelligence et leur activité. La sucrerie d'Iaoué appartient à M. Donnadieu seul, et celle de Batou-Couan à monseigneur l'évêque Bouchard.

Les deux premières de ces sucreries ont des machines aussi puissantes que celles dont on fait usage dans la sucrerie de la Nouvelle-Espérance, à Bourbon, et ne tarderont pas à être aussi bien installées, quoique les propriétaires me paraissent s'en exagérer un peu l'importance et les résultats qu'ils s'en promettent au moyen des inventions qu'ils méditent sans cesse. J'ai vu, à la vérité, peu d'industriels doués d'un esprit aussi inventif que l'est M. Donnadieu ; mais je crains pour eux les entraînements du caractère provençal, de ce caractère qui passe si brusquement de l'exaltation au découragement, et qui prend

trop vite feu sur une idée dont la promptitude de l'imagination ne voit souvent que les beaux côtés.

Le terrain que ces deux sucreries consacrent à la culture
est grand comme une province et s'étend de plus en plus,
à mesure que l'actif M. Donnadieu, donnant l'ordre et
l'exemple, prolonge ses trouées dans de vastes forêts et
porte le fer et la flamme dans ces masses d'arbres gigantesques qui les forment. J'avais joie à voir cet ardent Marseillais luttant ainsi contre les obstacles naturels et parve-
nant à féconder des terres où, avant lui, les bêtes féroces
imprimaient seules leurs traces. J'admirai aussi l'intrépidité de madame Donnadieu au milieu de ces solitudes que
le génie de son époux transforme et soumet à la culture ;
car cette dame est exposée souvent à voir des serpents se
glisser sur les nattes de sa chambre et laisser sur ses meubles l'empreinte visqueuse de leurs anneaux. Elle n'est
jamais sûre de ne pas trouver sous ses mains quelqu'un
de ces hideux reptiles qui abondent à Pinang, et elle m'a
dit elle-même que son sommeil était souvent interrompu
par des concerts dans lequel le tigre et le rhinocéros faisaient bravement leur partie. Ce sont des voisins autrement incommodes et dangereux que ceux dont nous nous
plaignons constamment en Europe. Et cependant madame
Donnadieu supporte toutes ces contrariétés avec cette intrépidité de la femme qui sait qu'elle est la consolation et
le soutien d'un homme qui enfante un monde nouveau à
la civilisation.

Les cannes de ces sucreries sont plantées sur des épaule-
ments et ont presque toujours l'eau au pied. Aussi don-
nent-elles à la trituration plus d'eau que celles de Bourbon et moins de sucre. On a commencé, cette année, à
exporter des produits en Angleterre ; ils sont encore loin
de pouvoir être comparés à ceux que l'on obtient à Bourbon, mais ils laissent aux fabricants un large bénéfice, vu

la modicité du prix de revient. MM. Barban et Donnadieu
font exploiter leurs terres par des Chinois, et, en habiles
économistes, ils les intéressent à leurs opérations en les
payant à la vente du sucre, selon les produits qu'ont
donnés les champs qu'ils ont cultivés. Aussi obtiennent-ils
des résultats entièrement satisfaisants, car ces gens-là
savent qu'ils gagneront en proportion de leurs soins, et
ils agissent en conséquence. J'ai donc trouvé à deux mille
lieues de Marseille l'application de l'excellente théorie
qu'un de nos agronomes les plus distingués développait
un jour devant moi avec tant de chaleur et de conviction.
Je serais heureux que l'honorable M. P... pût savoir
que son nom et son utile système me sont venus à l'esprit
en parcourant les sucreries de Pinang. Les Chinois préfèrent ce payement, réglé sur la quantité de produits, à un
salaire mensuel. Je serais d'avis que ce système fût employé à Bourbon ; on y aurait beaucoup moins à se plaindre des Chinois que l'on y a introduits. Au reste, les
habitants de Bourbon croient avoir affaire à des Chinois
de paravents, à des magots, et, ne comprenant ni leur
caractère ni leur façon d'agir, ils ne savent tirer d'eux
aucun parti.

Je ne veux pas quitter Pulo-Pinang sans payer un tribut de reconnaissance à la famille Paddih, dont le chef
est aussi celui de la maison de commerce Hall et Cie.
M. Paddih fait les honneurs de sa maison sans que la morgue anglaise vienne gâter son obligeante hospitalité. Il y
a au monde peu de toits où l'on soit aussi bien accueilli ;
et, sur cet empressement à bien traiter le voyageur, à lui
procurer ces douces heures d'intimité, de festins joyeux,
de causeries agréables, madame Paddih fait rayonner son
attirante et indescriptible beauté, et surtout sa douceur et
son extrême affabilité.

II

Quand on lit la relation d'un voyage, on doit s'attendre
à rencontrer à toute page les mots de départ et d'arrivée.
C'est une des conditions du déplacement.

Le 10 avril, toutes nos affaires commerciales étaient terminées à Pulo-Pinang. Heureux dans mes prévisions, je
n'avais eu aucun déboire à subir à l'endroit de ma cargaison de marchandises d'Europe. La majeure partie était
restée à Bourbon avantageusement placée, et les girofles
et autres épices par lesquelles j'avais remplacé ce qui me
manquaient avait été assez vivement recherchés à Pulo-
Pinang. Je voulus renouveler la même opération en Chine;
mais, ayant pris conseil des gens les plus expérimentés, je
vis que Pinang ne m'offrait plus de ressources assez considérables pour l'affaire que je voulais tenter, et que je
trouverais ce que je cherchais bien plus convenablement à
Sincapour, ou Singapour, comme disent les Européens.
C'était donc là qu'il fallait aller.

Le 12 avril de l'année 1846, au matin, nous quittâmes
la rade de Pulo-Pinang, avec une très-légère brise de
nord-est, nous prîmes le donbachi de M. Barban pour pilote, et nous sortîmes par la passe du sud.

Ce passage vous permet de faire l'économie d'un jour,
et n'offre que peu de risques depuis que l'on a eu soin

d'indiquer le chenal par des bouées. Nous n'y avons pas trouvé, à marée basse, plus de quatre brasses d'eau. J'aurais pu me passer du pilote. On ne doit pourtant pas négliger, quand on a dépassé le Sand-Bank, d'accoster les îles qui sont sur la côte est de Pulo-Pinang, et qui forment la partie ouest du chenal. Près de ces îles on trouve encore environ cinq brasses d'eau. J'y ai vu passer les bateaux à vapeur de la correspondance, qui, certes, ont un tirant d'eau plus fort que notre navire marchand. A la vérité, cela eut lieu pendant les grandes eaux.

Nous tirâmes une dernière bordée vers le Pulo-Ramio, et nous mîmes ensuite le bord pour faire route dans le détroit, sans nous écarter trop de la côte de Perah, afin de moins ressentir la marée contraire. Nous avions notre ancre à jet en galère et une ancre de poste parée. Dans la nuit nous eûmes des gronasses, surtout du côté de la terre, et, au jour, nous aperçûmes les Sambilany et Pulo-Jara, à la distance de neuf milles environ.

Le 14, nous sondions sur la tête des bancs du nord, et à trois heures après midi, le calme étant survenu entre les Arroas et les bancs du nord, nous mouillâmes l'ancre à jet pour étaler la marée. A quatre heures du soir nous appareillâmes de nouveau.

Le 15 avril, à huit heures du matin, nous relevions la colline Parcelar : au nord-est cette colline isolée se distingue très-bien à la distance de six à sept lieues. Nous avons navigué de jour comme de nuit dans le détroit de Malacca, et j'ai même remarqué que nous faisions plus de chemin pendant la nuit, parce que nous avions soin de ranger la côte de près, afin de profiter de la brise de terre et de moins ressentir le courant contraire, qui est toujours plus fort vers le milieu du détroit.

Nous n'étions encore qu'entre Pulo-Pinang et les Carimons, que déjà nous avions à bord un *boatman* et un don-

bachi. Le 18, au soir, le calme étant revenu, nous mouillâmes l'ancre à jet, par dix-huit brasses, et nous vîmes devant nous l'île de la Grange et les autres îles qui forment
le détroit de Sincapour. A trois heures du matin, la marée
nous favorisant, nous appareillâmes sous toutes voiles de
plus près, et, après avoir pris bâbord amures, nous passâmes à une petite distance de la Grange, et surtout très-
près du petit îlot nommé Coney. Nous vîmes, à notre
droite, l'île de l'Arbre, qui, lorsque la marée est pleine,
ne montre qu'un seul arbre au-dessus de l'eau, et qui est,
par conséquent, très-dangereuse par un temps sombre.
Nous fîmes plusieurs bordées, et, le 19, à une heure et
demie de l'après-midi, nous mouillâmes sur la rade de
Sincapour, mais au large et sur un banc de vase, où ne
se trouvent que quatre brasses et demie d'eau. Les marées ordinaires sont peu sensibles sur la rade de Sincapour,
et le courant y est très-faible. De ce banc on est à deux
milles de la ville.

La ville de Sincapour est bâtie sur un terrain plat,
élevé au-dessus des plus fortes marées d'environ cinq
mètres et au pied d'une petite colline qui en occupe le
milieu, et sur le sommet de laquelle se font remarquer la
demeure du gouverneur et le mât de pavillon. Une petite
rivière la divise en deux parties ; sur la rive droite sont
situées les innombrables magasins et les maisons qu'occupent les Chinois, les juifs, etc.

Parmi ces magasins il y en a de très-vastes et de parfaitement installés. Tous les objets que l'on recherche le
plus s'y trouvent réunis en abondance. On y trouve les
produits de l'Inde et de la Chine, ainsi que ceux des manufactures de l'Europe. C'est également de ce côté que sont
réunis les comptoirs des grandes maisons de commerce ;
leurs magasins s'ouvrent par derrière sur la rivière ou
sur la rade, de manière que l'on débarque la cargaison

sur le terrain même du consignataire. Cela se passe ainsi
à Pinang.

Les maisons bourgeoises s'étendent sur la rive gauche;
toutes entourées de jardins, parmi lesquels j'en ai vu de
très-vastes. On a su ménager à ces maisons une aération
complète et les rendre très-commodes; on est ébloui du
luxe qui s'y déploie. Sincapour est une ville confortable
où les monuments manquent; deux petites chapelles y
sont affectées au culte catholique, et desservies par des
prêtres français et portugais; on y compte deux ou trois
prêches. Les rues sont d'une largeur remarquable, nullement pavées, mais très-propres; dans ce quartier on ne
sort qu'à cheval ou dans un palanquin attelé d'un cheval.
De l'autre côté, les affaires se font à pied, à moins que les
courses ne soient trop longues.

On a établi en face de la rade une assez belle promenade où s'élèvent de grands arbres; mais seulement en
quelques endroits de cette promenade, où l'on se rend à
cheval ou bien dans un palanquin, on a la chance de
rencontrer quelques jolies femmes. Si l'on se rend sur le
sommet de la colline, on jouit d'un coup d'œil ravissant
qui embrasse la ville, la rade, le détroit, et une opulente
campagne.

Une animation extraordinaire, un va-et-vient de gens
affairés et se coudoyant, se font remarquer dans la partie
de la ville que le peuple habite, et qu'on nomme le *cam-
pong* chinois; là règne un tintamarre perpétuel produit
par les travaux résonnants des charpentiers et des forge-
rons. Les marchands de riz, les marchands de tissus, y
abondent, et tout cela travaille, tout cela se meut avec une
prodigieuse activité. On dirait les mille ouvriers d'une
fourmilière.

C'est dans ce quartier que se font les approvisionnements des navires. Aussi à toute heure du jour entend-on

les jurons d'Europe se croiser dans l'air avec les notes
criardes des langues malaises et chinoises.. Les petits pieds,
les yeux obliques, les ventres énormes abondent dans ce
quartier. Le Chinois y vend de tout et à tous les prix.

Les hommes de notre équipage avaient fait élection
d'une taverne tenue par un Chinois des plus remarquables
que j'aie jamais vus. Sa face avait la couleur d'un pilau
au safran ; son ventre descendait au-dessous des genoux,
et de toute sa figure on n'apercevait que l'orifice de la
bouche, presque toujours ouverte, et deux petits yeux
perdus sous un amas visqueux de graisse fauve ; son nez
avait complétement disparu. Ce curieux animal était le
plus habile cuisinier des tavernes marinières de Sincapour.
On l'accusait bien parfois de faire rôtir des chiens et d'enrichir toutes ses sauces de leur graisse succulente ; mais
cela n'empêchait pas sa maison d'être fréquentée par la
plupart des matelots européens, qui jouaient avec Piao-i
comme on joue avec un magot de cheminée.

Un jour, je revenais de voir une forte partie d'écorces de
bois dindiay qui sert à la teinture ; je désirais l'acheter pour
compléter mon chargement, et je passais devant la taverne de Piao-i, lorsqu'un grand bruit intérieur attira
mon attention. Je reconnus la voix d'un de mes matelots,
et alors je n'hésitai pas à entrer.

Notre homme, Sidore Vidal, le plus intrépide certainement des matelots du *Joseph-et-Claire*, était attablé avec
un Lascar. Je reconnus bien vite cette curieuse race qu'on
rencontre partout en Orient et jusqu'à Constantinople :
espèce de bohémiens de la mer, courant partout et sans
cesse, n'exerçant aucune profession, et cependant capables de tout. Celui-ci, auquel à première vue il était fort
difficile de donner un âge quelconque, faisait un tapage
énorme, tout en avalant de grands verres d'eau-de-vie
qu'il entremêlait de temps en temps de petits coups de

3

skédam. Le tavernier chinois ne savait où donner de la
tête au milieu de ses pots vides, qui s'en allaient rouler sur
un sol fétide, pêle-mêle avec ce qu'ils contenaient, quand
son activité n'était pas à la hauteur de l'impatience des
buveurs.

Dès qu'il m'aperçut, Sidore Vidal me fit un signe familier du coin de l'œil, et je compris aussitôt que ce n'était pas
le simple attrait de la débauche qui le retenait en ce lieu.
En effet, quand j'eus examiné le Lascar avec une certaine
attention, il me fut aisé de reconnaître que je n'avais pas
devant moi un homme vulgaire. J'eus occasion de m'en
convaincre plus tard, et de remercier Vidal de sa partie de
plaisir chez le tavernier Piao-i. Le Lascar avait ce teint
terreux dont la couleur semble empruntée aux revers des
vieilles tiges de bottes; sa face était maigre et osseuse;
mais son œil, noir comme l'aile du corbeau, brillait d'intelligence et de courage. Tout son corps était d'une souplesse et d'une agilité merveilleuses. Cet homme eût rendu
des points au meilleur clown anglais ou américain; tous
ses muscles, tous ses nerfs, obéissaient en esclaves à sa
volonté; et, si j'en parle de la sorte, ce n'est pas, certes, que
j'eusse pu, chez le tavernier chinois, faire avec lui si ample
connaissance; mais je l'ai longuement revu ensuite, et j'en
aurai à reparler plus tard.

En arrivant à Sincapour, nous nous étions logés dans
un hôtel tenu par un Français nommé Dutronquoy.

Je ne sais pas si M. Dutronquoy a voulu échapper au reproche que les étrangers nous font d'être excessivement
légers et babillards, ou bien si son naturel est différent de
celui de la généralité de ses compatriotes. Quoi qu'il en
soit de son calcul ou de son caractère, j'ai peu vu d'hommes aussi silencieux, aussi froids, aussi réservés, aussi
compassés que M. Dutronquoy. Le soleil de Sincapour a dû
reconnaître son impuissance à échauffer le sang qui coule

dans les veines de cet honorable maître d'hôtel ; M. Dutronquoy me fit l'effet d'un réfrigérant ambulant, et un
réfrigérant sous le tropique est nécessairement bien accueilli. Je me glaçais à son contact ; au reste, nous étions
chez lui très-confortablement, mais traités avec un silence
et une dignité qui dissipait promptement les saillies de
notre humeur française. M. Dutronquoy a exagéré la gravité espagnole, qui cache un si grand fond de folie, et
la morgue anglaise, qui cache un si grand fond d'orgueil.

Au reste, nous échappâmes aisément à l'atmosphère gla-
cée de cet hôtel tropical en prenant presque quotidiennement nos repas dans une maison toute retentissante, le
jour et une grande partie de la nuit, des mélodieux ga-
zouillements de neuf gentilles demoiselles, les filles de
M. Jose d'Almeida, mon honorable et charmant consignataire ; j'y trouvai installé le capitaine du navire l'*Auguste-
Marie*, de Nantes, également consigné à M. d'Almeida, et
qui achevait de charger pour l'Europe.

M. d'Almeida, père d'une si aimable et d'une si gaie famille, exerce à Sincapour les fonctions de consul général,
et il est de plus commandeur de l'ordre du Christ. C'est
un personnage d'une soixantaine d'années environ, mais
qui n'a nullement fléchi sous l'âge ; la bonté et la jovialité
forment le fond de son aimable caractère ; volontiers sensi-
ble à la louange, comme l'est tout citoyen de la patrie
d'Albuquerque, il cherche au moins à la mériter par ses
prévenances gracieuses et son désir d'obliger.

Je n'ai connu qu'un seul des quatre fils de M. d'Ameida,
c'est l'aîné ; il s'appelle Joachim, âgé de trente-huit à quarante ans ; c'est le type du parfait négociant, actif, intelligent, attentif aux moindres détails, et portant avec une
aisance singulière le fardeau des affaires les plus compli-
quées et les plus multipliées, tenant tête à tout, et gardant

une humeur inaltérable et gaie au milieu des plus graves occupations ; M. Joachim d'Almeida expédie des navires, vend, achète, enregistre, est partout presqu'en même temps, et trouve le temps de pincer agréablement de la guitare, de faire danser ses sœurs et leurs amies, de faire les honneurs d'excellents repas, et d'entourer de mille soins, de mille égards, ses hôtes, qui bientôt deviennent ses amis.

Comme je fus délicieusement ému en entrant dans le salon de M. d'Almeida !

Neuf jeunes filles y formaient des groupes dont la statuaire antique aurait voulu reproduire les attitudes tour à tour vives et molles. Dans ces charmantes figures, je remarquai des types fondus dans le type européen ; de toutes ces nuances harmonieusement combinées, résultent des effets de traits, de couleurs, de taille, extrêmement piquants ; dans cette charmante famille, les talents sont aussi variés que les airs de tête ; mademoiselle Maria, l'aînée, chante comme un rossignol et fait jaillir du piano des flots d'harmonie ; le sérieux de mademoiselle Caroline contraste avec la folâtre gaieté de mademoiselle Delphine ; aussi les heureux invités aux réunions de l'hospitalière maison de M. d'Almeida n'éprouvent jamais cet ennui qu'une uniformité de manières engendre dans les sociétés compassées et réglées avec la précision d'une horloge, où sourires, pas, paroles, tout est noté d'après une froide et impassible étiquette ; grâce à leur naturel moitié asiatique, moitié européen, ces jeunes Portugaises vous réservent des surprises de gestes, de discours, d'inflexions de voix qui vous enchantent et vous fascinent ; c'est tantôt l'indolente attitude d'une sultane, tantôt la pétulante action d'une Européenne du Midi ; et la transition de la nonchalance asiatique à la vivacité européenne est si prompte, si attirante, que l'on est profondément troublé par toutes ces grâces si opposées et réunies pourtant dans une gra-

cieuse fille de quinze ans qui semble s'être épanouie sous
deux soleils.

Dans les soirées moins intimes, mais plus resplendissan-
tes, du jeudi et du dimanche, je prenais part à des danses
qu'accompagnait une excellente musique, et l'entraînement
des danses ne me dominait pas au point de m'empêcher
de reconnaître, par un secret hommage et une silencieuse
admiration, comme la reine de ces *raouts* de Sincapour,
la belle-fille de M. Almeida, madame Antonio, à la taille
si souple, à la chevelure de reine, aux yeux sémillants.
Cette délicieuse figure, dorée par le soleil de l'Orient, combien de fois, pendant les longs ennuis de ma navigation,
au moment où la lune trempait dans les eaux les franges
d'argent de son manteau d'opale, l'ai-je encadrée, par la
puissance de mes souvenirs, entre les cordages du pont,
comme le dévot suspend au mur d'une chapelle son *ex-
voto* protecteur !

A Sincapour comme à Pinang, la main civilisatrice des
Européens commence à se faire sentir. Tant que le peuvent nos aventureux compatriotes, malheureusement en
trop petit nombre, ils défrichent et cultivent. On enlève
les bois naturels et on les remplace par des bois à épices
qui promettent. Bien que la campagne de Sincapour soit
marécageuse, on ne laisse pas que d'y récolter de la muscade et du girofle, qui y réussissent parfaitement. M. d'Almeida a une girofleric qui donne déjà de bons résultats. Il
est vrai qu'avec l'intelligence que j'avais déjà remarquée
dans le soin de ses affaires commerciales, il a su mettre
de l'ordre dans les forces que le ciel a prodiguées à ce sol
lointain. Il a su donner un cours régulier aux eaux qui,
autrefois stagnantes, tenaient en décomposition une infinité de plantes marécageuses et infectaient l'air de miasmes délétères. Par ces irrigations savamment combinées,
il a changé en bienfait ce qui était un fléau de ce climat.

                                                    5.

Au reste, ce n'est pas seulement pour la production des épices que M. d'Almeida a su établir ses cultures intelligentes.

Encouragé par l'exemple de MM. Barban et Donnadieu, à Pinang, il a fait aussi des essais de plantations pour les cannes à sucre, et, à ce qu'il m'a assuré, elles viennent très-bien.

C'est en parcourant les domaines de M. d'Almeida que je fis la connaissance d'un arbre sur lequel il a été dit beaucoup de choses, quelquefois fort inexactes, et que j'avais déjà rencontré à Java et dans les Indes. Je veux parler du mancenillier (1), qui a joué un grand rôle dans les romans et les drames modernes.

(1) Pendant que ce livre s'imprimait, nous avons trouvé dans le *Moniteur universel* une note assez curieuse sur le mancenillier. Nous la reproduisons. (*Note de l'éditeur.*)

« On a beaucoup écrit, beaucoup exagéré surtout les propriétés vénéneuses du mancenillier; elles le sont déjà assez par elles-mêmes, il est par conséquent complétement inutile d'augmenter la funeste réputation dont jouit cet arbre. Le mancenillier est un arbre très-analogue, par ses dimensions et son port, au poirier de nos pays. Il pousse sur le bord de la mer aux Antilles, dans l'Amérique méridionale et dans l'île de Java. Cependant, grâce à l'horreur qu'il inspire, il commence à devenir assez rare.

« Il dépasse rarement cinq ou sept mètres en hauteur, et son tronc n'a guère que cinq à six décimètres de diamètre: ce tronc est couvert d'une épaisse écorce grisâtre, laissant couler à la moindre incision le suc laiteux qui abonde dans toutes les parties de l'arbre. Le fruit ressemble, pour la couleur et la forme, à une petite pomme d'api; c'est même de cette ressemblance que vient le nom de mancenillier (en espagnol *manzana*, pomme, *manzanilla*, petite pomme), et répand une odeur assez prononcée de citron.

« On a dit que l'atmosphère du mancenillier était mortelle pour les personnes qui en approchaient, ou tout au moins pour celles qui dormaient à l'ombre de ces arbres. Tout cela est complétement faux, et le fameux récit des condamnés à mort de Java n'est qu'une pure fiction arrangée par la fantaisie de quelques voyageurs romanesques; ce qui le prouve suffisamment, c'est que Jacquin, Tussac et M. Ricord Médiana

Celui que je rencontrai sur les confins des terres cultivées par M. d'Almeida était un individu de son espèce entièrement isolé, et j'avoue qu'en voyant tout dépérir autour de lui je crus reconnaître dans cet isolement et ce

ont pu dormir pendant des heures entières entourés de mancenilliers
sans en être nullement incommodés.

« On a dit encore que la pluie qui a lavé le feuillage du mancenillier
produit de très-graves accidents lorsqu'elle vient à mouiller la peau.
Mais Jacquin n'en a éprouvé aucun effet nuisible : suivant lui, s'il est
vrai que des faits de ce genre se soient jamais produits, il faut les attribuer non pas à la pluie en elle-même, qui, par son simple contact
avec le feuillage du mancenillier, aurait acquis des propriétés nuisibles
et délétères, mais à ce que probablement elle aurait, aidée du vent,
déterminé la chute d'une certaine quantité de feuilles et de rameaux,
lesquels laissent suinter, comme nous le savons, une assez forte proportion du suc blanc laiteux, dont le contact avec la peau peut seul
donner naissance à cette série de symptômes alarmants que nous allons
bientôt décrire.

« Ce suc, employé à l'état frais au moment où il découle de l'arbre,
agit avec une très-grande énergie. Ainsi Tussac, en ayant déposé quelques gouttes sur ses mains, et n'en éprouvant tout d'abord aucun effet
nuisible, les essuya au bout de quelque temps ; mais, une heure plus
tard, il ressentit sur les points qu'elles avaient mouillés une douleur
vive, accompagnée bientôt de la formation d'ampoules et d'ulcères ma-
lins dont la guérison se fit attendre plusieurs mois.

« Castera et beaucoup d'autres après lui ont prétendu que les sauvages
s'en servent pour empoisonner leurs flèches ; mais M. Ricord Médiana,
qui a étudié sérieusement cette question, en conteste la possibilité.

« Il résulte des expériences de MM. Orfila et Olivier d'Angers que le
suc du mancenillier, appliqué sur la peau, y détermine toujours une
violente inflammation érésipélateuse et un gonflement très-considérable ; c'est un poison âcre des plus énergiques. D'après M. Ricord, il
suffirait de vingt grains de cette substance à l'état frais pour faire périr
un chien de très-grande taille. Le fruit de cet arbre offre, à un degré
moindre il est vrai, les mêmes propriétés que le suc laiteux. Ainsi,
bien qu'on ait dit le contraire, il en faudrait manger plusieurs pour
s'empoisonner.

« Grâce à la terreur presque superstitieuse qu'il inspire, le mancenillier est devenu très-rare dans les pays où il croît naturellement, par

désert une preuve évidente et certaine des propriétés malfaisantes dont j'avais si souvent entendu parler. L'arbre
avait quinze à vingt pieds environ de hauteur, très-fort en
branches; il arrondissait sa cime en pavillon, et semblait
inviter à chercher le repos sous son ombrage. Son tronc
rugueux était couvert d'une écorce blanchâtre, et son
feuillage était d'un vert sombre. Je le regardais de loin,
n'osant approcher, et, pour justifier mes craintes, je montrais à M. Joachim d'Almeida, qui m'accompagnait dans
ma promenade, la campagne entièrement nue et dépouil-
lée sous l'ombre de cet arbre, que je n'hésitais pas à appeler perfide. M. d'Almeida riait de ce qu'il appelait mes
préjugés, et il avançait toujours dans la direction de l'arbre, me forçant ainsi à la suivre, ce qui, je l'avoue, n'était
que médiocrement dans mes goûts.

— Voyez, me dit-il quand nous fûmes entièrement sous
l'arbre, examinez la campagne autour de vous, et soyez
convaincu par vos propres yeux que ce ne sont pas les
exhalaisons délétères s'échappant de cet arbre qui peuvent
rendre ainsi la terre nue et infertile autour de lui. Le
mancenillier a bien assez de ses mauvaises qualités sans
qu'on lui en prête encore de chimériques.

En effet, j'examinai le sol pour me convaincre. C'était
un terrain calcaire où poussaient çà et là quelques grêles
touffes de gramen, et, comme ce sol est fort rare dans ces

suite de la précaution que prennent les habitants d'arracher tous ceux
qu'ils découvrent.

« Lorsqu'on veut abattre un mancenillier, on commence par allumer
du feu autour de son tronc, afin de brûler son écorce, qui, sans cette
précaution, laisserait couler une grande quantité de suc laiteux, et ne
manquerait pas ainsi de causer de graves accidents.

« L'eau de mer, employée par les nègres comme le contre-poison
du mancenillier, malgré les assertions de Tussac, aggrave les accidents
au lieu de les calmer. Le véritable antidote, dans ces cas, est une dé-
coction de la graine de *nhandiroba* (*fevillea scandens*). »

îles, j'en témoignai mon étonnement à M. d'Almeida.

— La rareté de ce terrain dans nos îles, me dit-il, vous explique aussi la rareté du mancenillier et doit vous faire comprendre la stérilité qui règne autour de lui pendant que partout ailleurs vos yeux ne rencontrent que la plus luxuriante verdure. Maintenant, ne concluez pas de mes paroles que l'essence du mancenillier ne soit pas un poison. Au contraire, c'est un poison violent pour vous autres Européens, habitués à l'arsenic. Mais nos insulaires ne s'en servent point; ils en connaissent de bien plus violents et dont eux seuls savent se préserver. Au reste, ce n'est point ici que le mancenillier pourrait avoir les effets formidables que vous paraissiez redouter. Les végétaux, vivant surtout de soleil et d'eau, sont soumis à des lois qu'on a peu définies et étudiées jusqu'à ce jour. Je vous montrerai dans ce pays des euphorbes bien plus dangereux que ce mancenillier, et chez vous l'euphorbe est benin. Si vous voulez connaître les poisons violents, je vous ferai voir des flèches empoisonnées : piquez un animal quelconque avec elles, il tombe aussitôt foudroyé.

Au retour de cette excursion dans les plantations de M. d'Almeida, nous traversâmes, pour rentrer dans la ville, des jardins délicieux, où l'on cultive l'ananas, dont les senteurs suaves embaumaient l'air. Nulle part l'ananas n'est aussi délicat et aussi parfumé qu'à Sincapour. Au reste, l'ananas n'est pas le seul fruit exquis de cette ville; tous ceux qu'on y cultive ont, en général, une saveur qu'on trouverait difficilement ailleurs, et, si je cite en particulier l'ananas, c'est que celui-là m'a frappé entre tous par son parfum et son goût délicieux.

Quoique Sincapour soit une ville considérable et fasse d'importantes affaires commerciales, ce n'est guère avec notre pays. Car, d'après ce que me dirent les MM. d'Almeida, on n'y a presque vu jusqu'à présent que quelques navires de Nantes. Ils font, comme nous avions fait nous-mêmes, commerce principalement avec Bourbon; puis ils reviennent chercher dans ces mers un chargement qui, en général, se compose de cornes de buffle, de rotins, de cire, d'étain, etc. Mais ce qui les détourne de cette route ou du moins les encourage peu à s'y aventurer, c'est que l'on ne peut guère compter sur du fret, et que l'on est presque toujours réduit à tout acheter.

Cette manière est d'autant moins commode pour les négociants qui pourraient venir trafiquer dans ces parages, que la vie est fort chère à Sincapour, beaucoup plus chère surtout qu'à Pinang. Tout le monde y éprouve vivement le besoin de travailler, et ne demande pas mieux qu'à s'utiliser dans toutes sortes d'industries. Aussi y règne-t-il une vive concurrence parmi les fournisseurs de navires. On reconnaît cette activité d'une ville commerciale où le travail est à l'ordre du jour, bien avant d'arriver. On est encore à trois ou quatre lieues du mouillage, que déjà le navire est accosté par une foule de barques faisant force de voiles et de rames pour vous aborder les unes avant les autres, et bientôt le pont se trouve encombré par de nombreux jeunes gens qui viennent vous apporter des cartes et vous faire des offres de service.

La manière de vivre de Sincapour est un mélange de nos coutumes d'Europe et des modes indiennes et chinoises. Sur les tables, le rosbif anglais se trouve à côté des nids- d'oiseaux de mer, ces nids de sélinganes dont les Chinois se montrent si friands, du pilau arabe et du garik indien. A la table de MM. d'Almeida, nos palais, habitués dès longtemps à ces mélanges, trouvaient amplement de quoi se satisfaire.

C'est à cette table que je fis connaissance avec un officier anglais, sir James Tornhill, de la plus haute distinction. A Pinang, la garnison se compose d'une compagnie d'ar-

tilleurs irlandais et de trois cents cipayes environ; mais à
Sincapour, comme la ville est plus populeuse, la garnison
est aussi plus considérable. Il y a des troupes européennes, et les officiers qui les commandent se font tous
remarquer par leur bonne tenue et leur haute instruction.

Parmi eux se recommandait entre tous sir James
Tornhill. Il servait avec le grade de capitaine ; mais, à la
considération dont il était entouré, on comprenait vite que,
dans une armée plus favorablement organisée que l'armée
anglaise pour l'avancement, il n'aurait pas tardé à être
investi de fonctions plus éminentes. Sir James avait beaucoup voyagé. Depuis vingt ans il habitait l'Inde, les îles
malaises, et il avait fait partie de l'expédition de lord
Elliott. C'est un des hommes les plus instruits que j'aie
rencontrés dans mes nombreux voyages. Il me donna des
détails précieux sur l'état des esprits en Chine.

— Depuis que nous avons pénétré dans ce pays, me
dit-il, je n'ai cessé de l'étudier, d'avoir constamment les
yeux et l'esprit fixés sur lui. Eh bien ! avec les Chinois,
moins qu'avec les autres peuples, il faut se fier aux apparences. Au premier coup d'œil on croit avoir tout vu, tout
appris, et que les Chinois se ressemblent tous. C'est une
grave erreur qui fera commettre bien des fautes aux Européens s'ils n'y avisent. A cette heure, la Chine est profondément divisée. Sous les apparences de la tranquillité
la plus parfaite, de l'ordre le plus régulier, l'œil qui sait
observer et l'oreille qui sait entendre peuvent saisir tout
ce qui se passe sous ces apparences débonnaires. Les Chinois de pure race sont fatigués de la domination tartare
et ne demandent pas mieux que de s'en affranchir. Seulement la chose est difficile. La centralisation administra-
tive est établie d'une manière si forte dans ce pays, tout
converge si promptement et si sûrement de la circonfé-

rence au centre et du centre aux extrémités, que le gouvernement est au courant de toute intrigue et de tout plan
presque aussitôt qu'il est formé.

Cependant une chose inévitable favorisera puissamment une insurrection, si jamais elle éclate : c'est ce qui
récemment a favorisé notre expédition avec lord Elliott.
Les Chinois tremblent devant leur empereur et sont res-
ponsables du succès. Il faut donc qu'ils réussissent à tout
prix s'ils veulent conserver leurs honneurs et leurs digni-
tés. Dès lors, quand l'échec arrive, ils le dissimulent tant
que cela est en leur pouvoir. Ils trompent le gouvernement
par des rapports mensongers et cependant écrits avec une
bonne foi si apparente, qu'il faut souvent bien longtemps
pour qu'on puisse avec certitude distinguer l'erreur de la
vérité. Ensuite, ce qu'on ne saurait assez répéter et se per-
suader, c'est ceci : la Chine est, comme l'Europe, un pays
où les races et les croyances diverses pullulent. En apparence, tout est en harmonie, tout se ressemble ; on croirait
que tout ce peuple est venu d'un seul jet. Au fond, tout
est en désaccord : le mandarin diffère du mandarin, le
bourgeois du bourgeois, l'homme du peuple de l'homme
du peuple. Il y a plusieurs civilisations superposées, comme
il y a diverses couches de peuples et aussi diverses couches de religions et de morales. Depuis trente ans il se fait
dans les esprits chinois une élaboration lente, mais que je
crois pouvoir dire sûre, de tous ces éléments divers, afin
d'en produire un nouveau, fusionnant les anciens et leur
donnant une vie nouvelle. Vienne le jour où une idée de
revendication nationale pourra s'attacher à ces doctrines
qui se complètent les unes par les autres, et vous verrez
l'insurrection se propager avec la rapidité de l'incendie, et
une civilisation nouvelle surgir tout armée sur les ruines
des anciennes dans tout l'Empire chinois.

Je résume ici les conversations du capitaine Tornhill, et

je regrette vivement de ne pouvoir les rendre avec tous les
détails qui nous les faisaient si saisissantes. Au moins, si ce
récit tombe jamais sous ses yeux, ne pourra-t-il m'accuser
d'inexactitude ; il le pourra d'autant moins, que c'est
à lui que je dois la meilleure partie des observations
que je vais bientôt être à même de faire en foulant
le sol de l'empire chinois. Certes, si j'avais pu sténo-
graphier tout ce que nous disait le capitaine Tornhill à la
table de la famille d'Almeida, si seulement ma mémoire
avait eu la puissance de tout retenir, ce travail serait le
livre le plus curieux et le plus intéressant qu'on aurait jamais écrit sur aucun peuple. Peut-être quelque jour sir
James Tornhill prendra-t-il la plume lui-même, et je ne
doute pas que l'Europe savante ne salue son œuvre comme
une bonne fortune.

Mais il est temps de quitter Sincapour ; mon navire est
prêt à partir. Les matelots s'impatientent, et je ne vois pas
sans inquiétude l'intimité qui s'est établie entre Sidore
Vidal et le Lascar rencontré chez le tavernier chinois. Je
dis adieu à mes bons amis, cette noble, belle et nombreuse famille d'Almeida, et, mon chargement étant prêt,
le capitaine Caillet et tous nos matelots à leur poste, je ne
songeai plus qu'au départ.

III

Départ de Sincapour. — Vue des côtes de la Cochinchine. — Arrivée à Macao. — M. de Mello. — Pirates chinois. — L'amitié d'un Lascar. — Description de Macao. — Indolence du gouvernement portugais. — Un maître d'hôtel marseillais. — Le jardin du Camoëns. — Le Camoëns, sa naissance, ses malheurs, sa mort. — Curieux détails.

Le jeudi 23 avril, à huit heures du matin, une heure environ avant le jusant, nous quittâmes la rade de Sincapour ; nous dûmes virer plusieurs fois de bord avant que nous eussions atteint l'extrémité est du détroit, parce que la brise était faible et variable. Le vingt-quatre, à quatre heures du matin, le calme nous reprit, et nous fûmes obligés, pour étaler la marée, de mouiller notre ancre à jet par neuf brasses et demie de fond, à une petite distance du récif de Romania, sur lequel se faisaient remarquer de très-forts remous. A six heures et demie, la brise s'étant établie à l'est, nous appareillâmes et nous fîmes plusieurs bordées pour doubler d'un côté la roche de Pedro-Branco, qui, la nuit, pourrait être prise pour un navire à voile, mais dont l'approche n'est pas trop dangereuse, puisque les fonds ne manquent pas, même dans son voisinage, et de l'autre côté le banc de Romania. A quatre heures du soir, nous relevions la montagne de Barbuit, à l'ouest-sud-ouest, à la distance de cinq lieues environ. Les jours suivants, la brise soufflait toujours de l'est-nord-est, mais elle n'était pas forte, et nous vîmes Pulo-Tingy, Pulo-Aor, ainsi que Pisang et Timor.

Toutes ces îles sont très-élevées et se présentent à l'œil sous l'aspect le plus pittoresque. Si nous n'avions pas été aussi pressés que nous l'étions d'aborder les côtes de Chine, j'aurais volontiers fait relâche à Timor, que j'avais déjà exploré dans mes précédents voyages. Timor est une île de chasse, comme Bornéo et Sumatra, et le navire qui revient en Europe fera bien de s'y arrêter pendant quelques jours. On trouve toujours, dans ses immenses forêts, à faire quelqu'une de ces bonnes captures qui sont si recherchées des Européens. Le gibier qu'on y chasse n'est pas précisément celui qui abonde dans nos plaines, et souvent c'est lui qui poursuit le chasseur. La conquête d'une peau de tigre noir ou d'un jeune rhinocéros met souvent en question la vie de l'aventureux chasseur. Mais, quand il a triomphé, son courage est largement payé, et il ne peut que s'applaudir de son voyage et de son intrépidité.

Mais nous laissâmes là Timor, et nous allâmes ainsi jusqu'à Pulo-Condor, que nous aperçûmes le 4 mai. Plusieurs navires et des bateaux étaient en vue et faisaient comme nous. C'est là que nous avons commencé à avoir des grains de l'est et de l'est-nord-est.

Le 7 mai, nous apparut la côte de la Cochinchine, et nous vîmes une quantité extraordinaire de petits bateaux pêcheurs, dont les uns mouillaient, tandis que les autres étaient à la voile. Leur voilure consiste en deux voiles triangulaires très-aiguës, dont la plus petite est sur le devant. Leur arrière est recourbé en queue de violon et le devant est très-pointu. Ces bateaux ainsi installés naviguent parfaitement. Leur double voile saisit la moindre brise qui ride la surface des flots, sur lesquels ils glissent alors avec une agilité que rien ne saurait égaler. Au reste c'est grâce à cette légèreté de construction que ces embar-

cations parties de la côte pour se livrer à la pêche se
transforment tout à coup, suivant l'occasion, et, se faisant
pirogues de piraterie, n'hésitent pas à aborder un navire
de commerce et à le mettre au pillage. Le *Joseph-et-Claire*
n'avait nullement à craindre un accident de cette nature.
Bien monté, bien armé, il présentait une apparence qui
devait imposer aux plus mal intentionnés. Aussi, tant
que nous louvoyâmes dans ces parages, n'eûmes-nous à
nous plaindre d'aucune manifestation hostile.

Le 8 mai, dans l'incertitude où j'étais encore si je dou-
blerais le banc de Britto, je fis une bordée de plus et je
passai entre Pulo-Sapata et Pulo-Cécier-de-Mer. Jusqu'au
14 mai, nous avons louvoyé souvent en vue de la côte,
avec des vents qui variaient à chaque instant. En outre,
la mer était mauvaise, car ces variations étaient accom-
pagnées de grains violents, qui, par deux fois, nous ont
fait prendre des ris, et une troisième endommagèrent
tellement notre mâture, que je fus obligé d'arrêter notre
marche afin de la réparer. Ce qu'il y avait pour nous de
plus désagréable, c'est que nous ne pouvions aborder,
sous peine de perdre une occasion favorable qui pouvait
se présenter d'un instant à l'autre, et retarder ainsi de
plusieurs jours notre traversée.

Nous venions de passer dans l'ouest des Paracels et de
tous les bancs et rescifs dont ces parages sont encombrés,
lorsque le 16 mai, entre dix heures et midi, quand nous
étions par le parallèle de l'île d'Haïnan, nous essuyâmes
un grain épouvantable. En quelques heures, le vent fit
le tour du compas, soufflant toujours avec une violence
telle, que la manœuvre était devenue presque impossible.
Au reste, ce ne fut pas le seul, et durant plusieurs jours,
au milieu des grains qui nous assaillaient sans cesse, nous
avançâmes fort peu. Nous étions assez occupés, au milieu
de nos luttes continuelles contre les vents et la mer, à nous

maintenir dans la direction que nous avions prise, et tous nos efforts tendaient le plus souvent à n'être pas le jouet de ces grains capricieux.

Enfin, le 20 mai, à deux heures et demie du matin, par un temps assez calme, nous aperçûmes la Grande-Ladrone, que nous laissâmes à tribord, et, après avoir pris à peu près le milieu du chenal, nous vînmes mouiller vis-à-vis la ville de Macao, entre le fort, la Typia et l'île de Koho. Ces trois points formaient comme un triangle au centre duquel nous trouvions enfin le repos après cette dure traversée. Toute tourmente cessait pour nous, car sur ce point les vents se font à peine sentir. Jamais je n'avais éprouvé comme cette fois le charme de retrouver la terre. Notre navire avait éprouvé quelques fortes avaries, et tous nos hommes, fatigués par les tempêtes incessantes que nous avions essuyées depuis quelques jours, avaient besoin de repos.

L'endroit que j'avais choisi pour notre station se recommande de lui-même aux navigateurs. Nous étions sur un fond de vase épaisse, ce qui aurait garanti la sûreté de nos ancres, lors même que nous aurions eu à redouter quelques-uns de ces terribles raz-de-marée souvent si funestes dans les meilleurs ancrages. En outre, notre voisinage de la terre nous donnait, avant le débarquement, tous les bénéfices des brises terrestres et nous préparait aux jouissances du port.

Au moment que nous venions au mouillage, la frégate la *Cléopâtre*, de la station des mers de la Chine et montée par le contre-amiral Cécile, louvoyait pour sortir du chenal et gagner la haute mer. L'endroit où nous nous trouvions est situé au moins à cinq ou six milles encore de la ville. Comme nous avions tous et avant toute chose besoin de repos, je jugeai prudent d'attendre au lendemain pour régler toutes nos affaires de cette station. Nos matelots

4.

parurent mécontents de ma détermination, et je pus
même entendre quelques murmures dans les causeries
de l'arrière. Rien n'est étonnant comme l'ardeur avec laquelle le marin veut toucher la terre dès qu'il l'aperçoit.
Et cependant c'est bien l'homme qui la fuit avec le plus
de délices, car jamais vocation robuste n'égalera celle qui
pousse invinciblement l'enfant de nos côtes à braver tant
de périls pour ne rien conquérir en retour, et, le plus
souvent, être obligé dans ses vieux jours de tendre des
filets de pêche pour gagner sa vie! Le lendemain, nous
mîmes à la mer le petit canot, et nous nous rendîmes à
Macao à la voile. Quelques efforts que nous fissions, car
j'avais hâte d'en finir avec les formalités obligées d'un
débarquement, notre trajet ne put s'effectuer en moins
d'une heure et demie. Qu'on juge par là de la distance
où nous nous trouvions encore de la ville. Il est vrai que
la brise, comme toujours, n'était pas très-fraîche. Mais
ceci était encore pour nous une garantie de sûreté.

A peine eûmes-nous mis pied à terre et foulé ce sol
chinois que je visitais pour la cinquième fois, que nous
nous rendîmes chez M. de Mello, notre consignataire, afin
qu'il nous aidât à nous mettre entièrement en règle avec
les autorités du port et de la ville. Car j'avais hâte de
donner à notre équipage une liberté qu'il avait bien
gagnée par son excellente conduite pendant notre traversée.
M. de Mello nous fit un très-cordial accueil. Depuis longtemps il était prévenu de notre départ, de notre prochaine
arrivée,.et il avait hâte de nous recevoir. C'est un homme
de trente-six à trente-huit ans, d'une belle et noble figure,
pleine de franchise, qui inspire d'abord la sympathie,
pour conquérir ensuite l'amitié. J'ai connu peu de natures
aussi attirantes que la sienne, et lorsque, de retour sur
le sol natal, on songe à ces amitiés lointaines que le navigateur laisse sur tous les points du globe où passa sa course

aventureuse, ce n'est pas sans un vif et intime plaisir qu'il retrouve dans sa mémoire des figures comme celle de M. de Mello. Il est né à Macao, d'une famille portugaise, fixée dans cette colonie lointaine depuis plus d'un siècle. Sa famille s'est constamment occupée du commerce des contrées orientales, et on retrouverait son nom parmi ceux des compagnons d'Albuquerque : c'est une noblesse qui en vaut bien une autre. Quand il nous reçut, M. de Mello avait à son comptoir des gens de toute nation, et il traitait avec eux d'importantes affaires qui regardaient toutes les parties du monde. Il parle très-bien l'anglais et comprend l'espagnol, qu'il ne parle pas, par suite des difficultés de prononciation de sa langue maternelle. En outre, il est précieux de rencontrer un homme comme lui à Macao par ses connaissances spéciales sur la Chine et sur toutes ces îles, ces archipels sans nombre, qui sont en relations permanentes avec le Céleste Empire. M. de Mello est à la tête d'une des premières maisons commerciales du pays, celle, sans aucun doute, qui reçoit le plus de consignations. Et toutes les nations s'adressent à lui, parce que lui, citoyen du monde par sa position exceptionnelle dans ces contrées étranges, sait que la probité, l'activité, l'intelligence, sont dans tous les pays du monde les qualités qu'on recherche avant tout chez un négociant.

J'ai également trouvé, à Macao, une maison qui, sans avoir la réputation de celle de M. de Mello, n'en est pas moins recommandable. C'est une maison française, connue sous la raison sociale Durand et Cie. Moins ancienne que celle de M. de Mello, elle fait aussi des affaires moins considérables. Ses principales consignations de notre pays, qui doit nous intéresser avant tous les autres, sont celles de quelques navires venant de Bordeaux. Ces navires, chargés de vins et d'eaux-de-vie pour la plupart, et s'étant déjà défait de la majeure partie de leur charge à

Pinang, à Sincapour, et dans d'autres établissements anglais ou hollandais, viennent débarquer à Macao le peu de cargaison qu'ils apportent encore et qui suffit aux besoins du commerce de cette place, et, de là, ils remontent la rivière pour aller prendre charge à Wampoa.

Mais ces relations ne se sont pas, jusqu'à ce jour, re-commandées par leur activité et leur importance. Elles servent seulement à démontrer que si le gouvernement français apportait quelque zèle, quelque intelligence, quelque protection, dans ce qui concerne notre commerce maritime, on pourrait aisément ouvrir des débouchés nouveaux à nos produits, soit industriels, soit territoriaux. Jusqu'à ce jour, par suite de la prudence et de la lésine-rie qui ont présidé à nos affaires commerciales, ces produits sont, pour ainsi dire, encore inconnus. Comment seraient-ils demandés sur les marchés lointains, lorsque la con-currence des autres peuples tend sans cesse à les en éloigner? Je le répète, ceci est une affaire de gouverne-ment.

ᵥ C'est à Macao qu'arrivent, pour la plupart, tous les na-vires d'Europe en charge pour la Chine; c'est là qu'ar-rivent surtout et forcément ceux qui sont destinés pour la rivière de Canton. Car c'est à Macao qu'on prend des pilotes capables de vous conduire à travers cette navigation périlleuse. La rivière de Canton est moins dangereuse par les bancs qu'on y rencontre que par les pirates qui l'infestent. En Europe, ni les anciennes pirateries barba-resques, ni les vieux forbans de l'archipel, que nous ne connaissons plus que par ce qu'on nous a dit ou par ce que nous trouvons écrit dans de vieux livres, ne sauraient nous donner une idée exacte de ce qu'est la piraterie chinoise dans la rivière de Canton, et il faut avoir été témoin d'une foule de faits comme ceux que j'ai vus dans mes différents voyages pour croire que des Chinois sont

capables de tant d'audace et de résolution. Au reste, ils
jouissent de tout ce qui détermine les caractères de l'emploi : sûreté de coup d'œil, flair excellent, astuce dans la
préparation, rapidité et énergie dans l'exécution ; ce sont
bien les plus déterminés pirates du monde. Aucun obstacle
ne les arrête quand ils ont résolu d'attaquer et de dévaliser
un navire ; leur audace n'a point de bornes, et souvent on
les a vus se jeter dans des entreprises folles au premier
aspect, et le succès venait presque toujours couronner
leur témérité. Quelquefois l'objet de leur convoitise est un
navire chargé de marchandises précieuses ; mais le plus
souvent ils n'attaquent que les navires où ils supposent
qu'ils trouveront de l'argent. Car l'argent ne saurait avoir
de marques de propriété, il est à qui le tient, et, de tout
ce qu'ils désirent avoir entre leurs mains rapaces, l'argent est encore la denrée qu'ils peuvent le plus aisément
mettre à l'abri de toute perquisition. Cette dernière considération est d'un grand poids dans leur balance, vu la
double surveillance entre laquelle ils se trouvent, celle
des autorités chinoises d'une part, et de l'autre celle des
croisières des diverses puissances maritimes qui trafiquent
avec le Céleste Empire et qui toutes sont fortement inté-
ressées à garantir la sécurité de leurs nationaux.

Après l'argent, la denrée que préfèrent les pirates chinois est l'opium ; c'est pour s'en rendre maîtres qu'ils attaquent presque journellement les petites goëlettes qui portent
cette précieuse substance de Hong-Kong à Canton. Les pirates ont encore raison dans leur calcul. L'opium est devenu si nécessaire à l'existence des Chinois, qu'ils trouvent aisément et commodément le placement de tout celui
qu'ils peuvent récolter dans leurs déprédations. C'est bien
autre chose que le tabac pour les Européens ou les Américains, et cependant le tabac, objet dans tous nos pays d'une
contrebande si active, peut seul nous fournir un terme de

comparaison pour dire ce qu'est devenu l'opium, en quelques années, pour la plupart des Chinois. Chez nous, on
a vu quelquefois des fumeurs manquer du nécessaire,
mais trouver sans cesse de quoi alimenter leur passion. Ce
cas est fréquent en Chine, et qui veut le chercher s'expose
à le rencontrer constamment sur ses pas. On ne doit donc
pas être étonné de cette prédilection d'hommes aussi subtils
que les pirates chinois pour les déprédations d'opium.

Pendant le séjour que nous venons de faire à Macao, les
écumeurs de rivières et de mer, qu'on prendrait souvent,
quand on passe auprès d'eux et qu'ils épient l'occasion de
quelque grasse aubaine, pour de bons pêcheurs chinois
occupés à chercher un endroit où lancer leurs filets d'une
manière avantageuse, s'y prirent si bien que, dans un coup
de main habilement conçu et rapidement exécuté, ils
s'emparèrent d'une goëlette où se trouvaient quatre-vingts
caisses d'opium, et, pour s'assurer l'impunité en donnant
le change, massacrèrent tous les gens de l'équipage. Mais
cette fois ils avaient trop présumé de leur bonne étoile.

L'opium appartenait à un négociant américain qui avait
son comptoir dans le faubourg de Hog-Lane, à Canton. Cet
Américain habitait le pays depuis longues années, et il
était fort au courant des usages de cette piraterie. On l'accusait même d'avoir conquis les premiers éléments de
l'immense fortune qu'il possédait en la favorisant. Dans
cette circonstance, il ne s'endormit point. Il porta plainte
à son consul, réclama le concours des navires américains,
tous intéressés à ce qu'il ne fût fait, par qui que ce fût,
aucune insulte à leur pavillon, et, pour obtenir une répa-
ration aussi prompte que complète, comptant autant sur
son activité et sur ses connaissances acquises que sur la
bonne volonté des marins et de son consul, il se mit lui-
même à la tête des recherches. Le succès prouva qu'il n'a-
vait pas trop présumé de lui-même. Peu de jours après,

les embarcations armées de plusieurs cleapers qui, par ses soins, stationnaient au bas de la rivière, reprirent, non sans une vigoureuse résistance, la goëlette capturée. Elle renfermait une quantité de caisses d'opium beaucoup plus considérable que celle dont elle était chargée au moment où les bandits s'en étaient emparée, et cette circonstance fit penser avec juste raison que l'attentat dont avait eu à se plaindre le négociant américain n'était pas le seul commis dans ces parages depuis quelques jours. En même temps que leur butin, la plupart des pirates qui avaient fait le coup furent également capturés, et la vengeance américaine fut prompte et terrible. Les bandits furent hissés aux vergues de la goëlette, et là fouettés avec des cordes à nœuds jusqu'à ce que la mort s'ensuivît. Puis on laissa ces corps sanglants et déchirés en lambeaux suspendus aux cordages, et c'est avec ce sinistre trophée que la goëlette remonta la rivière et vint s'amarrer au port de Canton. Hideux spectacle, qui, quoi qu'en pensent les Américains, n'aura pas même pour sauver son horreur le salutaire résultat d'effrayer ceux qui seraient tentés d'imiter les coupables !

Et cependant, si quelque chose était capable de faire excuser ces rigueurs barbares qui ne savent pas se contenter de la mort, c'est le fléau affreux qu'elles se proposent de faire disparaître. Ce fléau est le plus terrible ennemi des transactions que le commerce puisse rencontrer, et nulle part, au milieu des périls innombrables de ces mers, on ne court autant le risque de tomber dans une embuscade de ces bandits que dans cette rivière qu'ils exploitent avec tant d'audace. Il fut un temps où leur champ de manœuvre et de déprédation était plus vaste. Autrefois ils désolaient tous les détroits qui avoisinent l'embouchure de la rivière ; mais aujourd'hui, grâce à la vigoureuse chasse que les croisières anglaises et surtout hollandaises, qui vont même les relancer jusque dans leurs repaires les plus écartés, leur font chaque jour, ils n'osent presque plus se montrer sur cet ancien théâtre de leurs brigandages, et les captures des navires de guerre deviennent de plus en plus rares, ce qui pourrait bien être un excellent augure pour l'avenir.

Quoique les faits de la nature de celui que je viens de rapporter ne soient pas rares dans ces parages, cependant celui-ci avait été accompli avec une audace si inouïe, et la vengeance tirée en avait été si éclatante, qu'il défraya pendant quelques jours toutes les conversations de Macao. On s'en occupait encore lorsqu'un matin je fus fort étonné de voir entrer chez moi un matelot de notre équipage, Sidore Vidal, celui-là même que j'avais, à Sincapour, trouvé chez un tavernier chinois, nouant d'amicales relations avec les gens du pays. Le matelot n'entre guère chez son commandant que lorsque celui-ci le fait appeler, et, s'il y vient de son propre chef, il faut qu'il ait quelque importante communication à lui faire. Je fus donc fort étonné de la visite de mon matelot ; je ne l'en reçus pas moins avec cordialité, et j'allais l'interroger lorsqu'il prit le premier la parole:

— Capitaine, dit-il, j'ai servi cinq ans sur les navires de l'État, et, en 1840, j'ai fait la station sur ces côtes. J'ai donc une grâce à vous demander. D'après ce qu'on dit à bord, nous ne devons pas quitter le mouillage avant un mois, et, quand nous le quitterons, ce ne sera pas pour aller à Canton, pour où je croyais, en quittant Marseille, que nous étions destinés. Or, j'ai grande envie de revoir Canton, que j'ai déjà habité trois mois. J'ai un ami qui se chargerait de m'y conduire, et je pourrais y terminer quelques petites affaires qui ne regardent que moi. Je voudrais donc, commandant, un congé de quelque temps, et, foi de marin provençal, vous me retrouverez à l'heure convenue fidèle à mon poste.

Cette visite et cette demande de congé, basée sur des affaires sérieuses, m'étonnèrent vivement. Vidal, je crois l'avoir déjà dit, était un de nos meilleurs matelots, et mon esprit était loin de prendre en mauvaise part sa communication.

— Ainsi, lui dis-je, Vidal, vous avez déjà, à Macao comme à Sincapour, noué des relations d'amitié et d'affaires avec les naturels du pays?

— Mon capitaine, c'est l'occasion qui est venue me trouver. A Sincapour, j'ai trouvé un Lascar que j'avais déjà connu dans ma précédente expédition; j'arrive à Macao, et la première personne que je rencontre en entrant dans notre taverne sur le port, est mon ancienne connaissance. Nous nous revoyons toujours avec plaisir. Avant que j'aie eu le temps de lui demander comment il se fait qu'il se trouve à Macao en même temps que nous, il m'apprend qu'il commande un petit navire ancré à la Typia, et qu'il s'apprête à mettre à la voile pour remonter la rivière de Canton. Ce projet entre parfaitement dans mes plans; je lui demande à faire partie du voyage, il m'accepte de grand cœur, et me voici pour me mettre en règle. Je saurai m'arranger pour le retour.

— Et ne pourrais-je pas entrer moi-même en relations avec votre ami, Vidal?

— Oh! pour cela, quand vous le voudrez, capitaine, et il sera enchanté.

— Savez-vous d'une manière précise où nous pourrions le trouver à cette heure?

— Capitaine, dans une demi-heure il m'attend dans notre taverne, sur le port.

— Eh bien! attendez-moi un instant, et nous l'irons voir ensemble.

Cinq minutes après, nous étions, Vidal et moi, à la recherche du Lascar, qui ne tarda pas à venir au lieu du

5

rendez-vous assigné. Il serra familièrement la main de Vidal et me salua respectueusement, à cause de mon uniforme, que j'avais conservé. Nous entrâmes aussitôt en pourparlers, et je fus fort étonné de trouver sous l'enveloppe hideuse et grossière qui m'avait avant tout frappé à son premier aspect à Sincapour, un homme aux idées commerciales fort larges et souvent supérieures. Il commandait en ce moment une jonque qu'il était chargé de conduire à Canton. Elle était, me dit-il, chargée de métaux dont le besoin se faisait en ce moment sentir sur cette place, en laissant entendre par là que c'étaient des étains sur lesquels, dans ces derniers temps, s'était produite une hausse assez considérable; mais j'ai tout lieu de supposer que les métaux qu'il portait étaient tout simplement des armes de manufacture anglaise qu'il introduisait en contrebande dans le Céleste Empire.

Après m'être assuré, par une conversation qui dura jusqu'à la tombée de la nuit et qui se renouvela encore le lendemain, que cet homme était capable de me comprendre, et que je pouvais me fier à sa discrétion, je n'hésitai pas à lui faire part des projets qui m'avaient conduit à entreprendre mon expédition lointaine, et je lui laissai même entendre que je pourrais l'associer à mes opérations futures. Ma confidence parut le toucher.

— Confidence pour confidence, me dit-il après notre second entretien. A notre première rencontre, vous m'avez pris pour un de ces misérables Lascars qui infestent toutes ces mers orientales, et qui sont toujours prêts à faire tous les métiers, pourvu qu'on leur montre en perspective quelques pièces d'or à conquérir. Je suis Lascar, en effet, mais je n'ai jamais mérité le mépris dont cette race est partout couverte. Je suis né à Mascate, et mon père était Anglais, à ce qu'on m'a assuré du moins. De là sans doute mes premières prédilections pour cette nation européenne que j'ai servi de toutes mes forces dans les Indes d'abord, puis dans les îles de l'Océanie, et que je sers encore en ce moment dans ses prétentions de monopole commercial sur l'empire chinois.

Mais la nation anglaise est ingrate, et jamais elle ne se souviendra des services d'un malheureux comme moi. J'ai donc résolu de tourner mes vues d'un autre côté et de chercher, il en est temps, je crois, quelque peu mes avantages personnels, auxquels, si je les néglige, personne ne songera. C'est dans ce but que je noue, autant que je le puis, des relations avec les matelots français. Ils sont braves, aventureux, et seraient les premiers hommes de la mer si un désir inopportun de revoir leur pays natal, désir que rien ne peut vaincre, ne venait les saisir tout à coup et leur faire brusquement rebrousser chemin au moment où ils vont atteindre un but qu'ils ont souvent inutilement poursuivi pendant de longues années.

Je ne vous dissimulerai pas que je suis lié avec la plupart des Français établis dans les comptoirs des îles que vous venez de parcourir, et je vous suis depuis Bourbon; car c'est à Saint-Denis qu'un hasard étrange m'a presque mis sur la trace de vos projets. J'ai établi entre eux une sorte de lien mystérieux qui pourrait rappeler les vieilles associations de la mer, si notre intention était de nous livrer à des expéditions dans le genre de celle qui a défrayé ces jours derniers toutes les conversations des cercles de Macao. Mais notre but n'est nullement la piraterie; c'est le commerce, et le commerce sur la plus grande échelle que nous pourrons établir, avec la plus grande sécurité et pour les produits que nous exploiterons, et qui, en général, nous seront fournis ou par le sol ou par les manufactures d'Europe, et ensuite pour les gains que nous ne pouvons manquer de réaliser.

Une chose nous a manqué jusqu'ici : c'est le lien d'a-

mitié fraternelle avec les Français épars sur l'immense
étendue de l'empire chinois. Ils sont nombreux, quoi que
vous puissiez croire en Europe, et, si l'on pouvait parvenir à en faire un faisceau, avec eux, il n'est pas d'entreprise qu'un homme intelligent ne pût tenter avec chance
de succès. Canton est peut-être de tout l'empire la ville
où les Français se tiennent le moins. Ils préfèrent pénétrer dans l'intérieur, se plient fort aisément aux mœurs
chinoises, et, au bout de quelques années, il n'est pas
un œil dans tout l'empire qui ne les prît pour des
Tartares.

« En revanche, dans une maison isolée de Hog-Lane, je
connais un homme qui résume à lui seul toute la sagesse
de Confucius. Il est entouré d'une grande vénération;
chacun le prend pour un Thibétain, parce qu'il professe,
en religion, le bouddhisme pur des Daïr-Lama. Moi seul
peut-être, dans ces parages, connais son origine et son
histoire. C'est lui que je vais voir à Canton. Je connais son
empire : il est grand, il a été même parfois jusqu'à in-
fluer sur les décisions impériales du Fils du ciel. Comment, par quels filons mystérieux a-t-il pu pénétrer jusqu'aux pieds du trône? C'est ce que j'ignore encore, ce
que je brûle de savoir. Je veux gagner cet homme à notre
cause; je veux lui faire sentir de quelle importance il est
pour le monde que l'Europe et l'Asie fassent alliance ; et,
s'il nous comprend, s'il consent à nous seconder, alors je
ne serai plus le misérable Lascar que vous méprisiez hier,
le Lascar pire que le paria, je serai un homme, et les
hommes consentiront à me toucher de leurs mains!...

Ces dernières paroles furent prononcées par le Lascar
avec un ton de voix qui me fit voir tout d'un coup quel
immense prestige a encore conservé pour ces nations
orientales notre glorieuse France, qui ne s'occupe guère
d'elles. Mû par un mouvement d'enthousiasme, je tendis

au Lascar ma main, qu'il désirait serrer dans les siennes, et, pénétré de tout ce qu'il m'avait dit :

— Capitaine, lui répondis-je, je vois dans ce que vous tentez une œuvre grande et digne et à laquelle aucun homme de cœur de ma nation ne peut refuser de s'associer sans encourir le reproche de lâcheté. Pour ma part, je m'engage à vous seconder de toutes mes forces.

— Je n'attendais pas moins de vous. Maintenant, voulez-vous venir avec nous à Canton?

— Je n'osais vous le proposer; mais c'est le plus violent de mes désirs.

— Eh bien! nous partirons dans trois jours. D'ici là, arrangez toutes vos affaires à Macao, ou bien reposez-vous de ce soin sur votre second, qui est un homme de tête et d'expérience, et tenez-vous prêt. Si ma jonque vous déplaît, je puis encore, dans ce délai, en trouver une autre.

La jonque du Lascar était plus que suffisante à notre excursion. Je me contentai donc d'y faire porter quelques provisions de guerre, précaution qui ne saurait jamais être inutile dans ces parages. En même temps, je donnai à Vidal le congé qu'il m'avait demandé en lui disant qu'il m'accompagnerait, ce qui combla de joie ce brave garçon.

Maintenant, profitons des trois jours que m'a laissés le Lascar pour rentrer à Macao. L'aspect de Macao est plutôt celui d'une ville portugaise que d'une ville chinoise. On se croirait en Portugal, surtout quand les institutions monacales, si chères aux peuples méridionaux, étaient dans toute leur force et leur splendeur sur cette brillante extrémité de la péninsule ibérique. En parcourant ces rues tortueuses où, malgré la chaleur intense du climat, les *frayles* abondent sans cesse, où résonnent de toutes parts aux oreilles du navigateur surpris les tintements des clo-

5.

ches des couvents et des églises, où à chaque pas l'on peut s'arrêter devant des façades de temples et de monastères catholiques, on se croirait bien plutôt à Lisbonne que dans une des principales villes du Céleste Empire, aux confins du monde chinois.

Les maisons, dans l'ancien style européen, sont bâties en pierres, avec solidité, sinon avec élégance. Elles ont cependant un caractère de grandeur qui frappe et étonne au premier abord. Les églises sont extrêmement vastes et ornées avec cette richesse éblouissante qu'on ne rencontre plus guère que dans certaines églises de l'Amérique du Sud. Les Portugais, au lieu de vivre, comme ils le font en Europe, dans des escarmouches permanentes, de se consumer dans de stériles séditions, de prendre et de reprendre Oporto en quelques heures, de casser et de reconstituer des ministères qui n'ont pas plus de valeur les uns que les autres, de chasser, sous prétexte qu'il est méprisé du peuple, et de faire revenir sans cesse Costa-Cabral, qu'ils ont créé duc de Thomar on ne sait pourquoi, de faire des bulletins triomphants sur les risibles victoires de Das-Antas, du maréchal Saldanha et d'autres héros tout aussi équivoques, de jouer enfin un jeu ridicule en politique et en gouvernement constitutionnel, et de ne pas payer leurs employés à Macao, quel que soit le ministère aux mains duquel le pouvoir reste un instant, devraient bien plutôt songer à tirer parti d'une possession magnifique où tout abonde, qui n'a peut-être pas sa pareille dans le monde, et qui, à cette heure, n'est exploitée que par les *frayles*; à n'y pas laisser tomber en ruines des fortifications qui s'écroulent pierre par pierre, à n'y pas laisser disparaître, par l'effet d'une incurie criminelle, des quais autrefois magnifiques et qu'on dédaigne de rebâtir, tandis que tout l'argent y vient encore remplir le trésor des couvents.

Ce n'était point ainsi qu'Albuquerque, un des plus grands héros de l'ère moderne, comprenait la gloire de sa nation ; ce n'était point pour en arriver à d'aussi piètres résultats qu'il sacrifiait sa vie et épuisait les combinaisons de son génie. Albuquerque, le grand créateur des colonies portugaises, voyait bien que son peuple, resserré en Europe dans des limites trop étroites et malheureusement pour lui infranchissables par suite des antipathies de race et de langue, n'avait d'autre développement à prendre que celui de la mer. Mais la mer doit nourrir ceux qui se fient à elle ; elle doit leur donner la richesse en échange des périls qu'ils sont sans cesse exposés à courir sur ces vastes domaines isolés de toute communication et de tout secours. La métropole ne doit être que la mère patrie des colonies, une mère vers laquelle on tend les bras à l'heure suprême et qui doit toujours avoir en réserve pour cette crise prévue des consolations et des secours efficaces. Eh bien ! demandez au Portugal ce qu'il est pour Macao. Le Portugal vous répondra sans doute qu'il ne sait de quoi vous lui parlez ; qu'il est occupé à opérer sa révolution de palais, et, que Macao périsse ou ne périsse point, peu lui importe ; que ce qui l'intéresse à cette heure, c'est de savoir qui l'emportera, dans les conseils de sa jeune souveraine, de Saldanha ou de Costa-Cabral. Et, pendant ce temps, le mal fait chaque jour de nouveaux progrès, et les ruines s'amoncellent sur les ruines. Chaque fois que j'ai vu Macao, malgré l'animation que l'activité commerciale amène quotidiennement sur ce point favorisé entre tous, j'ai été frappé du dépérissement de la colonie portugaise, et naturellement j'ai cherché à m'en rendre compte. Cette dernière fois surtout, où l'importance de la mission dont j'étais chargé me faisait un devoir impérieux de tout observer et de tout approfondir, je n'ai rien négligé pour saisir sur le vif le secret de cette décadence, et je l'ai

trouvé dans l'importance exagérée qu'ont prises les institutions ecclésiastiques européennes à Macao.

Les moines, qui ne viennent guère d'Europe, mais sont
fournis par la ville même ou par toutes les autres colonies
portugaises, se croient encore au temps où toutes les ressources des villes étaient consacrées à l'érection de somp-
tueuses cathédrales. Les couvents abondent à Macao, ce
qui n'empêche pas les autres édifices religieux de prospé-
rer. On ne saurait se faire une idée de la grandeur et de la
somptuosité de ces superbes églises, pour lesquelles le gouverneur demande sans cesse de nouveaux desservants à sa
souveraine. J'ai vu les églises d'Italie et d'Espagne ; à part
quelques rares exceptions qu'il serait bien facile d'énumérer et de mentionner, aucune n'a un trésor qui puisse être
comparé à celui de la plus pauvre de Macao. Dans ce pays,
et il faut l'avoir vu pour le croire, les choses se passent
toujours comme elles se passaient en Europe au qua-
torzième siècle. On voit bien que nos soldats n'y ont pas
fait leurs campagnes de la République et de l'Empire.

Et cela ne se borne pas aux temples ; toute puissance
appartient au clergé, soit séculier, soit régulier. Le gouverneur lui-même est dominé par les religieux et ne songe
qu'à leur être agréable. Ceux-ci croient que tout va pour
le mieux dans le monde quand leurs églises sont bien res-
plendissantes de dorures, et que le temps n'imprime aucune de ses traces fétides sur les murs des temples et des
couvents. Aussi églises et couvents sont seuls en voie de
prospérité à Macao. Nous nous trompons : les moines eux-
mêmes jouissent de la même prospérité que leurs édifices
sacrés. C'est un plaisir à voir que leur face rubiconde au
milieu d'une population en guenille, à la figure hâve et
flétrie. Il y a le même contraste qu'entre leurs grands et
splendides monuments et tout le reste de la ville mis en dé-
route par l'incurie, tombant en décrépitude faute d'une édi-

lité intelligente. Mais, de même que toutes les richesses vont
aux temples, ainsi le gouverneur, comme le peuple, ne
s'occupe que du bien-être des *frayles*. Ils sont satisfaits
de leur voir le visage vermeil, l'œil vif, le ventre proémi-
nent. Ils leur payent avec un empressement touchant la
dîme, et jettent un voile complaisant sur certaines pecca-
dilles qui prouvent que de tous les vœux monastiques celui
du célibat et de la chasteté n'est pas le plus rigoureusement
observé. Volontiers ils répéteraient : *Le pauvre homme!*
de Molière, pour fermer la bouche à la médisance.

Après cette lèpre monacale, ce qui frappe surtout à Macao, c'est une autre lèpre encore plus hideuse et qui est la
compagne ordinaire de la première. Nous voulons parler
de l'horrible spectacle d'une prostitution dévergondée et
qu'expliquent mal la misère et le relâchement des mœurs.
Nulle part la prostitution ne compte plus de victimes et de
plus malheureuses victimes ; c'est navrant à voir, et certes
un pareil aveu sur les lèvres d'un vieux marin est assez
significatif pour qu'il nous soit permis de ne pas insister,
et de détourner les yeux de ces foyers de turpitudes et
d'immondices.

Les rues de Macao sont généralement étroites, tortueuses, sombres et pavées en larges dalles d'une espèce
de granit rougeâtre fort commun en Chine, où parfois il
est employé aux constructions. Cependant je me suis laissé
dire qu'il était assez rebelle sous l'outil du tailleur de
pierres, et que les blocs qui servent au pavage étaient placés sur la voie publique à peine équarris. Si la promenade
du quai était soignée, elle serait fort agréable, d'autant plus
que, comme dans toute ville de commerce, les costumes
pittoresques abondent à Macao et sont un ornement naturel que la mer se charge de fournir et de renouveler chaque jour. C'est sur cette promenade que se trouve l'hôtel
du gouvernement. C'est une maison de belle apparence et

qui ne demanderait que quelques soins pour être tout à fait digne de l'hôte éminent qu'elle est appelée à abriter. J'eus occasion de rencontrer un jour le gouverneur de Macao. C'était un grand vieillard, d'une soixantaine d'années, la tête couverte de cheveux blancs, la figure douce, mais paraissant abrutie par la dévotion. C'était bien ainsi que mon imagination me l'avait représenté, et c'est bien l'homme qu'il convient au Portugal de laisser à la tête de la colonie chinoise! Au reste, je dois le dire, dans la ville on vante sa justice, et puisque les nationaux sont contents, de quoi nous plaindrions-nous, nous autres étrangers ?

Mais où ne trouve-t-on pas un Marseillais? Sur cette même promenade du quai où je viens de signaler la maison du gouvernement, est également bâtie une autre maison qui a dû être splendide aux beaux jours de la monarchie portugaise, et qui a sans doute appartenu à un de ces grands noms qui soutenaient dignement la gloire des compagnons d'Albuquerque. Aujourd'hui c'est une hôtellerie, celle-là même où nous descendîmes et où nous logeâmes, le capitaine Caillet et moi. L'hospitalité ne se donne plus dans ces vastes appartements, elle se vend; mais, comme l'hôtel est tenu par un Marseillais appelé Boulle, il fut charmé de recevoir des compatriotes; il nous parla de ses projets de retour quand il aurait amassé un petit pécule, nous vanta les charmes de la bastide, nous traita bien, et son hospitalité ne s'effacera pas de sitôt de nos souvenirs. Il y a quelque agrément à retrouver à Macao un parfum de la patrie absente.

Les magasins chinois se trouvent au milieu de la ville, dans un quartier où l'on ne parvient qu'après avoir passé une série de rues étroites et sombres fort mal entretenues. Dans ces magasins se trouvent tous les produits de l'industrie chinoise, mais ils sont surtout le vaste entrepôt des marchandises fabriquées à Canton et destinées à l'expor-

tation. On peut s'y approvisionner de laques, d'émaux,
de bambous ouvrés avec soin, de boîtes à thé, de porcelaines, d'éventails, de magots plus ou moins grotesques,
de dessins à la plume, et de toutes ces petites chinoiseries
si recherchées par les Européens. En général, il vaut même
mieux faire ses provisions à Macao que dans tous les autres
ports de l'empire ; on se procure surtout ici ces petites su-
perfluités à meilleur marché qu'à Canton, et cela se comprend et s'explique par l'abondance qu'y entretiennent
sans cesse ces vastes entrepôts.

Il y a un monument à Macao que l'étranger européen
visite avec bien plus d'empressement que ces églises somp-
tueuses dont j'ai longuement entretenu mes lecteurs. Ce
monument est un jardin public, une des plus ravissantes
créations qu'il ait jamais été donné à l'horticulture de produire. Nous nous sommes hâtés d'aller, comme tous les
étrangers, visiter avec un pieux empressement ce jardin
qui porte le nom dans lequel le Portugal a, pendant plusieurs siècles, renfermé toute sa gloire littéraire. Le lecteur a déjà nommé le jardin du Camoëns ; car on ne peut
pas prononcer les mots de Portugal et de gloire littéraire
sans qu'aussitôt le nom du chantre des *Lusiades* n'arrive
sur les lèvres. Le jardin qui porte le nom de ce poëte illustre est situé dans la partie nord-ouest de la ville, celle
qui permet au regard d'embrasser la plus vaste portion de
campagne et de mer.

Quel délicieux séjour que ce jardin, et combien l'on sait
de gré à ceux qui ont voulu, par un gracieux et touffu
pêle-mêle d'arbres magnifiques et d'arbustes de toutes
sortes, par des eaux jaillissant avec un doux murmure des
nappes luxuriantes d'un gazon toujours vert, et aussi grâce
au splendide panorama que l'œil ébloui découvre de ce lieu
vraiment enchanté, conserver à la faveur d'un nom poétique
et aujourd'hui justement honoré de tous la poésie de ce petit

coin de terre! Et, cédant à l'attrait de cet éden relégué
aux extrémités méridionales de l'Asie, prêtant l'oreille aux
bruits d'une cascade sur les bords de laquelle le poëte im-
mortel a souvent rafraîchi son orageuse pensée dans l'hu-
mide vapeur que la brise détachait de l'eau, je me redi-
sais la vie et les vers de ce Camoëns, qui, comme il l'a
dit lui-même, portait dans une main des livres, et dans
l'autre le fer et l'acier; dans une main l'épée, et dans
l'autre la plume :

> N'huma maô livros, n'outra ferro et aco ;
> N'huma maô sempre a spada, n'outra a pena.

Louis de Camoëns était fils de Simon Vas de Camoëns,
gentilhomme d'une famille illustre, mais depuis longtemps
brouillée avec la fortune. Il naquit vers l'année 1525, on
ne sait pas au juste l'année de sa naissance; mais les registres de l'hôpital où l'Homère portugais mourut me permirent de savoir celle de la fin de sa vie. Il se dérobait à la
sécheresse scolastisque des études de la pédantesque uni-
versité de Coïmbre en composant secrètement des sonnets.
Retourné à Lisbonne à la fin de ses études, il ne tarda pas
à devenir amoureux jusqu'à la folie d'une dame de palais,
de Catherine Attayde, pour laquelle il oublia le monde, le
souci de son avenir, la poésie même, je veux dire la poésie écrite Quant à l'autre, quant à cette poésie qui ne
vient pas se refroidir sous la plume, qui dédaigne l'entrave
du vers, qui repousse l'autorité de la grammaire, Camoëns
en avait, aux pieds de Catherine, sous les regards caressants de Catherine, la tête pleine, au point de sentir son
cerveau prêt à éclater. Mais la jalousie, l'envie, ces passions qu'il rencontra sur tous les pénibles chemins de sa
vie, lui suscitèrent une querelle qui le contraignit de fuir
Lisbonne. Il chercha alors à se distraire d'un amour malheureux dans le métier des armes, et reprenant, le jour

qu'il ceignit l'épée, sa profession de poëte, il prit part
à une expédition navale contre les Marocains, eut un
œil crevé devant Ceuta, et fit des vers quand il ne se battit
pas.

On lui tint aussi peu de compte de ses sonnets que de ses
faits d'armes, et, découragé au plus haut point, il quitta
Lisbonne en répétant ces mots de Scipion : *Ingrata patria,*
nec ossa quidem habebis mea! Une poésie nouvelle lui
apparaissait aux rivages où ses compatriotes détruisaient
et fondaient de merveilleux empires. Il voulut s'assurer,
car Camoëns était trop mythologique, si le chœur sacré
des Néréides d'Homère, ce chœur vainement cherché depuis si longtemps entre les Cyclades, dans les eaux lumi-
neuses de Délos, ne se présenterait pas à ses regards au
milieu des splendides solitudes de l'océan Indien !

En 1553, Camoëns s'embarqua pour les Indes orientales. L'escadre avec laquelle il faisait voile était composée
de quatre vaisseaux; trois périrent dans un orage; mais
celui qui portait Camoëns arriva à bon port à Goa. Ce
que voulait Camoëns, c'est ce que cherchait à Paris Alexan-
dre Dumas quand il comptait s'y faire une ressource de son
talent de calligraphe; c'est ce que cherchent tous ces
jeunes gens qui voudraient trouver dans un emploi des
loisirs mal rétribués, mais nécessaires aux mystérieux et
souvent infructueux travaux de leur indolente muse.
Camoëns demandait une place, la première venue, pourvu
qu'elle lui assurât son pain quotidien. En mangeant ce
pain, il comptait faire des vers; mais il ne l'obtint pas.
Est-ce que le génie a des priviléges, lorsqu'il s'agit de
gagner le pain de chaque jour? Et on le réduisit à s'engager comme volontaire dans un corps d'auxiliaires que le
vice-roi des Indes envoyait au roi de Cochin. Presque tous
ses compagnons d'armes périrent dans cette campagne,
victimes d'un climat dévorant.

6

Camoëns échappa à son influence, revint à Goa, où, pour le payer de ses services, on lui permit d'espérer un emploi. En attendant, le poëte mourait de faim; il se vit contraint de s'associer à une expédition périlleuse contre les corsaires de la mer Rouge. Il passa l'hiver dans l'île d'Ormuz, et, à tous ces voyages dangereux, il avait au moins l'avantage de retrouver la trace des premiers héros de l'Inde et de recevoir dans son âme l'empreinte admirablement marquée des lieux où devaient s'accomplir les scènes de son Iliade.

L'emploi attendu ne lui fut pas donné; Camoëns en eut un peu de dépit, et, comme tout poëte, le plus grand comme le moindre, sait toujours, au besoin, aiguiser sa pensée en épigrammes, il eut la fatale idée de censurer les vices de l'administration dans une satire intitulée *Disparates na India* (les sottises des Indes). Le vice-roi de Goa trouva excessive l'audace de ce misérable, qui s'était permis de ne pas tout admirer dans son administration, et il exila le malheureux poëte à Macao.

Mais souvent les projets formés pour nous nuire sont précisément ceux qui tournent d'une façon inopinée à notre avantage. C'est un des secrets de la Providence, et elle sait nous faire trouver le succès là où l'on nous avait préparé un échec inévitable.

A Macao, Camoëns eut enfin une place.

On lui donna une sorte d'emploi funèbre, quelque chose d'un peu moins bas cependant que le métier d'ensevelisseur; on le chargea d'administrer les biens délaissés par les morts. Le titre de l'emploi a, en portugais, un air sépulcral; Camoëns se signa : *Provedor mor dos defuntos.* Homère n'a été que mendiant.

Il exerça cet emploi cinq ans, et les riches Portugais de Macao disaient : « Ce Camoëns a une bien bonne place, mais il la remplit bien mal; au lieu d'être à son bureau, il passe les jours et quelquefois les nuits, comme un fou qu'il est, dans une espèce de grotte. »

Ces négociants portugais ne savaient pas que Camoëns s'y retirait, dans cette grotte, pour écrire une chose qui valait un peu plus que les bordereaux des biens des défunts : il y composait ses *Lusiades*. Rien que cela !

Il est vrai qu'au point de vue où se plaçaient les négociants d'alors, aussi bien et peut-être plus encore que ceux d'aujourd'hui, la poésie avait peu de relations avec l'emploi de *provedor mor dos defuntos*. La place qu'avait enfin obtenue le Camoëns n'était pas précisément une sinécure. Les Européens mouraient en assez grand nombre à Macao, et, si le poëte eût voulu donner des soins assidus à toutes les successions qu'il avait à gérer, il n'aurait jamais achevé son poëme. Pour ne point faire de jaloux parmi tant d'héritiers, il n'en soignait aucune, s'en remettait à la Providence de l'avenir, et n'en discontinuait en aucune façon, malgré les clabauderies de ses envieux, ses promenades à la grotte mystérieuse. Il fit si bien qu'avant les cinq années de son séjour à Macao son poëme était entièrement terminé. Il s'occupait de le revoir et d'en mettre en ordre toutes les parties, lorsque de nouveaux événements vinrent agiter sa vie, déjà si tourmentée.

Un nouveau vice-roi, Constantin de Bragance, permit à Camoëns de revenir à Goa ; mais, à son retour, il fit naufrage à l'embouchure du fleuve Camboïa, et se sauva sur une planche, n'apportant au rivage, pour toute richesse, que son poëme, pénétré par les eaux de la mer.

Une nouvelle persécution l'attendait à Goa ; il secouait à peine de ses habits l'eau salée du naufrage, que des soldats le prirent et le conduisirent en prison ; on l'accusait de n'avoir pas bien administré le bien des défunts. Camoëns était décidément un mauvais employé. Pourtant on lui fit grâce ; mais ses créanciers, cette peste des poëtes, le

retinrent dans son cachot. Soyez ensuite l'Homère portugais !

Quelques amis, qui trouvaient que Camoëns ne manquait pas de talent, payèrent ses dettes, et il put retourner
à Lisbonne, en 1569, après seize ans d'absence, n'ayant
pour tout bagage que ses *Lusiades*.

Il débarque à Lisbonne et y trouve la peste, cette peste
qui épouvanta de ses ravages toute la péninsule ibérique.
Ce n'était guère le moment de publier un poëme, mais
Camoëns était sans ressources ; il écrivit vite une dédicace
au roi Sébastien, qui lui assigna pour toute récompense
une pension de quinze mille reis, de cent francs par an.

Ce n'était guère, on en conviendra aisément, une récompense digne d'une munificence royale. Aussi cette
pension dérisoire laissa le poëte en proie à tous ses tour-
ments, à tous ses besoins. La misère même n'avait jamais
été aussi affreuse que dans ce temps. Car jadis, lorsque,
jeune, il s'en allait cherchant à l'autre bout du monde, au
risque de sa vie, des aventures et une fortune probléma-
tique, au moins avait-il l'espérance, tandis qu'à cette heure
l'espoir même, ce dernier rayon de soleil du pauvre, avait
déserté son foyer désert. Souvent le pain manquait à l'heure
du repas quotidien, et alors il fallait attendre pour le lendemain quelque bienfait imprévu de la Providence, qui
souvent oubliait que le poëte avait compté sur elle.

Le soir, un esclave, que Camoëns avait ramené des
Indes, tendait la main aux passants et rapportait à son
maître l'aumône de la charité publique. Camoëns a été
mendiant, comme Homère, mais par procuration. Cela
peut diminuer les torts des Portugais envers lui.

Le roi Sébastien avait conduit toute la noblesse du Portugal dans son expédition chevaleresque contre le Maroc. Il
y périt à la fatale bataille d'Alcacer-Quivir, en 1578 ; la
pension de Camoëns disparut avec ce prince. Atteint d'une

maladie mortelle, l'Homère portugais se traîna, plein
d'une résignation stoïque, à l'hôpital, où il mourut
en 1579, et où il écrivit ce qui suit :

« Qui jamais entendit dire que sur l'étroit théâtre d'un
lit misérable la fortune voulut représenter de si grandes
calamités? et moi, comme si elles ne suffisaient pas déjà,
je me joins encore à elles ; car vouloir résister à tant de
maux me paraîtrait une espèce d'imprudence. »

Seize ans après sa mort, on éleva un monument au
poëte mort de misère à l'hôpital. Il faut convenir que Camoëns n'attendit pas trop longtemps son monument.

Je repassais dans ma mémoire les incidents de cette vie
si malheureuse dans ce jardin où Camoëns venait chercher
le calme, la fraîcheur, dans un lieu d'où la vue embrasse
les deux mers. Un monument funèbre, élevé sur la partie
culminante de ce jardin, est couvert de quelques strophes
extraites des *Lusiades*, et mentionne les dates de la naissance et de la mort de Camoëns. De belles allées conduisent à ce monument, et, si les cendres du poëte n'ont pas
été portées dans ce cénotaphe, c'est que les Portugais n'ont
pas voulu qu'elles quittassent Lisbonne. On se prend à regretter, au milieu de ces sites enchanteurs, que le gouvernement portugais n'ait pas compris que la sépulture du
poëte ne pouvait être nulle part mieux placée qu'au milieu de ces végétations charmantes et capricieuses qu'il
aima par-dessus tout pendant sa vie, au milieu de ces exu-
bérances d'une flore inconnue à nos climats, et dont il a
su recueillir le parfum dans les vers où il célèbre la gloire
et les entreprises gigantesques des navigateurs portugais
qui les premiers doublèrent le cap des Tempêtes.

IV

Macao n'est pas précisément une ville où les amusements abondent. Ses agréments se réduisent à peu près à des visites aux églises, qui méritent bien cette curiosité, et à des promenades au jardin du Camoëns. Ce sont là les seules distractions d'une ville qu'on est étonné de rencontrer ainsi aux confins de la Chine. N'oublions pas cependant la Société philharmonique, dont on ne parlerait pas ailleurs, mais qu'on doit mentionner ici.

Cette Société philharmonique ne ressemble que par le nom à tout ce que nous connaissons dans ce genre en Europe. C'est une collection d'amateurs tous plus ou moins passionnés pour un art quelconque, et on aurait bien mieux fait de l'appeler Société des beaux-arts ; au moins son nom aurait eu alors quelques relations avec sa composition réelle. Ce n'est pas cependant qu'elle ne compte parmi ses membres un certain nombre de musiciens. Mais quels musiciens, grand Dieu ! J'ai entendu quelquefois les orchestres chinois, formidables à l'oreille pour le bruit sauvage et aigu de leurs *gongs*, de leurs *bins* et de leurs *r'jenns* ; j'ai entendu les instruments de l'Inde ; à Macao,

j'ai été sur le point de les regretter quand j'ai assisté aux
concerts de la Société philharmonique. Qu'on se figure
une quarantaine d'exécutants, grotesquement assis devant
des pupitres sur lesquels un chef d'orchestre a complai-
samment étalé des partitions surannées. Chacun de ces
exécutants s'efforce de son mieux à déchiffrer la feuille de
musique placée devant lui ; mais malheureusement ses
efforts sont rarement couronnés de succès, et presque toujours une note malencontreuse trahit le musicien au moment décisif, et vient grincer disgracieusement aux oreilles
des auditeurs. Si encore c'était toujours le même instrument qui se mît ainsi en rébellion d'accord avec ses
confrères ! Mais c'est tantôt une clarinette, tantôt un violon, tantôt un cuivre équivoque qui trompe les lois de
l'harmonie, et alors il faut bravement en prendre son parti
et reconnaître cette raison suprême qui condamne à l'impuissance les exécutants de Macao, ne pas aller chercher
la musique là où elle ne saurait faire élection de domicile,
et se contenter de ce que l'on trouve, faute de mieux.

Parfois le concert, dans cette Société philharmonique,
est remplacé par une représentation scénique, et il faut
avouer que si la musique est mauvaise, en revanche ces
amateurs passionnés jouent d'assez pauvres pièces.

En fait de théâtre, j'ai toujours assez aimé, dans les
différents pays qu'il m'a été donné de visiter durant une
longue vie de navigations, à goûter les fruits du terroir.
En Chine, Dieu merci ! cette distraction ne saurait faire
défaut ; car le théâtre chinois est un des plus vastes, des
plus complets, des plus remarquables que présentent les
histoires littéraires. J'ai souvent vu jouer, dans mes précédents voyages, les principaux chefs-d'œuvre de cet immense répertoire, et j'ai toujours été frappé de la perfection à laquelle, sous certains rapports, étaient parvenus
les auteurs dramatiques chinois.

Aujourd'hui, grâce aux travaux incessants de la science moderne, toute l'Europe savante connaît le *Pi-pa-Ki*, ou l'histoire du luth, par Kao-tong-Kia, celui que, dans les drames traduits en langues européennes, les Chinois proclament eux-mêmes le chef-d'œuvre de leur théâtre, et qui était encore, trois siècles après son apparition, recommandé aux fils, aux époux et aux serviteurs de l'État; — l'*Orphelin de la famille de Tchao*, avec lequel Voltaire a fait son *Orphelin de la Chine*; — le *Vieillard qui obtient un fils*, qui fut d'abord traduit en anglais; — enfin le *Cercle de craie*, dont nous devons la connaissance et la traduction à un savant professeur de Paris, dont nous ne saurions assez louer les efforts pour propager le goût des études orientales.

Si nous n'écrivions pas un récit fort succinct de nos souvenirs dans ce dernier voyage entrepris dans l'intérêt des relations à nouer entre notre patrie et ces contrées lointaines, volontiers nous nous étendrions avec complaisance sur cette portion de la littérature d'un peuple que nous connaissons à peine en Europe. Cependant nous ne pouvons résister au désir de citer le fragment suivant d'un article de revue qui nous a paru fort sainement apprécier le théâtre chinois. Après avoir jeté un rapide coup d'œil sur le théâtre indien, où « l'inspiration lyrique domine, dit-il, et la réalité disparaît presque toujours sous l'idéal et le merveilleux, » l'auteur écrit les lignes suivantes :

« Par quel singulier contraste le royaume du Milieu, la Chine, voisine de l'Inde, en communication avec elle à certaines époques, s'en sépare-t-elle aussi profondément, malgré des emprunts et des importations dont on retrouve la trace dans les doctrines religieuses? La forme du gouvernement chinois, sa hiérarchie sociale, suffiraient seules, au besoin, pour l'expliquer. En Chine, l'élection et le concours sont la loi dominante; dans l'Inde, l'hérédité et la

distinction des castes sont la source et la base des institutions. Cette aristocratie de l'intelligence donne au théâtre
des Chinois un caractère de vérité et de réalité qui lui assi-
gne une place spéciale dans les littératures de l'Orient et
de l'Occident. On reconnaît à ces profondes différences
l'intervention de la nature, l'influence du climat, dont
Montesquieu a constaté le puissant effet sur les mœurs.
D'un côté, la nature belle, souriante, prodigue, qui n'exige
pas le travail humain ; de l'autre, la nature capricieuse,
mauvaise, qui poursuit l'homme dans l'inondation, l'incendie, la sécheresse, et, par suite, la famine. Là, l'homme
se confond avec la nature ; ici, il s'en sépare violemment.
Ainsi la constitution géographique, l'esprit philosophique
et pratique de la Chine y étouffent le naturalisme. Nul
théâtre n'est peut-être plus que celui des Chinois moral et
élevé dans son but. Les qualités essentielles pour une composition dramatique sont, d'après Wilson, chez les Indiens,
l'imagination variée, l'harmonie du style et la richesse
d'invention. Le but principal du drame, chez les Chinois,
c'est le récit des nobles actions présenté par l'histoire pour
exalter et glorifier la moralité humaine, et plus spécialement le dévouement filial.

« Plus une pièce contient d'enseignement, plus elle
porte l'empreinte du génie créateur. En Chine, on ne châ-
tie pas seulement les mœurs, on travaille à les former par
la représentation touchante des vertus domestiques et publiques, et par des flétrissures infligées à l'ingratitude et au
crime. Le dernier acte est toujours une expiation où le
coupable reçoit d'une manière terrible et inattendue un
châtiment proportionné à ses forfaits. Cette loi de justice,
qui atteint et sauve quelquefois les vivants, répare aussi
l'outrage fait aux morts, et lave leur innocence dans le
sang du criminel impuni. L'invention perd beaucoup à
cette règle inflexible comme un problème géométrique, et

la poésie ne trouve d'inspiration que dans le monde des réalités. On y chercherait en vain des traces de la féconde et brillante fantaisie qui s'épanouit dans le drame indien. Si l'auteur chinois s'oublie un moment dans une digression poétique inspirée par le spectacle de la neige qui répand sur la terre ses *flocons pareils à des fleurs de poiriers*, ou par le charme d'une douce matinée de printemps, il revient vite de ce voyage aventureux. Sa force est dans sa sobriété même, et rarement l'action se trouve entravée par une digression lyrique. On ne peut trouver le secret de la raison et de la sagesse du théâtre chinois que dans la raison et la sagesse même des institutions de ce grand empire qui s'est continué à travers les vicissitudes, les transformations de l'Orient et de l'Occident, jusqu'au jour où le canon anglais a brisé comme verre l'impénétrable muraille qui le fermait à la civilisation et aux idées européennes. Qu'on n'aille pas croire cependant que l'invention manque absolument aux Chinois. Il est telle situation, telle scène et tel caractère qui montrent que le cœur humain est partout le même, en dépit des institutions et des barrières de la nature, et que Tching-té-Hoei, l'auteur des *Intrigues d'une Soubrette*, n'est pas plus Chinois que Molière, l'auteur du *Dépit amoureux*. La soubrette *Fun-Sou* ne serait pas indigne de sa sœur *Marinette*, car, aussi bien que la suivante française, elle est versée dans les ruses du métier ; de la même façon, elle maltraite les amoureux tout en les servant. »

Je borne ici cette citation, quoique le reste de l'article soit encore fort intéressant pour quiconque se plaît à ces études comparées des mœurs et des littératures des nations. J'aurai moi-même à revenir anecdotiquement sur le théâtre chinois ; mais ce qui me reste à dire a un côté trop comique dans sa gravité pour que je n'aie pas voulu à l'avance m'assurer les sympathies de mes lecteurs sérieux.

Maintenant achevons promptement ce qui me reste à dire sur la ville portugaise-chinoise où nous nous trouvons.

Macao possède encore quelques bonnes fortifications, et, avec un peu d'art et de travail, il serait facile de les rendre inexpugnables, ce que feront certainement les Anglais, si jamais ils deviennent les maîtres d'une place aussi importante et qui deviendrait pour eux en Asie, aux portes de la Chine, ce qu'est en Europe Gibraltar, aux portes de la Méditerranée. Macao commande d'un côté la mer de la Chine, et de l'autre peut ouvrir ou fermer à son gré toute la rivière de Canton.

Cette ville est, comme on sait, bâtie sur une grande île, dont un des ports occupe l'extrémité nord-ouest ; on n'y voit que des navires désarmés ou des caboteurs. L'autre port, que l'on nomme la Typia, est situé entre deux îles, dont l'une a une forme semi-circulaire. Ces deux îles s'élèvent au sud de Macao ; ce port de Typia a donc deux entrées : l'une à l'est et l'autre au nord-nord-ouest. Il n'a à l'entrée que cinq mètres d'eau de pleine mer ; il faut s'y bien amarrer, car, pendant la mousson du sud-ouest, des rafales s'y précipitent avec une telle violence, qu'elles ont quelquefois fait chavirer des navires, parce qu'on ne s'était pas assez méfié de ce terrible coup de vent. Entre la Typia et la ville se trouve la petite rade où viennent mouiller les pêcheurs chinois, les caboteurs, etc., et où stationnent aussi ces bateaux quasi-ronds, portant à l'arrière une espèce de hutte, que montent deux femmes chinoises et qui servent à transporter les marchandises et les passagers de la rade aux quais ; car le peu de profondeur de l'eau, le long de ces quais, ne permettrait pas à un bateau plus grand d'accoster.

Ces femmes chinoises mènent une révoltante conduite, et le double métier qu'elles exercent ne vous donne pas

une haute idée de la moralité du Céleste Empire ; au reste,
elles conduisent leurs barques avec une habileté surpre-
nante. On peut assimiler ces barques à ces bateaux de
fleurs qui couvrent les fleuves chinois, bien qu'elles n'aient
pas d'abord l'air d'avoir une autre destination que celle
de transporter sur les quais les marchandises et les passagers. Rien ne serait charmant à l'œil comme ces petites embarcations chargées de fleurs aux couleurs éblouissantes,
si les Vénus de bas étage qui les montent et les conduisent
n'étaient un des plus hideux échantillons de leur sexe
qu'on puisse voir. Et cependant elles trouvent encore des
adorateurs qui, malgré leur facilité, se passionnent pour
elles, parmi ces nombreux marins que toutes les nations
marchandes de l'univers versent sur les quais de Macao.
Il est vrai que les privations qu'impose la vie de la mer à
ces robustes natures sont pour beaucoup dans ces affections d'un jour ; mais la première attache n'est pas moins
forte, et telle de ces Vénus peut se vanter d'avoir été conquise les armes à la main.

Il arrive aussi quelquefois qu'à leurs deux métiers précédents ces femmes en joignent un troisième, et celui-ci,
au jour du succès, devient le plus lucratif. Grâce à leur
sexe et à leur barque légère, à laquelle on sera forcément
obligé de recourir pour aller à la ville, ces femmes ont
toute facilité de pénétrer à bord des navires qui arrivent.
Avec cette sûreté de coup d'œil qui fait de tout Chinois un
véritable commissaire-priseur, elles sont bientôt au courant de toute la cargaison. Quand celle-ci a une importance
réelle, elles en donnent aussitôt avis à leurs véritables
amants, toujours embusqués dans quelque coin à portée du
premier appel. Les amants de ces femmes ne peuvent être
que des forbans, capables de toutes les actions mauvaises,
et qui ne sont heureux qu'au moment d'entreprendre une
de ces expéditions périlleuses qui pourra brusquement les

enrichir pour quelques jours. La cargaison le plus de leur goût est un tonneau de bonnes piastres. Aussi n'est-il pas rare de rencontrer dans les rues de Macao des négociants qui s'abordent en se racontant que des canots transportant de l'argent de la Typia à la ville, ont été, dans la matinée, attaqués par des pirates qui les ont dévalisés et en ont massacré l'équipage, sans que les sentinelles portugaises, bien que ces actes de violence se soient commis à la portée de leurs fusils, aient fait mine de vouloir bien les en empêcher ; ce qui ferait parfois supposer que les sentinelles sont aussi de connivence avec les bandits.

Macao est maintenant un port franc. Le gouvernement portugais, auquel le voisinage de Hong-Kong allait bientôt ôter même les moyens de payer les frais de son administration de douanes, a été forcé de prendre cette mesure le 1er janvier 1846.

Hong-Kong est plus éloigné de Canton que Macao, et n'est pas dans une situation aussi favorable. Mais les développements que les derniers événements entre la Chine et les puissances européennes lui ont fait prendre, l'élèvent promptement au rang d'une place de commerce de premier ordre. Elle marche rapidement vers un brillant avenir ; et les Anglais, cette nation commerciale entre toutes, le préparent de tous leurs efforts. Dans quelques années Hong-Kong sera le plus beau résultat de leur campagne de 1840. Si les Portugais n'y avisent, Hong-Kong achèvera la déchéance de Macao.

La décadence de cette dernière place a commencé le jour où les marchandises européennes n'ont eu presque plus de cours dans ses comptoirs. Pendant ce dernier séjour que j'y ai fait, j'ai pu remarquer qu'il était aussi peu avantageux de porter de l'huile à Macao qu'à Pinang et à Sincapour ; car la consommation de nos comestibles y est presque nulle ; on y a la chance de vendre quelques tissus,

7

du sel et quelques gargantilles. Nos vins et eaux-de-vie
n'y étaient pas aussi prisés que je l'aurais pu croire au
premier abord. On y préfère les vins secs et spiritueux du
Portugal ou les vins liquoreux d'Espagne. Au reste, comme
consommation, les vins n'y sont guère que des objets de
luxe ; on ne saurait en faire un usage fréquent et journalier. La manière de vivre des Chinois est généralement
adoptée par tout le monde, même par les anciennes familles européennes. Si l'on y a ajouté quelques raffine-
ments, ils n'ont guère porté que sur des objets qui nous
sont étrangers.

La denrée qui tient encore le mieux le marché est le
girofle, comme on m'en avait prévenu à Sincapour, mais
on n'en veut pas de qualité inférieure. A notre arrivée il
se plaçait à un prix fort avantageux, vu qu'il était vivement demandé par les négociants de l'intérieur de l'empire. Je me réjouis alors d'avoir écouté les conseils de
MM. d'Almeida, et d'en avoir embarqué une forte partie
sur le *Joseph-et-Claire*. Le capitaine Caillet, à qui j'avais
laissé mes pleins pouvoirs à ce sujet, se débarrassa de
toutes ces épices à un prix fort avantageux, et cette opération fut une des meilleures que nous avons faites durant
notre long voyage. Au reste, rendons justice à qui de
droit. M. de Mello nous seconda puissamment dans cette
transaction : il nous mit en relations avec les bons acheteurs chinois, et c'est un motif de plus pour que je lui témoigne ici de nouveau toute ma reconnaissance pour tant
de bontés qu'il nous a prodiguées pendant notre séjour à
Macao.

Tout le monde fume à Macao, comme en Espagne,
comme dans les deux Amériques, et le bon tabac y est fort
recherché. On s'y procure d'excellents cigares de Manille à
un prix fort raisonnable. J'avais déjà remarqué qu'à Sincapour on les obtient quelquefois à meilleur marché qu'à

Manille. Ceci n'est pas un détail à négliger pour des marins, dont la seule jouissance pendant les longues traversées est de fumer en rêvant sur le pont du navire qui
vous emporte vers des cieux inconnus. Pour ma part,
chaque fois que je mets pied à terre dans un port quelconque, une de mes premières préoccupations est celle du
marchand de tabac. A Macao je fus promptement et amplement satisfait. Le tabac y est l'objet d'un commerce fort
important et qui pourrait, entre des mains habiles, devenir l'objet de transactions considérables ; car je ne doute
pas que que quand l'Europe connaîtra mieux les tabacs
qui se cultivent dans ces contrées, elle ne les fasse promptement entrer dans sa consommation. Le tabac de Manille
a cela d'excellent qu'il est doux et savoureux à la fois ; il
vaut le Havane comme parfum, et, quoique le Latakié ait
été vanté jusqu'ici, je ne crois pas que le Manille lui soit
en rien inférieur.

Un autre grand objet du commerce de Macao, comme
de celui de Pinang et de Sincapour, est le riz d'Aracan. En
Chine, le riz est un objet de première nécessité ; le blé ne
vient qu'après. Quoiqu'il tînt un bon prix pendant tout
notre séjour à Macao, je crois qu'on en aurait eu un peu
mieux en le portant à Wampoa. Là, comme dans toute la
Chine, le prix du riz est subordonné à l'approvisionnement et aux espérances que donne la récolte du pays. On
y en apporte beaucoup de Manille.

On se rend de Macao à Hong-Kong sur des bateaux de
passage armés de Chinois ; le trajet est de douze à dix-huit
heures, selon le vent et la marée. Le bateau de la correspondance part de Hong-Kong le 22 de chaque mois.

Il me semble qu'au point de vue philanthropique un
voyageur doit faire tourner à l'avantage de ceux qui sui-
vront ses traces, l'expérience, même acquise à ses dépens.
Pour moi, une sage réserve m'a garanti, à Macao, d'un

danger qu'a trop couru un commis de la *Cléopâtre*, montée par M. le contre-amiral Cécile. Je n'ai eu jusqu'à présent à parler que des pirates de la mer et des rivières;
l'aventure que je vais raconter prouvera qu'en fait de déprédations les Chinois de terre ferme ne le cèdent en rien
à leurs compatriotes aquatiques.

Ce commis, subissant l'influence de ces tièdes zones,
s'aventura, la nuit, dans les rues de Macao, et ne put résister à suivre un jeune proxénète qui lui avait vanté les délices d'une Capoue orientale, voisine de l'endroit où l'Asiatique et le marin français s'étaient rencontrés. Le guide et
le commis tournoyèrent dans des labyrinthes de rues, lon-
gèrent le quai, passèrent dans les grandes ombres des couvents et des églises, et, après une promenade aussi longue
que fatigante, le Français se vit tout à coup enveloppé par
des Chinois, qui pourtant eurent encore la pudeur de lui
laisser, de tous ses vêtements, celui qui pouvait à la rigueur lui permettre de regagner son bord, en gardant un
dernier reste de la dignité humaine. Ces misérables Chinois bâillonnent l'Européen alléché par de décevantes promesses, le désarment, vident très-lestement ses poches, et
le dépouillent de tous ses habits.

Ce qu'il y a de plus cruel dans ces sortes d'aventures,
c'est que la plainte est impossible et la vengeance presque
ridicule. Nous sommes tentés de n'avoir aucune compassion pour la victime, et nous admirons la réponse d'un
célèbre magistrat anglais. Un de nos compatriotes avait été,
à Liverpool, la dupe d'une aventure à peu près semblable
à celle du commis de la *Cléopâtre*. Moins avisé que celui-ci,
il ne sut pas se taire et courut se plaindre au magistrat:

— Que diable, monsieur, répondit celui-ci, à votre âge
on fait l'amour honnêtement !

J'avais hâte d'avoir une première révélation de ce pays
habité par les Napolitains de l'Asie, de cette Chine où la

cervelle humaine semble fonctionner différemment de la
nôtre, où les plus grandes bizarreries vous font croire que
l'on a passé d'une planète dans une autre.

On nous parla de deux dames chinoises qui cultivaient
avec beaucoup de succès la musique instrumentale et la
musique vocale. Deux marchands chinois, dont l'un était
autrefois venu en France, où l'avait conduit le capitaine
Geoffroy, qui commandait un navire de Bordeaux, et d'où
il avait rapporté la faculté de baragouiner notre langue,
consentirent à faire venir ces deux dames, pendant les soirées que nous passions chez eux ; c'étaient deux marchands
de châles et de crêpes.

Les deux dames chinoises arrivèrent : l'une paraissait
avoir de vingt-cinq à vingt-six ans, et l'autre de quinze à
seize ; leur toilette était éblouissante et d'après celle des
femmes des mandarins ; quant à leur coiffure, j'admirai
l'art savant et ingénieux qui avait tressé et étagé leurs
cheveux, traversés d'épingles d'or. Elles tenaient à la main
leurs instruments : c'était une planche taillée en forme de
guitare, avec un très-long manche ; sur le chevalet avaient
été tendues, au moyen de chevilles, trois cordes seulement.
Chacune de ces virtuoses chanta à son tour en poussant des
sons aigus et criards à vous fendre la tête. Il me parut
que la moins jeune pinçait très-bien ses cordes, mais sa
voix ne cédait en rien, sous le rapport de l'aigu et du
criard, à celle de sa compagne. Cependant, à tout prendre,
je préférais encore cette musique sauvage aux concerts de
la Société philharmonique. Je ne sais même si celui auquel j'avais assisté la veille me poursuivait comme un cau-
chemar ; mais je ne pus, dès les premières notes, m'empêcher de témoigner combien j'étais satisfait de ces éclats de
voix inattendus.

Encouragées par mon sourire de satisfaction, les deux
dames lancèrent de leurs gosiers allongés et torturés des

7.

fusées vocales qui semblaient vouloir, de leurs pointes,
percer le plafond. Les syllabes en *i* qui sont la base fondamentale de la langue chinoise résonnaient admirablement
sur leurs lèvres vermeilles, et pénétraient dans nos oreilles
comme une vrille aiguë. Parfois, cependant, quelques ac-
cents plus mélodieux s'égaraient dans leurs chansons.
Mais ce n'était qu'une percée d'azur dans un ciel nuageux.
Ensuite, formant des duos non moins harmonieux que
leurs solos burlesques, ces deux Malibran de pacotille
égarées sous le ciel chinois chantèrent, pendant une longue heure, à l'unisson des morceaux sur des rhythmes
différents, mais qui tous rappelaient sans cesse certaines
phrases criardes et glapissantes que nous avions remar-
quées dans leurs premiers exercices. Je m'informai de ce
que ces dames nous avaient chanté avec tant de grâce et
de charme, et il me fut répondu que c'étaient des chants
composés par le philosophe Lao-Tsée en l'honneur de la
terre et du ciel.

Il y avait plus de trois heures que nous subissions cette
étrange musique lorsque les marchands chinois, chez lesquels nous nous trouvions, firent un signe à leurs serviteurs, qui sortirent de la salle où nous nous trouvions et
rentrèrent bientôt pour placer devant chacun de nous une
petite table de laque, travaillée avec cet art minutieux
dont les Chinois ont seuls le secret, et sur laquelle reposait
un bol de thé délicieux. Les deux dames à propos desquelles avaient lieu cette petite réunion se levèrent aussitôt, s'inclinèrent devant les maîtres de la maison et finirent par faire leur cueillette. Je pus alors les examiner à
loisir et tout à mon aise, et, grâce à ma curiosité naturelle, je ne m'en fis pas faute. La plus jeune était fort
jolie, simple, gracieuse, quoique un peu trop brune. Je
ne me cachais nullement pour lui prouver combien j'étais
émerveillé de ses charmes, et elle eut l'air de me faire

comprendre que la présence des Chinois, nos hôtes, ne lui permettait pas de prouver dans toute son étendue la satisfaction que lui donnait dans cette soirée le bon goût et la générosité des Barbares. Puis ces dames, ayant fait une nouvelle révérence plus profonde que les précédentes, se retirèrent, et nous restâmes avec nos marchands chinois. Je crus cependant remarquer qu'avant qu'elles n'eussent franchi la tapisserie qui servait de porte, l'un d'eux faisait un signe d'intelligence à la plus âgée, et celle-ci y répondait par un signe analogue. Était-ce quelque rendez-vous mystérieux qu'ils s'assignaient ainsi ou bien une simple erreur de mes sens? C'est ce que je n'ai jamais eu occasion de vérifier.

Quand nous descendîmes à Macao et que nous allâmes nous loger à l'hôtel de l'honnête Marseillais, M. Boulle, qui regrette vivement les clovisses de la réserve, les plaisirs de la bastide le dimanche et les délices de la chasse au poste à feu, nous trouvâmes l'hôtel encombré. Parmi ces étrangers qui avaient envahi tous les appartements de cet hôtel, le seul vraiment confortable de Macao, nous nous étions liés avec un jeune et charmant officier de la marine royale d'Espagne, laquelle, comme on sait, n'est composée, depuis le désastre de Trafalgar, plus fatal à l'Espagne qu'à la France, que d'un seul vaisseau de guerre. Cet officier était chargé d'accompagner la correspondance de son gouvernement. Il se nommait M. de Lira, et j'ai rarement rencontré des marins aussi aimables, aussi instruits, aussi spirituels que lui. Il avait beaucoup voyagé, parlait plusieurs langues et s'exprimait assez facilement en français. En général, M. de Lira faisait avec nous toutes nos petites excursions. Il était aussi friand que nous-mêmes de tous les détails qui pouvaient nous mettre au courant des mœurs de l'étrange pays où nous nous trouvions, lui pour son service, nous pour nos affaires. Il accepta donc volontiers la proposition que nous lui fîmes de venir avec nous chez nos marchands chinois, et il ne fut pas celui d'entre nous qui s'amusa le moins à cette baroque exhibition de la musique indigène.

Après la séance musicale, nos marchands chinois s'étaient mis à goûter les béatitudes de l'opium. M. de Lira était un grand partisan de l'inconnu; il professait que l'on ne doit jamais se prononcer que sur ce que l'on sait par expérience. A l'aspect de nos Chinois, ravis au septième ciel, je vis que le jeune officier espagnol grillait de faire comme eux, et, en effet, il nous demanda si le spectacle de cette délicieuse fantaisie ne tentait pas nos imaginations méridionales. Nous lui répondîmes que, comme lui, qui paraissait très-vivement le désirer, nous en ferions volontiers l'essai à titre d'expérience psychologique; qu'au reste chacun de nous resterait parfaitement libre de cesser cet exercice s'il sentait quelque incommodité. Nos marchands chinois, informés de notre envie, consentirent à la satisfaire.

J'avoue qu'après l'expérience que j'ai faite de l'opium, je conçois les terribles et inévitables ravages que ce pernicieux usage cause parmi les Chinois. Je fis part de mes observations à M. de Lira, qui me répondit avec beaucoup de sagesse :

— Une fois qu'on a goûté à cette fumée enivrante, c'en est fait, on ne peut plus se décider à l'empêcher d'aller faire éclore dans les cavités de votre tête les rêves d'or, les rêves sensuels qui s'y colorent de toutes les teintes de la plus délirante imagination. Je m'étonne seulement qu'un preneur d'opium mette quelque intervalle entre ses funestes, mais inénarrables jouissances, ses jouissances, pendant lesquelles le sang devient un fluide subtil, céleste, et les nerfs acquièrent le plus haut degré de sensibilité.

Nous étions couchés sur des lits de rotins, deux par
deux, la tête un peu relevée ; une petite lampe, répandant
la clarté d'une veilleuse, est placée entre les deux fumeurs, ainsi qu'un pot de porcelaine, qui contient l'opium
et deux petites broches en fer. Un plateau supporte ces
divers objets. La pipe est une espèce de demi-sphère
creuse ; au centre, elle a un petit trou d'environ deux
millimètres de diamètre, et, sur le côté, un trou plus
grand, auquel s'adapte le tuyau. Le fumeur prend au
bout de la petite broche une petite quantité d'opium
semi-liquide, et il la chauffe à la flamme de la petite
lampe en tournant la broche entre l'indicateur et le pouce.
Il ne faut pas que l'opium s'enflamme parce qu'il se calci-
nerait, mais il faut qu'il devienne assez compacte pour
qu'en mettant la petite boulette (que l'on a formée en
tournant la broche dans ses doigts) dans le trou supérieur
de la pipe, l'on puisse retirer la broche, qui laisse alors la
boulette perforée de part en part. On embouche ensuite le
tuyau, et, après trois ou quatre petites aspirations, la boulette est entièrement consumée, et l'on recommence le
même manége.

Certains Chinois fument chaque soir cinquante à soixante
de ces pipes, jusqu'au moment où une profonde ivresse
extatique se déclare. Mais, pendant cette ivresse, éclate le
poëme, se déroule, comme une toile céleste, le magnifique
tissu d'un rêve à travers lequel les génies de l'opium
promènent leur navette magique. La réalité la plus enivrante est bien pâle à côté de ces illusions que le fumeur
d'opium étreint de toute la force de son momentané, mais
suprême délire. Malheureusement, au sortir de ces jouissances inénarrables, le corps s'amaigrit, la face se déco-
lore, un tremblement continuel agite les membres, et le
fumeur arrive bientôt à la mort par un chemin où, quand
il veille, il se traîne comme un vieillard précoce et imbé-

cile, mais où il reprend dans des haltes meurtrières,
grâce à l'opium, la vigueur de ses jeunes années, avec
un avant-goût des jouissances que les religions orientales
promettent aux élus.

Cette denrée, dont l'empereur actuel a voulu interdire
l'usage à ses sujets, est importée de l'Inde dans la Chine
par contrebande ; mais cette contrebande est si active
et les Chinois sont si avides du poison, qu'il serait fort
dangereux pour l'empereur d'apporter au mal un remède
violent. Tout le monde sait que l'opium fut la cause première de cette guerre de 1840, où les Anglais firent tant
de mal au Céleste Empire. L'opium se récolte dans les trois
provinces indiennes de Calcutta, de Bombay et de Bena-
rès ; mais, dans le commerce, il n'a gardé que ce dernier
nom de son pays de production, et les autres s'appellent
opium de Malwa et de Patna, districts où le pavot est
plus spécialement cultivé. Celui qui vient par Bombay est
le plus estimé, et plus on en apporte à Wam-paa, plus on
est sûr d'en voir enlever à quelque prix que ce soit. Les
navires qui font ce transport sont les plus fins voiliers du
monde, et jamais l'imprudence américaine n'égalera les
témérités que prodiguent certains capitaines dans ces mers
difficiles pour arriver les premiers sur le marché.

V

Les trois jours que m'avait demandés Timao, — c'était le nom du Lascar ; d'où lui venait-il ? je ne l'ai jamais su — étaient écoulés. Le matin du quatrième, j'étais encore endormi dans mon lit lorsque j'entendis rudement cogner à ma porte. Exact à la parole donnée, le Lascar venait ponctuellement s'informer si j'étais toujours décidé à tenter cette petite excursion. Je n'avais eu garde d'oublier ma promesse. Macao n'est pas une ville assez attrayante pour qu'on perde aisément le souvenir d'un projet de partie de plaisir. En un instant, je fus sur pied, et je dis au Lascar que j'étais prêt à le suivre. En effet, toutes mes dispositions d'absence étaient prises et arrêtées depuis la veille. J'avais remis mes pleins pouvoirs au capitaine Caillet, mission facile vu les bonnes dispositions de notre équipage, qui ne se sont jamais démenties durant cette longue expédition. Quant aux affaires commerciales que je laissais en suspens à Macao, le capitaine Caillet devait, en cas d'irrésolution, en référer à M. de Mello, dont les bons offices ne nous ont jamais fait défaut. Les choses ainsi réglées, j'étais entièrement sans inquiétude.

Muni de mon léger bagage, je descendis sur le quai avec Timao, et nous montâmes une de ces petites embarcations

dont j'ai déjà parlé. Elle devait nous conduire au port de
la Typia, où la jonque du Lascar était à l'ancre, mais toute
prête à partir. Sidore Vidal nous avait précédés : il était à
bord depuis la veille et déjà en possession du poste que
Timao lui avait confié, comme au plus habile de ses matelots, au gouvernail. Tout l'équipage était rangé sur le pont
quand nous arrivâmes, et je pus ainsi le passer en revue
d'un coup d'œil. Timao, par déférence, voulait me céder
le commandement de son navire, mais je n'y voulus jamais consentir, ce qui acheva de me concilier tout à fait
ses sympathies. Au reste, je n'ai eu qu'à m'applaudir de
cet acte de convenance ; car, si jamais passager a été traité
admirablement, ce fut certes bien moi à bord de la jonque
du Lascar.

Un quart d'heure après notre arrivée, et moi convenablement installé dans la cabine du capitaine, Timao or-
donna l'appareillage ; l'ancre fut levée, et, quelques instants après, nous étions en route pour Canton.

Pendant que notre voile se chargeait de nous faire
avancer vers cette ville, le Lascar, sûr de la bonne direction de son navire et ayant donné ses ordres sur le pont,
descendit vers moi pour s'informer si j'avais à ma disposition tout ce que je pouvais désirer et aussi pour me tenir
compagnie. Quand Timao entra, je fumais un de ces délicieux cigares de Manille dont je m'étais amplement pourvu
à Macao, et qui, à mon sens, valent les meilleurs *puros*
de la Havane. Tout en fumant, je pensais au curieux pays
que je visitais et aussi à l'homme étrange chez lequel je
me trouvais à cette heure.

Timao devina sans doute l'objet de mes pensées ; car,
prenant le premier la parole, il me dit :

— Capitaine, si ces pays avaient un peu de cette activité intelligente qui dirige les gouvernements d'Europe.
avant peu ils seraient les plus beaux pays du monde. Les

merveilles que l'industrie humaine a entassées sur cette
terre sont innombrables. Mais depuis longtemps, depuis
trop longtemps, le courage a déserté le cœur de ses habitants. Avec la puissance de population qui distingue la
race chinoise, elle a de quoi dompter les résistances les
plus rebelles de la nature; elle peut à son gré maîtriser
les éléments; mais l'énergie, celle au moins qui sait accomplir de grandes choses, manque totalement à ce peuple, qui est le plus industrieux de l'univers. Toute son
ardeur, il la dépense, comme les peuples arrivés au dernier degré de l'abaissement et de la décadence, à exécuter
avec un art infini une foule de niaiseries charmantes que
l'Europe a fort bien fait d'appeler de son nom, des chinoiseries. Toute sa force est aujourd'hui dans sa faiblesse.
Il a porté à l'extrême les vertus des hommes faibles. Son
astuce est proverbiale, et sa finesse est telle qu'il parvient
à se duper lui-même. La tromperie est partout ici à l'ordre
du jour ; les hommes se trompent entre eux, et leur imagination dépravée ne se complaît que dans les caprices
qui trompent et fardent la nature et savent la présenter
sous un faux aspect. Ici on force à rester nain l'arbre que
la nature avait destiné à pouvoir, de son feuillage, ombra-
ger toute une famille, et, sous des mains habiles, l'arbuste
devient arbre magnifique. Ce n'est point quand ces arts
précieux et futiles sont partout en honneur que les peuples peuvent devenir robustes et forts. L'esprit dépravé ne
saurait contenir des pensées et des résolutions vigoureuses.

Ces paroles, dans la bouche de mon hôte, me frappè-
rent vivement, et je ne pus m'empêcher de laisser paraître mon étonnement. Le Lascar le remarqua, et, jetant
loin de lui le bout d'ambre d'une pipe arabe qu'il prenait
d'une lèvre crispée, il me regarda de son grand œil noir
intelligent, et me dit:

— Mes paroles ne doivent point vous surprendre. Sous

8

le ciel de l'Inde, la figure, bronzée par un soleil de feu,
ne prend pas de rides, la chevelure ne perd pas sa couleur d'ébène, bien que les années s'accumulent sur nos
têtes. Vous chercheriez vainement à fixer un âge à ma vie,
et vous me croirez à peine quand je vous dirai que je suis
vieux. Dix ans j'ai combattu avec les Anglais, et c'est auprès d'eux que j'ai puisé l'intelligence des pensées qui agitaient mon esprit. J'ai puisé mon instruction dans les
livres d'Europe que je voyais entre les mains des hommes
instruits qui nous commandaient, et dans les conversations de ces voyageurs qui passent parfois dans ces mondes
nouveaux pour eux et savent les étudier avec une patience
digne des plus grands éloges. Que de fois, dans les chau-
des nuits des campements, on aurait pu me trouver rô-
dant autour de la tente de nos chefs pour surprendre ce
qu'ils disaient entre eux. Ce que je cherchais, ce n'était
point le secret de leurs opérations militaires, mais le secret de la science que je leur voyais déployer au milieu
d'un pays qu'ils connaissaient à peine ! Que de fois aussi,
depuis que j'ai quitté l'Inde, j'ai couru dans toutes ces
grandes mers à la découverte d'un homme qui pût agrandir le cercle de mes lumières et me faire comprendre tant
de choses que je voyais, qui excitaient mon étonnement,
mais dont l'explication dépassait la portée de mon intelligence ! Enfin, après trente années de recherches, de luttes,
de courses aventureuses, j'ai atteint en partie le but que
je m'étais proposé. Mon esprit a pu voir clair au milieu
des ténèbres qui avaient environné mes premières années.
J'ai conçu un plan, et c'est à sa réalisation que je consacre
les jours qui me restent à vivre.

— Tant d'efforts, lui dis-je, méritaient bien cette récompense, et vous l'obtiendrez.

J'étais pénétré d'admiration ; mais lui n'eut pas l'air de
s'apercevoir de l'effet qu'il produisait sur moi.

— L'Inde, ajouta-t-il, à cette heure appartient aux Anglais. Qu'ils la gardent, s'ils peuvent; cela ne me regarde pas. Toujours est-il qu'à ce souffle puissant r .e va se régénérer malgré elle. Cette régénération a déjà commencé. Un jour, sans doute, l'heure de l'émancipation sonnera pour ce peuple nouveau que formera le mélange des sangs de l'Orient et de l'Occident. Mais cette heure est encore éloignée. La Chine n'est pas dans la même situation que l'Inde, et, quoi que fasse l'Angleterre, jamais elle n'en sera maîtresse. Ici le pays a été souvent conquis, et de nombreuses races sont venues se superposer aux races primitives. En ce moment même, et quoique cela dure depuis des siècles, tout ce peuple n'est-il pas sous le joug de l'oppression? et ne distingue-t-on pas les mœurs des Tartares oppresseurs et les mœurs des Chinois opprimés? Vouloir régénérer la Chine en infusant du sang nouveau dans les veines de ce peuple, déjà si profondément abâtardi, serait folie insigne. C'est l'esprit qu'il faut régénérer ; c'est le courage et la franchise qu'il faut savoir faire renaître par l'exemple, et, de toutes les nations occidentales, je n'ai vu que les Français capables de cette œuvre.

Le Lascar avait ressaisi sa longue pipe; il aspira quelques bouffées en silence, puis il me dit encore :

— Ce n'est pas la première fois, je le sais, que vous visitez ces parages; vous connaissez ces mers, ces îles, ces côtes et leurs habitants. Alors vous avez dû être frappé d'un curieux contraste. Dans les îles que vous quittez, à côté de quelques ports fréquentés par des navires marchands et où l'on trouve quelques traces de civilisation, habitent des populations nombreuses qui sont restées et resteront longtemps encore à l'état sauvage. Ici, au contraire, règne l'extrême civilisation. Depuis des milliers de siècles, l'Empire chinois est policé à l'excès, et c'est cela même qui le perd. Eh bien! dans ces ports, dans ces îles, sur

ces côtes, que trouvez-vous à côté des sauvages? Avant toute
chose, des Chinois. Les uns recherchent les autres, et ensemble ils savent nouer des liens d'amitié fraternelle qui
se rompent difficilement. Expliquez ce phénomène autrement que par cette considération : Les natures affaiblies
par un excès quelconque tendent sans cesse à se rapprocher des natures préservées de cet excès par l'excès opposé.
Pour moi, j'ai vainement cherché, et pendant longtemps,
une autre raison à ce que je voyais; mais je n'ai point là
trouvé le remède. Il faut autre chose, et, je vous l'ai dit,
je crois que c'est par le contact des Français que les Chinois peuvent seulement se retremper et reprendre quelque
vigueur. Croyez-moi, ajouta le Lascar d'un ton pénétré, il
y a moins de différence entre le peuple auquel vous appar-
tenez et celui au milieu duquel nous sommes, que vous ne
le pourriez croire au premier abord. Il y a ainsi des simi-
litudes et des affinités de races aux quatre coins du monde.
Les Américains font, depuis quelques années, des efforts
inouïs pour s'implanter dans un coin de ces côtes, et ils
n'y parviendront pas. Colonies elles-mêmes, les Amériques,
et surtout l'Amérique du Nord, ne peuvent de longtemps,
sans folie, songer à faire des colonies. Ils ne sont encore qu'une agglomération d'hommes de natures, de nations et de races diverses, jetés sur un territoire dix fois
trop vaste. Il faut qu'ils deviennent peuple, et ils en ont
pour longtemps. Leurs mœurs sont, en général, la dégra-
dation des mœurs de l'Europe, et cela tient à la formation
même de ces États. Il y a des choses où rien ne peut rem-
placer le temps. Vous avez pu inventer les navires à vapeur
qui suppriment les distances, mais vous ne trouverez jamais un secret qui fasse un homme avant l'âge. Au reste,
en fait d'inventions, vous êtes ici dans le plus merveilleux
pays qui existe. Depuis des siècles, les Chinois sont vos
maîtres; ils avaient trouvé bien avant vous toutes les mer-

veilles dont votre époque est si fière, et voyez cependant où ils en sont arrivés !

La sagesse de cet homme m'effrayait. Tout ce qu'il me disait me donnait longuement à réfléchir, et je l'aurais longtemps écouté sans l'interrompre, si de vives lueurs qui tout à coup se répandirent sur la rivière, mêlées à des éclats d'artillerie lointaine, n'avaient appelé ailleurs notre attention.

Nous montâmes sur le pont, et là nous fûmes témoins d'un spectacle superbe.

La nuit était tout à fait venue ; mais, pour les Chinois, la nuit ne saurait sonner les heures du repos. Les premiers moments surtout sont consacrés à des joies bruyantes que nous autres, peuples d'Occident, ne comprenons qu'avec peine. Le Chinois, le type par excellence du travailleur, attend patiemment derrière son comptoir ou son établi que les heures de nuit soient venues pour s'ébattre et s'adonner au plaisir. Aussi, quand le crépuscule a fait place à l'obscurité profonde, de toutes parts éclatent des feux d'artifices qui soudain remplacent le jour. Ces amusements pyrotechniques, mêlés aux jeux des lumières qui brillent dans les lanternes aux couleurs diverses en papier huilé, se renouvellent chaque soir. Le Chinois aime à la folie ces arabesques bizarres que décrivent en pétillant les pièces d'artifices. Si l'on ne connaissait les mille caprices que son imagination fantasque entasse sans cesse autour de lui, on serait volontiers tenté de croire que ce peuple a prodigué tout son art dans la confection des flammes de Bengale et des fusées.

Dès que nous fûmes sur le pont, les deux rives nous apparurent tout à coup brillamment illuminées. Chaque maison se donnait à elle seule ce spectacle réservé chez nous pour les grandes occasions et les fêtes royales et populaires. Et à ces feux, sillonnant les airs en tous sens,

8.

s'ajoutaient mille cris joyeux qui prouvaient que le peuple s'adonnait avec ivresse à ses plaisirs de nuit.

La jonque que nous montions était une de ces lourdes embarcations chinoises qui se ressemblent toutes, mais diffèrent essentiellement de nos navires. Leur construction, qui est tout l'inverse des nôtres, est assez généralement connue pour qu'il nous soit permis de ne pas entrer ici dans de plus amples détails. Ces bâtiments, assez bons pour la navigation des fleuves et des canaux, sont tout à fait inférieurs pour la navigation en mer, et si la Chine entre jamais en relations suivies avec l'Europe et l'Amérique, elle fera bien de renoncer à son antique système d'architecture navale, de ne pas donner à l'arrière les proportions que nous donnons à l'avant, et de chasser de la dunette les pavillons qui l'encombrent.

Ce que les jonques, en général, présentent de plus curieux, c'est leur équipage, toujours composé de toute espèce de gens. Dans le nôtre, il y avait des Chinois, des Lascars, des Malais et même des Arabes, originaires du golfe Persique, et qui sont d'assez bons marins. Le bizarre mélange de ces équipages n'est pas une des moindres causes des nombreux guet-apens auxquels sont exposés les bâtiments qui fréquentent ces parages. Les Chinois surtout qui courent les mers sont tellement habitués au crime, qu'il n'est pas rare de les voir comploter la mort des officiers *barbares* qui les commandent. Avec eux, une éternelle défiance est de rigueur.

Parmi nos hommes, Timao n'était sûr que de ses Lascars et de ses Arabes. Il commandait aux autres avec une impitoyable dureté, m'affirmant que la terreur était le seul sentiment qui pût les engager à se bien conduire.

Toute jonque chinoise contient une pagode en miniature, avec une statuette de Bouddha. Chaque matin les Chinois de l'équipage allaient se prosterner devant cette

idole. Ils restaient quelques minutes ainsi, la face contre
terre, puis ils venaient reprendre leur poste de service sur
le pont ou dans les bastingages. Là se bornait, à ce que
me dit Timao, l'accomplissement de leurs devoirs religieux. A part cette espèce d'adoration idolâtrique, ils ne
professent guère d'autre exercice du culte, et il paraîtrait
qu'il en est ainsi dans toute la Chine. Quoique les pagodes
et les temples pullulent de tous côtés, les Chinois, au milieu des religions qui se croisent et se mêlent sur leur
vaste territoire, ne connaissent guère que des superstitions.
Leur littérature est peuplée d'œuvres morales du premier
ordre, et cependant partout où j'ai pu observer ce peuple,
j'ai dû reconnaître l'absence radicale de tout sentiment religieux. Je reviendrai sur ce sujet et le traiterai plus complétement quand je visiterai les grandes pagodes de Canton, et surtout celles de la province de Nan-King.

A l'inverse des Chinois, nos Arabes observaient stricte-
ment les prescriptions religieuses de leur prophète. Il était
curieux de les voir sur le pont, avec leur gravité douce et
recueillie, accomplir leurs ablutions à différentes heures
du jour, et puis reprendre la manœuvre et se tenir prêts à
affronter les périls sans nombre de cette navigation avec
une intrépidité peu commune. Quant aux Lascars, ils
professaient en religion l'indifférence la plus complète, et
je n'ai pas même trouvé chez eux cette superstition de
nos marins, dans les temps difficiles, à la Vierge de Bon-
Secours. Les Malais, sous ce rapport, se rapprochaient
assez des Lascars. Mais, deux fois, j'ai vu l'un d'eux regarder avec émotion la peau d'un serpent qu'il tenait rou-
lée autour de son corps comme une ceinture. Dans cet œil
ordinairement si sec et si dur, surprendre une émotion,
c'est être sur la piste d'un sentiment. Aussi ai-je supposé,
et je crois avec raison, que ce serpent était son dieu qu'il
invoquait, et que ses compagnons avaient comme lui quel-

qu'amulette, mais ils la tenaient plus soigneusement cachée que celui que j'avais surpris dans un moment d'ex-
tase et d'adoration.

J'aurais volontiers voulu éclaircir mes doutes à cet
égard ; mais quand j'interrogeais Timao là-dessus, il gar-
dait un silence obstiné, me regardant le sourire sur les lèvres, ou bien, quand je le pressais trop de mes questions,
il levait les bras vers le ciel et montrait le soleil, dont le
disque étincelait sur nos têtes. Force m'était de me contenter de ces sourires et de ce geste, sans être toutefois
satisfait de ces explications.

Cependant nous approchions du terme de notre voyage,
et il n'y avait qu'à voir le contentement qui s'épanouissait
sur la face joufflue de nos matelots chinois pour en être convaincu. Depuis deux heures, Canton se révélait à nous par
l'abondance des bateaux qui sillonnaient la rivière, et ce
mouvement, cette activité, ce bruit qui signalent toujours
les abords d'une grande ville, lorsque notre jonque se
trouva portée par un courant rapide au milieu d'une forêt
de mâts. Nous étions dans le port de Canton.

Pendant l'opération qui suit l'arrivée d'un navire, j'étais
descendu dans la chambre. Timao m'avait assuré qu'en
ne me voyant pas sur le pont les officiers de police chinois
n'inquiéteraient pas son débarquement. Je reconnus qu'il
avait raison, et j'attendis. Bientôt il vint me chercher pour
me mener à terre, en lieu sûr.

La maison où il me conduisit était bâtie à fort peu de
distance de la berge de la rivière. C'était une charmante
petite habitation de campagne toute chinoise, où nous retrouvâmes cependant, par la gracieuseté de notre hôte,
quelques-unes des commodités européennes. Elle appartient à un peintre fort estimé de Canton et depuis longtemps lié d'amitié avec Timao. Il nous reçut fort bien,
nous parla des barbares avec admiration, et nous offrit de

rester chez lui tant que nous le désirerions. C'est en mémoire de cette hospitalité, dont le souvenir ne saurait être
perdu pour moi, que je placerai ici tout ce que j'ai à dire
sur la peinture chinoise à Canton. Aussi bien, ce que je
dirai de Lam-ko-ï s'applique également à tous les autres
artistes de cette ville.

Lam-ko-ï, notre hôte, passe depuis longtemps pour le
plus habile peintre chinois de Canton, et il doit sa réputation aux améliorations qu'il a su apporter dans son art.
Jeune encore et déjà célèbre, il apprit qu'un barbare en-
seignait un genre de peinture dont les procédés étaient
inconnus de ses compatriotes. Il courut à Macao, et il entra, comme élève, dans l'atelier de M. Chissery. Sous la
direction de cet artiste anglais, Lam-ko-ï apprit promptement à peindre à la manière européenne, et aujourd'hui,
même parmi nous, il ferait un artiste fort remarquable,
sinon du premier ordre. Excités par son exemple, plusieurs de ses compatriotes ont voulu jouir du même avantage. Ils ont, pendant plusieurs années, encombré les ateliers de Macao où l'on peint à l'européenne ; mais soit que
leur adresse ou leurs dispositions, ou leur travail n'aient
point égalé ceux de Lam-ko-ï, toujours est-il qu'après
comme avant leur voyage à Macao ils sont restés inférieurs
à l'artiste en renom, ce qui a assuré à Lam-ko-ï, dans Canton et toute la province, la réputation du plus habile Chinois dans son art.

Mais, en Chine, comme un peu chez nous du reste, la
peinture n'est pas seulement un art, c'est aussi et avant
tout un métier. Les travaux de ce genre occupent même une
assez haute place dans l'industrie chinoise. Tout artiste en
renom a autour de lui d'autres artistes, presque des ouvriers, qui s'occupent à peu près spécialement des objets qui
doivent être livrés au commerce. Aussi, comme j'ai trouvé
dans l'atelier de Lam-ko-ï plusieurs de ses confrères, qui

ne peignent sous ses ordres que d'après la méthode et les
doctrines chinoises. ai-je pensé que peut-être une descrip-
cription exacte et minutieuse de leurs travaux et des
lieux où ils s'y livrent pourra donner une idée précise de
la manière dont cet art est traité dans le Céleste Empire.

L'artiste ne travaille pas à la maison des champs où m'a-
vait conduit Timao en me faisant quitter sa jonque. Je ne
connus que le lendemain son atelier, qui occupe toute une
maison dans le faubourg de Canton ouvert aux *barbares*
(Hog-Lane). Elle est située dans la grande rue de Chine.
et ne se distingue de celles qui l'avoisinent que par une
petite tablette noire attachée à la porte, sur laquelle sont
inscrits le nom et la profession de Lam-ko-ï en caractères
blancs. Dans ce faubourg, auquel le méthodique Anglais a
régulièrement imposé des noms significatifs à toutes les
rues, la plupart des maisons se composent de deux étages,
quelquefois moins, mais jamais plus. Le plus souvent, l'é-
tage supérieur est occupé par les marchands et leur famille, quand toutefois celle-ci n'est pas reléguée à la campagne, loin du tumulte des affaires, et c'est à l'achat de
cette campagne que sont consacrés les premiers bénéfices
du négociant. Comme il n'est permis à aucun étranger de
monter dans ces appartements supérieurs, c'est dans la
boutique de l'étage inférieur qu'est étalée la majeure partie des objets mis en vente, ceux qui surtout sont le plus
généralement demandés ; c'est là aussi qu'on les confec-
tionne. Cependant, depuis la dernière guerre avec les Anglais, on commence beaucoup à s'écarter de la rigidité des
anciens usages. Quant aux peintres, cela était assez indifférent. De tout temps, leurs boutiques avait eu cela de particulier que les étrangers et les chalands avaient la faculté
d'entrer dans toutes les parties de la maison qu'il leur
plaisait de visiter, de passer sans encombre d'un étage à
l'autre, et de voir ainsi dans les divers ateliers s'achever

les différentes parties du travail. Pour nous, cette inspection était fort curieuse; elle l'est moins pour des Anglais,
qui, depuis longtemps, ont introduit chez eux cette manière de confectionner les œuvres d'art, et, pour n'en citer qu'un exemple, dans les ateliers de gravure.

Lam-ko-ï, comme tous ses confrères, habite la partie la
plus élevée de sa maison, et, quand on tient à le trouver
au travail et entouré de tous ses outils, il faut monter jusqu'à la partie supérieure du bâtiment qu'il occupe. Mais
il aime peu ces sortes de dérangements, qui n'ont le plus
souvent pour mobile que la curiosité, et la plupart des
étrangers quittent sa maison sans avoir vu l'artiste. Au
premier étage est l'atelier où se font les dessins sur papier
de riz et autres, qui ont un cours journalier dans le commerce; au rez-de-chaussée est la boutique où se vendent
tous les objets confectionnés dans cette maison.

La première fois que j'allai rendre visite à Lam-ko-ï et
le remercier de sa cordiale hospitalité, je le trouvai fort
joyeux d'une mystification que les ouvriers de ses ateliers
venaient de faire subir à un officier de la marine royale
d'Angleterre. Lam-ko-ï est loin d'aimer les Anglais, et
c'est peut-être le premier lien sympathique qui l'a uni
à Timao. L'honorable *post-captain*, roide et gourmé,
comme tout bon gentilhomme britannique, était venu
dans la boutique de Lam-ko-ï, et, après avoir fait achat de
plusieurs dessins curieux, avait demandé à voir le maître.
Les ouvriers furent un instant sur le point d'accéder à ce
désir de l'acheteur; puis, se rappelant l'antipathie profonde de leur maître, ils se ravisèrent, et, avec cette sérieuse naïveté, qui est l'apanage du peuple chinois, ils
résolurent de tourner la chose en facétie. Le complot fut
vite tramé; un clignement de leurs yeux obliques leur
suffit pour se comprendre, et ils conduisirent l'officier de
marine jusqu'à la porte de l'étage supérieur, où le pre-

mier rapin joua l'office du maître. L'officier anglais demanda son portrait, qui fut exécuté sur-le-champ avec cette facilité merveilleuse des Chinois pour les travaux de reproduction. Le portrait était frappant de ressemblance. C'était une atroce caricature. L'Anglais, fort satisfait, paya largement, et se retira.

Tout ce que nous venons de dire de la maison de Lam-Ko-ï s'applique, en général, à la disposition de toutes celles habitées par les artistes de cette ville extérieure (*out side city*). Cependant tous les ateliers ne sont pas aussi complets et aussi bien approvisionnés que celui-ci. Parmi ces artistes, fort nombreux à Canton, il y a de nombreuses spécialités : les uns, qui ne font que des copies de vaisseaux, des paysages, des natures mortes ; d'autres qui ne peignent qu'à la manière purement chinoise, d'autres enfin qui se contentent du trait.

Maintenant il nous reste à parcourir les divers appartements que nous avons mentionnés, à expliquer avec quelques détails les opérations successives des ouvriers ; enfin, ce qui ne peut qu'intéresser, énumérer les différentes matières, ainsi que les nombreux outils avec lesquels ils achèvent leurs brillantes productions. Assez longtemps nous avons fait objet de luxe en Europe de tout ce qui nous venait de ce pays lointain pour qu'il soit permis au voyageur de s'étendre un peu longuement sur le mode de fabrication de toutes ces frivolités charmantes qui nous ont tant amusés. Au reste, si, pour connaître la peinture chinoise, je ne pouvais tomber mieux que chez Lam-ko-ï, je dois dire encore que c'est grâce à lui que j'ai pu pénétrer chez les fabricants de laques et de filigranes, et, tout ce que je pourrai par la suite dire de curieux à ce sujet, c'est à lui que je le dois, ainsi qu'à Timao, qui était toujours aux aguets des moindres occasions propres à me faire voir de près et juger sainement par moi-même ce peuple que je désirais si vivement connaître à fond.

J'ai déjà dit que la maison de Lam-Ko-ï était dans la grande rue de Chine. A droite, la maison voisine était occupée par un marchand de soieries, celle de gauche par un marchand de bambous et de tous les objets que la Chine fabrique avec ce roseau précieux. En face était un de ces rôtisseurs polyglottes qui sont la providence des étrangers et des nationaux dans une ville comme Canton. Quand on arrive de la rue à la maison de Lam-Ko-ï, on entre de plain pied dans la boutique où les articles terminés sont exposés et mis en montre pour la vente. Ce sont, en première ligne, des dessins sur papier de riz, qui sont estimés les meilleurs. Ils sont empilés les uns sur les autres, comme chez nos marchands de gravures, recouverts de cages de verre et placés symétriquement autour de la boutique. A côté ou au-dessus sont d'autres dessins et quelques peintures.

Il ne faut pas croire, parce qu'on se trouve chez un peintre, qu'il n'y a dans sa boutique que des objets confectionnés sous sa direction. Loin de là, l'acheteur peut même s'y pourvoir de plusieurs choses qui ne se rapportent pas précisément à la peinture, mais qui font cependant partie du fonds de commerce de la maison. Parmi ces curiosités diverses, je mentionnerai, comme m'ayant particulièrement frappé, des pierres de toutes sortes gravées ou sculptées d'une manière fort remarquable, et, ce qui est plus spécialement chinois, des vases en bambou travaillés avec beaucoup d'art, enrichis de dessins et d'arabesques où le génie fantaisiste des artistes se donne libre carrière.

Mais tous ces objets curieux ne sont que les accessoires du magasin. Après les dessins et les peintures, ce qu'on y trouve avant tout et au premier rang, ce sont des boîtes de couleurs, des brosses, des pinceaux, des papiers vierges de tout trait, en un mot, tous les objets matériels dont le peintre doit être muni pour faire son œuvre. Les boîtes de couleurs, tout organisées, sont rangées avec art, et, pour tenter le chaland, on les recouvre d'une étoffe de soie brochée.

Le papier de riz, symétriquement tassé en lots de cent feuilles, est un article important de la vente. Cet objet de commerce est tiré de Nankin et se vend plus ou moins cher, suivant sa grandeur. Le papier de riz, qui, dans le commerce, se débite comme provenant des Indes orientales, est fabriqué avec la plante désignée dans les Flores sous le nom de *OEischynomena paludosa*; mais on croit généralement que celui de Chine est le produit d'une espèce de mauve. La moelle en est extraite, puis amincie en feuilles, dont le prix varie suivant leur étendue et leur netteté.

Quant à la substance que nous connaissons sous le nom d'encre de la Chine, elle est confectionnée effectivement dans ce pays, et pendant longtemps on a cru que, pour la produire, on se servait d'une certaine liqueur que contient le poisson *la sépia*. Mais on sait positivement aujourd'hui que cette encre est composée de noir de fumée d'une espèce supérieure et de glu. On en trouve de trois espèces à Canton. Celle de première qualité, qui vient, à ce que disent les Chinois, d'un lieu appelé Pan-Kum ; celle de seconde, que l'on fabrique à Nankin ; et enfin la troisième, fort inférieure, faite à Canton même. Les Chinois jugent de la qualité de l'encre par son odeur, puis en en cassant un morceau par le milieu, de manière à s'assurer si la cassure est brillante et vitreuse. Quant à l'odeur, elle est ajoutée à l'encre par le musc que l'on y mêle. Or cette odeur fait préjuger de sa bonté, parce que le musc étant fort cher, on n'en parfume que l'encre de première qualité.

Mais revenons à la maison de Lam-ko-ï.

Un petit escalier, ressemblant assez à une grande échelle, avec une rampe de bois, conduit à l'atelier du premier étage. Là vous voyez huit à dix Chinois ayant les manches retroussées, et leur longue queue de cheveux fixée autour de leur tête, afin de ne pas occasionner de dommage aux opérations délicates qu'ils font en peignant.

La lumière est introduite franchement dans cet atelier par deux fenêtres pratiquées aux extrémités de la chambre, qui n'est pas grande, comme tous les appartements chinois. Par exemple, ici tout luxe de magots, de paravents, de laques, de bambous, de chinoiseries est sévèrement banni. Tous les caprices des artistes doivent être consacrés à leurs travaux, et la salle de travail n'a pour tout ornement que les peintures nouvellement terminées et tapissant les murs. Ces ouvrages, de différents genres, sont ainsi placés en évidence pour tenter les chalands et les visiteurs qui abondent sans cesse dans ces ateliers.

On remarque parmi ces peintures plusieurs gravures de confection européenne, près desquelles sont placées des copies faites par les Chinois, soit à l'huile, soit à l'aquarelle. Ces gravures sont ordinairement apportées par des officiers de marine de nos diverses stations. Ils les donnent aux Chinois, qui s'en montrent passablement friands, en échange de dessins et de peintures de facture entièrement chinoise, qui certes, à leurs yeux, valent mieux que les nôtres. C'est ainsi; chaque pays est toujours avide de ce que possède ou produit un autre pays. Du reste, un sujet constant d'étonnement pour l'étranger qui visite un atelier de peintres chinois, c'est la fidélité minutieuse et en même temps l'élégance avec lesquelles les artistes de ce pays copient en un clin d'œil les modèles qu'on leur propose.

Leur coloris, en particulier, est brillant et vrai, ce qui mérite d'être remarqué. puisque, copiant des gravures, cette partie de leur travail est entièrement confiée à leur goût et à leur jugement. C'est donc un talent véritable qui les distingue, que le choix harmonieux des couleurs qu'ils combinent à leur fantaisie.

On voit aussi, suspendus aux murailles, des dessins représentant des navires, des bateaux, des villages et des paysages dont l'apparence est quelquefois assez grotesque.

Cet atelier est garni de longues tables, séparées l'une de l'autre par un espace rigoureusement calculé pour laisser circuler les peintres. Ces artistes chinois ne sont nullement contrariés, du reste, par la présence et la curiosité des étrangers. Au contraire, ils continuent tranquillement ce qu'ils font, et sont même tout disposés à répondre aux questions qu'on leur adresse et à laisser regarder leur travail. Aussi, pour peu qu'on y apporte d'attention, est-il facile de saisir et de connaître tous les procédés qu'ils emploient pour achever ces beaux dessins sur papier de riz, si prisés aujourd'hui en Europe.

En regardant ces hommes assis sur un petit tabouret devant leur table, avec leurs outils rangés en ordre à côté d'eux, on est frappé de la propreté et de la délicatesse avec laquelle ils achèvent chacune des petites opérations qu'ils ont à faire. Les dessins qu'ils exécutent ne sont ni copiés entièrement sur d'autres, ni tout à fait originaux, et une bonne partie de leur ensemble résulte d'un travail mécanique. — D'abord on choisit une feuille de papier de riz où il se trouve le moins de taches et de trous qu'il soit possible, et dont la grandeur se rapporte avec le prix que l'on veut demander du dessin. Quand il se trouve des défauts sur le papier, les Chinois sont fort habiles pour les faire disparaître.

Pour remplir une déchirure ou un trou, par exemple, qu'ils rencontrent sur la feuille dont ils vont se servir, ils placent derrière la partie avariée un petit morceau de

verre humecté d'une espèce de mastic tout à fait semblable à du mica, et qui est fait avec du riz. Lorsque les fonds
de la déchirure sont ainsi maintenus, ils intercalent sur le
côté de la feuille qui doit être peint un morceau de papier
de riz taillé exprès, et qui remplit exactement l'espace vide.

Quand le papier est bien préparé, ils passent dessus une
légère dissolution d'alun qui le rend propre à recevoir des
couleurs, opération que l'on renouvelle plusieurs fois pendant le cours du travail que demande un dessin ; de telle
sorte qu'avant d'être fini il reçoit ordinairement sept ou huit
couches d'eau alunée. L'effet de ce minéral sur le papier de
riz est tout à la fois de l'empêcher de boire, et de donner
plus de fixité aux couleurs. Vient ensuite l'opération du
tracé, du dessin, qui est à peu de chose près faite mécani-
quement et d'après des recettes qui sont les éléments de
l'art. Il existe des livres classiques à l'usage des peintres chinois, dans lesquels ils trouvent des esquisses au trait et
même coloriées, représentant des hommes, des animaux,
des arbres, des plantes, des roches et des édifices vus sous
des aspects divers et dans des mouvements variés, plus ou
moins grands, et diminués en raison du plan perspectif
où l'on veut les placer. Ces divers objets, offerts ainsi dans
les livres élémentaires, servent de pièces de rapport au
moyen desquelles les peintres font leurs tableaux. Ainsi,
quand ils veulent faire un paysage, ils copient des montagnes de leur livre-modèle, y choisissent les arbres qui
leur conviennent, ajoutent des figures d'hommes, d'animaux, et par ce moyen obtiennent promptement des compositions assez variées, tout en combinant diversement les
mêmes objets, Cette pratique rend raison de la ressemblance que l'on observe dans la facture des arbres, des roches et même des figures, dans les compositions chinoises,
bien que leur ensemble, habilement groupé, présente souvent de la variété. Chez Lam-ko-ï, ainsi que dans les autres

9.

ateliers, on a donc des mandarins, des oiseaux et des arbres modèles que l'on place sur le papier de riz, dont la transparence extrême favorise le calque, de telle sorte que dans tous les dessins exposés dans sa boutique, ainsi que dans celles de tous ses confrères soit de Canton, soit des autres cités de l'Empire du Milieu, on retrouve à peu près les mêmes sujets. Le mérite particulier du peintre chinois consiste donc dans la perfection plus ou moins grande du coloris, qu'il ajoute à ces compositions banales. C'est en cela que réside toute son habileté, et je confesse avec joie que sous ce rapport mon ami Lam-ko-ï n'a point de rivaux à Canton.

Comme, pendant le court séjour que j'ai fait dans cette ville, j'ai témoigné à plusieurs Européens mon admiration profonde pour ce grand artiste, quelques-uns m'ont affirmé que dans l'intérieur de l'empire chinois on rencontre des peintres encore plus forts que lui. Mais j'en ai douté, et voici pourquoi : le Chinois, depuis le mandarin occupant les fonctions les plus éminentes jusqu'au dernier homme du peuple, est essentiellement vénal et intéressé; quand il travaille, c'est toujours pour obtenir un salaire, et le plus fort est le meilleur. Si donc il se trouvait dans les villes de l'intérieur, soit même à Pé-King ou à Zé-Holl des artistes supérieurs à Lam-ko-ï, pas de doute qu'ils ne vinssent lui faire une rude concurrence à Canton, où le passage incessant des étrangers assure à ces sortes de produits une clientèle riche et empressée, se renouvelant chaque jour, et chaque jour plus avide de ces bagatelles qui font très-bien l'ornement de nos salons européens; surtout depuis la dernière guerre des Anglais, qui nous a entrebâillé cette porte de la Chine, jusqu'alors hermétiquement fermée pour nous, cette indifférence des artistes chinois me paraîtrait inexplicable. Continuons notre visite de cet atelier célèbre.

Les couleurs sont préparées à l'avance, et on les emploie de la même manière que quand on peint à l'huile en empâtant. Les teintes, toujours opaques, sont appliquées et mêlées avec le plus grand soin. Après les avoir broyées en les humectant d'eau avec une molette de verre sur un plat de porcelaine, on y ajoute de l'alun, puis de la glu, pour les faire adhérer au papier. En Europe, nous préférons la gomme ; mais les Chinois se servent d'une espèce de glu qu'ils tiennent toujours chaude auprès d'eux. Un appareil simple suffit pour leur faire obtenir ce dernier résultat. C'est un petit trépied en fer supportant un godet du diamètre d'un pouce et demi, dans lequel est la glu ; et, pour entretenir la chaleur nécessaire, le peintre chinois allume de temps en temps un morceau de charbon gros comme une noisette, qu'il place sous le godet et remplace quand il est consumé.

Les couleurs étant préparées, l'artiste commence par mettre les teintes neutres pour masser le dessin. Les draperies et les accessoires sont peints d'abord sur le papier. Mais quand on veut représenter des chairs, les teintes sont mises sur l'envers de la feuille, de manière à produire cette transparence de coloris que les peintres en miniature d'Europe obtiennent avec l'ivoire. Pour cette partie du travail, il n'est pas très-nécessaire que le peintre chinois consulte ses modèles ; car, ainsi que je l'ai déjà dit, cette branche de l'art, le coloris, dépend entièrement du goût et de l'habileté de l'artiste. Les peintres qui ont de l'expérience ne copient même pas du tout, du moment que le dessin est tracé.

Maintenant il me reste à faire connaître de quelle manière les Chinois s'y prennent pour reproduire les détails des objets qu'ils peignent avec tant de soins et d'adresse. Après la composition, cette partie de leur travail est la plus facile, celle qui exige d'eux le moins d'étude et d'application; car ce genre de perfection, si fort prisé par nous précisément parce qu'il nous manque, est le plus commun de tous dans les ateliers du Céleste Empire. Il résulte d'abord de la nature du papier de riz qui protége et facilite cette espèce de travail; ensuite, de l'incroyable dextérité des artistes. Le Chinois est naturellement imitateur. Son œil oblique, dont nous sommes si volontiers portés à nous moquer, saisit avec une rapidité inouïe tout l'ensemble et les détails de l'objet qu'il aperçoit. Souvent un regard que le visiteur dirait indifférent a suffi. Et puis leur main, qui est l'instrument le plus docile de leur volonté, un esclave aveugle, habitué dès l'âge le plus tendre à tracer des lignes et des contours capricieux, se prête merveilleusement à être l'interprète fidèle des formes qu'un seul coup d'œil suffit pour fixer dans leur mémoire. Après mes nombreuses visites à la maison de Lam-ko-ï, je crois sans peine à ce mot qu'on prête à un peintre célèbre du dernier siècle : « Je copierais le vent si je pouvais seulement le voir passer. » Créer pour ces ouvriers est chose si facile ! Par exemple, ils abandonnent l'invention aux hommes d'imagination qui abondent partout en Chine, excepté dans les ateliers de leurs peintres. Cette puissance de la faculté de créer des choses extra-naturelles explique même les merveilles et les bizarreries de leur architecture et de leurs œuvres de sculpture qui foisonnent de toutes parts.

Les brosses dont je vis faire usage pour peindre sont absolument semblables à celles avec lesquelles on écrit, seulement elles sont incomparablement plus fines, et les poils sont engagés dans un morceau de roseau ou de bambou dont on retrouve partout l'usage en Chine. La couleur des poils diffère; ils sont bleus, gris, et quelquefois noirs. Les pinceaux faits avec ces derniers sont les meilleurs. On en trouve parfois à Canton, mais on ignore quel est l'animal qui produit cette espèce de fourrure, et on dit que

quelques pinceaux, plus délicats encore que tous les autres, sont faits avec les poils qui forment la moustache des
rats. Les bons pinceaux sont très-rares et fort chers.

Ce serait une excellente spéculation à tenter, pour notre
Europe qui en est aujourd'hui aux inventions, que de tenter de remplir cette lacune et de satisfaire à cette pénurie.
Le grand nombre de pinceaux qui se dépensent dans le
Céleste Empire, la concurrence que se font les artistes ou-
vrirait un immense débouché à l'heureux industriel qui
s'approprierait une semblable fourniture. Il est vrai que la
chose n'est pas facile : d'abord, parce que même, dans l'état
actuel, les Chinois nous sont infiniment supérieurs pour
la confection de ces articles; ensuite, parce que le fabri-
cant européen aurait immédiatement à craindre la plus
terrible des concurrences et des contrefaçons. A peine de
bons pinceaux sont signalés dans une boutique de Canton,
qu'ils sont enlevés coûte que coûte; mais ce n'est pas seulement pour s'en servir comme instruments de travail
qu'on les achète ainsi, c'est aussi pour les défaire brin à
brin, pour les étudier, pour voir si quelque procédé nouveau n'a pas présidé à leur fabrication, et s'emparer aussitôt de ce procédé. Si des éléments nouveaux sont entrés
dans les matériaux premiers de cette industrie, les fabricants cantonais ne négligent rien pour se procurer ces éléments, et quelques jours après de nouveaux pinceaux sont
exposés en vente comme provenant du dehors, mais ils
ont été fabriqués à Canton. Un fait de ce genre s'est passé
sous mes yeux pendant mon dernier séjour dans cette
ville.

Au reste, le peintre chinois, quand il travaille, a devant
lui une quantité innombrable de brosses de toute grandeur, de toute forme et de toute grosseur. Toutes lui sont
utiles dans la confection de son œuvre, et toutes il les emploie avec une égale dextérité. Son travail est divisé en

une foule de parties distinctes. Lorsqu'il peint une partie qui exige un certain nombre de coups de pinceaux plus délicats que ceux que l'on pourrait produire avec une seule touche, on emploie simultanément deux brosses ou pinceaux dont on se sert de cette façon : le plus petit pinceau est tenu adroitement en perpendiculaire sur le papier par le pouce et l'index, tandis que celui qui est le plus gros est tenu par les mêmes doigts, mais dans une position horizontale, de telle sorte que les entes des deux outils se croisent à angle droit. Il résulte de cette disposition du petit et du gros pinceau, qu'avec le premier on reforme le trait si cela est nécessaire, on fait tous les détails délicats, et, enfin, on applique les couleurs précisément où l'on veut, puisque ensuite, en abaissant un peu la main, le petit pinceau prend la direction horizontale en s'éloignant du papier, tandis qu'avec le gros pinceau humecté, mais sans couleurs et placé alors verticalement, on adoucit les teintes qui ont été appliquées par le petit. Au moyen de cette pratique, on ne dérange pas la main pour changer le pinceau, et la double opération de poser la teinte et de l'adoucir se fait avec le plus de sûreté et de promptitude. Les peintres chinois manœuvrent ce double pinceau avec une dextérité singulière. La glu dont ils se servent de préférence à la gomme, a l'avantage, en séchant moins vite, de laisser plus de temps pour perfectionner le travail. La position perpendiculaire donnée sur le papier au pinceau avec lequel on opère, offre en même temps un réel et incontestable avantage relativement au papier de riz sur lequel les Chinois peignent : c'est de faire prendre l'habitude de peindre à main levée, en prenant seulement un point d'appui avec le coude. L'extrême fraîcheur du papier de riz rend cette précaution indispensable.

Le défaut le plus grand de la peinture chinoise, relativement au goût et aux doctrines qui régissent cet art en

Europe, est l'ignorance totale, chez les artistes orientaux, des effets de la lumière et des ombres. Le *modelé* leur est entièrement inconnu. Ce système imparfait d'imitation tient à l'idée fondamentale des Chinois, qui prétendent représenter les objets de la nature, non tels qu'ils apparaissent, mais tels qu'ils sont effectivement ; en sorte qu'ils s'efforcent d'imiter en peignant, de la même façon qu'on imite en sculptant. Cette observation est d'autant plus curieuse à consigner ici, que leur sculpture est tout idéale et de fantaisie. Un sculpteur réaliste ne ferait nullement fortune ni à Canton ni dans les autres villes de l'empire, et, aux yeux des connaisseurs et des gens de goût, il passerait pour un barbare. On le voit, pour nos yeux prévenus, c'est le monde renversé.

La sculpture chinoise est à la fois la chose la plus charmante et la plus burlesque qui soit au monde. On en rencontre à profusion sur tous les monuments ; elle est employée comme ornement sur tous les édifices qui nécessitent, pour être construits, quelque habileté architecturale, et, dans cette ornementation, l'artiste se laisse aller volontiers à tous les caprices bizarres d'une imagination dévergondée. Il abandonne au vulgaire les tristes réalités de la vie, pour s'élancer avec une hardiesse sans égale dans le pays des chimères. Non content de transformer les objets naturels que son ciseau veut représenter, il invente encore des monstres, il crée tout un monde d'êtres fantastiques éclos dans son cerveau en délire ; on dirait un rêve d'opium pétrifié. C'est ainsi que dans les jardins des palais sont prodigués, au milieu des massifs de verdure, des lions à la crinière tressée et frisée comme s'ils sortaient des mains d'un coiffeur, des tigres avec des ailes, d'énormes oiseaux de proie avec des pattes velues et ornées de griffes menaçantes, sans compter les dragons, les griffons, les salamandres et autres animaux qu'on n'avait vu jusqu'à ce jour figurer que dans le catalogue héraldique de blason.

Cependant on rencontre dans les pagodes d'autres échantillons d'une sculpture plus sérieuse. Ce sont les attributs et les symboles matérialisés du bouddhisme. Mais ces statues, colossales pour la plupart, diffèrent tellement de tout ce que nous connaissons du génie chinois, et en même temps se rapprochent si fort de ce que les fouilles récentes ont fait découvrir dans les ruines de Ninive, que je ne serais pas éloigné de croire qu'en d'autres temps la Chine n'a pas été aussi fermée que le disent les livres. Le nombre de ces statues est incalculable, et le culte tout matériel que leur rendent la plupart des Chinois les a fait accuser d'idolâtrie.

Maintenant que j'ai payé à Lam-ko-ï, et, dans sa personne, à la peinture chinoise, la première dette de l'hospitalité, nous allons rentrer à Canton et voir sur quels éléments Timao espérait asseoir la base de ses opérations ultérieures. Bien que la ville de Canton ait été souvent décrite, et que, récemment encore, à propos de l'expédition anglaise, les journaux et les revues aient été remplis de récits de voyage, cependant, dans ce monde étrange au milieu duquel je me trouvais jeté, il y a tant de choses à voir, que jamais le voyageur n'aura tout dit. D'ailleurs, il ne suffit pas de visiter un pays pour le connaître et pouvoir en parler. L'observation est une étude que favorisent des aptitudes naturelles. Comme les autres elles n'appartiennent pas à tous.

VI

J'avais hâte, on le pense bien, d'entrer à Canton et de
lier connaissance avec cet ami mystérieux dont Timao m'a-
vait parlé. Nonobstant les merveilles qui m'entouraient et
l'aiguillon irrésistible d'une curiosité que trente ans de
navigation sous toutes les zones n'ont pu assouvir, je ne
pouvais oublier que j'avais laissé mon navire et de graves
intérêts à Macao ; aussi j'avais résolu d'utiliser fructueuse-
ment toutes les minutes de ce court répit que j'avais donné
à ma course dans ces parages encore trop peu fréquentés.
On comprendra donc que, dès le lendemain de notre débarquement, je pressais Timao de me conduire dans la
ville. On le sait déjà, ma première visite fut pour l'atelier
de mon hôte Lam-ko-ï, et j'ai rendu dans le précédent
chapitre un compte détaillé de mes observations. Timao
m'avait d'autant plus laissé tout regarder à mon aise dans
cette maison, qu'il avait lui-même, et avant toute chose, à
régler certaines affaires urgentes avec son équipage et
concernant le voyage qu'il venait d'accomplir.

Vers le soir il me rejoignit dans la maison de son ami

10

Lam-ko-ï, et me demanda si j'étais disposé à faire quelques courses dans une ville chinoise. Aucune proposition ne pouvait m'être plus agréable. Canton, vu aux premières heures de la nuit, présente un coup d'œil dont on peut difficilement se faire une idée. C'est de toutes parts une illumination féerique qui vous transporte soudain dans le pays des rêves. Ajoutez à cela les éclats d'une musique bruyante, et tout le mouvement d'une ville marchande et travailleuse qui cherche dans quelques heures de plaisir à oublier les longs labeurs de la journée. Chacun crie et se démène. On se croirait en plein carnaval de damnés.

Ce n'était pas le moment de chercher à m'orienter et à me reconnaître dans cette ville immense et au milieu de ces flots de population bizarre. Je suivis Timao, marchant d'un pas rapide, à côté ou derrière lui, évitant surtout avec le plus grand soin de ne pas le perdre de vue. Il me fit traverser ainsi au pas de course la vieille et la nouvelle rue de Chine, puis nous nous enfonçâmes dans une foule de ruelles boueuses et sales dont les sinuosités décrivaient des arabesques sans fin. Nous nous trouvâmes, au bout de deux heures de marche, aux confins des faubourgs et de la campagne. Quand nous découvrîmes les premiers bouquets d'arbres qui coupent çà et là les cultures de riz des environs de la ville, Timao s'arrêta, et, s'étant orienté un instant :

— Nous voici arrivés, me dit-il.

Et il s'avança vers une maison isolée qui se dessinait dans l'ombre, avec son toit aigu, ses auvents recourbés, ses kiosques et ses pavillons. Une forte haie vive défendait cette maison à l'extérieur, et c'était dans l'épaisseur de cette haie qu'était dissimulée la porte.

Timao y frappa d'une manière particulière et accentuée. Quelques secondes après nous étions dans l'enclos.

Aucune lumière ne brillait aux fenêtres, et personne ne se montrait. Timao fit quelques pas dans l'intérieur de ce jardin, qui épanouissait à la nuit ses fleurs les plus suaves, et agita une petite clochette qui se trouvait cachée dans un massif de verdure. Aussitôt la porte de la maison s'ouvrit, et nous aperçûmes une lumière pâle qui brillait, comme la lampe éternelle d'un sanctuaire, au fond du vestibule. Au même instant parut un grand vieillard qui serra familièrement la main de Timao.

Il était vêtu à la chinoise, d'une grande tunique bleue, d'une soierie légère, et, sur cette tunique, on voyait se dessiner en blanc diverses figures symboliques de lunes, de dragons et d'autres monstres familiers au génie du peuple chinois. Sa tête était couverte d'une calotte conique de bambou, mais je n'y vis aucun de ces signes d'honneur qui distinguent les lettrés de l'Empire du Milieu. Contrairement à l'usage généralement admis, il laissait croître sa barbe dans toute son épaisseur. Elle était d'une blancheur d'argent, et lui descendait jusque sur la poitrine. A part cette marque de sénilité, tout annonçait encore dans cet homme une grande vigueur. Sa taille élevée et ayant conservé sa sveltesse première, ses membres nerveux, sa forte charpente osseuse, tout annonçait en lui une belle et puissante organisation. Sa tête avait un caractère de majesté peu commune à la race chinoise, et ses yeux, légèrement obliques, avaient conservé toute l'ardeur et toute la vivacité de la première jeunesse. Il parlait avec un feu qui mettait admirablement en relief toutes ses qualités extérieures, et sa parole avait une grâce et une distinction qui ne les déparaient pas.

Le vieillard nous reçut avec une urbanité qui n'avait rien de chinois. En abordant Timao, il lui avait dit quelques mots dans une langue que je ne comprenais point mais que je crus reconnaître pour un des nombreux idio-

mes parlés dans l'Inde. Sans doute il demandait au Lascar
le nom, le pays et la qualité de l'étranger qu'il lui ame-
nait dans sa retraite. Car, après ce premier moment, il
causa familièrement avec nous, et avec une égale facilité,
en anglais d'abord, puis en français.

Dans une première entrevue, et à une heure aussi avancée, il m'était assez difficile de lui adresser les questions
sur lesquelles je brûlais le plus d'avoir des réponses. Cependant, comme je le revis fréquemment les jours suivants
et que j'en fus toujours reçu avec une excessive cordialité,
soit que j'allasse seul troubler sa retraite, soit que je fusse
accompagné de Timao, je consignerai ici tout ce que j'ai
appris de ce vieillard me paraissant digne de fixer l'attention de mes compatriotes.

Avant tout, je brûlais de savoir qui il était, et par quelle
suite d'aventures il se trouvait à Canton.

« Je suis un vieux soldat de l'expédition de Morée, me
dit-il. Un caprice d'amour me fit déserter le drapeau de
la France, et je me fixai d'abord à Smyrne. J'y ai vécu
plusieurs années aussi heureux qu'un homme peut l'être;
mais la mort ayant frappé la femme que j'aimais, cette vieille
terre de la Grèce me devint insupportable. Il se faisait alors
un grand bruit de batailles du côté de l'Inde. Quelques-uns
de mes anciens camarades s'y distinguaient; j'étais connu
d'eux, et je partis pour les rejoindre. Je ne vous répéterai
pas ce que vous savez aussi bien que moi; c'est que tous nos
efforts furent vains : la bonne fortune de l'Angleterre
triompha. Malgré tout notre courage, nous étions trop peu
nombreux pour qu'il en fût autrement.

« Parmi nos anciens camarades, il y en avait, comme
moi, qui étaient travaillés par l'esprit d'aventure, et qui
n'éprouvaient aucun besoin de revoir la patrie. Un surtout
m'était particulièrement cher : c'est un homme de ce beau
midi de la France que la Chine vous rappellera bien sou-

vent. Quand tout espoir fut perdu dans l'Inde, ensemble
nous résolûmes de pénétrer dans ce pays, dont les mœurs
étranges nous séduisaient. Nous ne prîmes pas les routes
frayées ; nous remontâmes l'Inde par le Thibet, et, après
avoir visité les vénérables et antiques sanctuaires du bouddhisme, un beau jour nous nous trouvâmes en plein Empire du Milieu.

« Je ne vous dirai pas que la réussite de notre plan nous
étonna. Après tous les accidents dont notre vie était déjà
pleine, rien ne devait plus être capable d'exciter notre
étonnement.

« Au milieu de toutes nos aventures, mon camarade avait
conservé une immense ambition. Doué d'une merveilleuse
facilité de s'approprier la langue, le costume, et jusqu'aux
traits du visage des différents peuples que nous avions
visités, en quelques mois il se transforma en Chinois, et la
transformation fut telle, que les Chinois eux-mêmes n'auraient pu que bien difficilement le renier pour un des
leurs. Cela fait, il étudia avec soin la population au milieu
de laquelle il vivait, et ayant remarqué que, pour arriver à
quelque position éclatante, il fallait être Tartare, il se transforma de nouveau, et se fit passer pour être né à Zé-Holl.
Il mit au pouce de la main droite l'anneau de jade, le
pan-tche des tireurs d'arc, et affecta toutes les coutumes
tartares. Nul n'avait de vêtements et de chaussures mieux
garnies de *houla* que lui, le houla, ce trésor de la Tartarie, qui sait éloigner de notre corps le froid le plus intense. Il se lia avec plusieurs mandarins militaires, et les
séduisit en leur offrant du Gin-seng que son père lui envoyait du désert, disait-il. Enfin, quand il fut sûr d'arriver promptement à ses fins, il entra dans un régiment de
la garde impériale, s'y fit remarquer, et bientôt, de
grade en grade, parvint à commander une compagnie
nombreuse. Enfin, que vous dirai-je? la fortune aime

10.

les audacieux, vous le savez. Elle a couronné les efforts
de mon ami. Aujourd'hui, nul en Chine n'est plus in-
fluent que lui; il est le promoteur des réformes qui
s'accomplissent depuis les dernières altercations avec
l'Angleterre; il est l'ami et le conseiller intime de
Mou-tchang-ha, ce grand ministre qui nous rendra les
jours de notre ancienne prospérité, pourvu que de longs
jours soient réservés à notre empereur. »

J'écoutais, on le comprendra sans peine, ce récit d'une
oreille attentive, regrettant que le respectable vieillard qui
me parlait n'entrât pas dans de plus amples détails. Mais,
comme j'ai cru remarquer dans ses discours une espèce
de parti pris de ne s'exprimer que d'une certaine façon, je
craignis d'être indiscret si, par mes questions, je parais-
sais forcer une intimité et des épanchements auxquels je
ne me reconnaissais aucun droit. Je questionnais donc le
vieillard sur la Chine et ses institutions.

« La Chine, me répondit-il, est de tous les pays que
j'ai vus le plus curieux. Tout s'y fait avec une méthode et
une régularité qui me plaisent. Tout est soumis à des rè-
gles fixes et immuables que l'empereur lui-même est
obligé de subir, sous peine, s'il les transgressait le premier, de voir aussitôt tout le monde, depuis le mandarin
lettré jusqu'au dernier cultivateur ou marchand, prenant
exemple sur la conduite du Fils du Ciel, s'affranchir des
obligations qu'imposent la loi et un long usage. »

Comme je lui témoignais mon étonnement :

« Écoutez, me dit-il, voici les occupations journalières
de celui devant lequel tremble tout l'empire chinois. Sauf
de bien rares exceptions, et encore toutes prévues par la
loi, c'est ainsi que l'empereur de la Chine passe toutes ses
journées.

« De grand matin, à l'heure fixée, le chef des eunuques
paraît, une clepsydre à la main, pour éveiller l'empereur.

Ce monarque s'habille, boit du thé, puis, vers quatre heures et demie, entre dans son cabinet. L'eunuque lui apporte les mémoires remis par les autorités supérieures de Pékin aux mandarins de service, ou les rapports envoyés de province par les gouverneurs et les généraux. Le prince lit tous ces papiers. La décision sur les moins importants est marquée à l'instant par un pli dans un des coins ou par un trait fait avec l'ongle. Ces signes servent de guides aux membres du conseil du cabinet, et ils écrivent en conséquence, en encre rouge, la résolution au nom de l'empereur. Ensuite, il fait appeler les personnes auxquelles il désire parler d'affaires.

« Au point du jour, il va dans la salle du trône, afin de donner audience aux mandarins qui ont obtenu des emplois ou qui ont été congédiés. Les grandes salles du palais n'ont pas d'antichambre ; elles sont exposées au midi. Le milieu est occupé par de larges portes à deux battants, qui restent ouvertes pendant la présence du monarque. Le trône est auprès du mur qui leur fait face. Des deux côtés se tiennent les mandarins du jour. Les personnes présentées se mettent à genoux, le visage tourné vers le trône, et, lorsque l'empereur s'y assoit, elles doivent, au signal donné par le maître des cérémonies, faire les trois prosternations d'usage, répétées trois fois. Ensuite chacun lit un extrait succinct de sa vie, les Chinois dans leur langue, les Mandchoux et les Mongols en mandchou. Les mandarins militaires sont, de plus, obligés de tirer au but avec leur arc et cinq flèches.

« Quelquefois l'empereur adresse aux personnes présentes des questions sur divers sujets, et ses demandes, ainsi que leurs réponses, sont répétées à haute voix par les gardes du corps. Quant aux grands personnages, ou à ceux qui sont particulièrement connus de lui, l'empereur les appelle auprès du trône et s'entretient immédiatement avec eux.

Ces audiences ont lieu, sans distinction, pour les mandarins nouvellement en place, afin qu'ils puissent faire leurs
remercîments pour la grâce qu'ils ont reçue, et pour ceux
qui sont congédiés, afin qu'ils montrent qu'ils reconnaissent la justice de la décision de l'empereur et qu'ils n'en
ressentent nul mécontentement.

« Cette cérémonie est terminée à sept heures du matin.
Alors l'empereur sort de la salle du trône et va dans les
appartements de derrière, où il se tient ordinairement;
c'est là qu'on lui sert son dîner.

« Son épouse et ses femmes demeurent séparément et
jouissent de pensions particulières.

« La table du monarque est couverte de mets que la loi
prescrit et que la saison comporte. Aussi n'y voit-on jamais des plantes potagères hâtives ni des fruits de serre
chaude. L'empereur envoie le reste de ses plats aux mandarins de service; mais, le goût du prince déterminant son
menu, les plats qu'il aime sont les seuls qui soient accom-
modés avec soin. Les autres plats ne sont préparés qu'à
moitié. C'est pourquoi les personnes qui ont part à cette
distribution se dépêchent de faire les trois génuflexions,
les trois prosternements, et abandonnent les plats à leurs
domestiques.

« Après le repas, le chef de la Chine peut faire la sieste
ou s'occuper d'affaires domestiques.

« Les principaux mandarins des différents ministères se
tiennent souvent le jour et la nuit dans le voisinage de son
cabinet, afin de donner, s'il est nécessaire, les éclaircisse-
ments demandés sur ce qui concerne leur département.
Pour que l'empereur puisse savoir quels sont les mandarins de service, chacun doit, en entrant, remettre à l'eunuque une petite tablette contenant son nom et ses fonctions. Ces tablettes sont enfermées chacune dans les
bureaux respectifs des administrations, et on ne les rend

aux mandarins en fonction que pour le temps où ils sont de service. Afin de maintenir l'ordre, chaque administration a un jour et une heure fixés pour présenter ses requêtes.

« Vers le soir, l'empereur jouit de quelques délassements dans sa famille. Il se promène dans le jardin ou bien prend part à la réunion de la famille de sa femme, sur la table de laquelle il voit servis des mets que, relativement à la saison, la loi interdit à sa personne impériale.

« Après le coucher du soleil, il se livre au repos, qui, pour lui, au printemps et en été, n'est pas sans interruption. Souvent, quand il s'éveille pendant la nuit, il demande à l'eunuque de garde de quel côté le vent souffle et si l'on aperçoit des nuages, tant il s'inquiète de la pluie ; car la sécheresse, dans un pays si peuplé, est dangereuse et inquiétante.

« De cette manière, un jour ressemble à l'autre, à l'exception des fêtes, qui ne sont pas nombreuses. Le délassement le plus long a lieu à l'époque du nouvel an. Les fêtes commencent dix jours avant le changement d'année et durent trente jours. Elles commencent par la clôture de toute administration, ce qui arrête le cours des affaires ordinaires ; des blancs seings sont laissés pour les cas extraordinaires.

« L'anniversaire de la naissance de l'empereur est fêté à la cour, pendant sept jours, par des repas et des représentations théâtrales. Ce sont les grands jours de joie de l'empereur. Ces représentations théâtrales mettent sous ses yeux non-seulement les chefs-d'œuvre éternels du théâtre chinois, mais encore une foule de pièces nouvelles et composées tout exprès pour la circonstance. Les courtisans se font un devoir de chercher quelques distractions pour leur empereur. C'est à une flatterie de ce genre que mon ancien compagnon de voyages doit la haute faveur dont il jouit. Il a été assez heureux pour présenter à l'empereur, le jour de sa naissance, un drame de sa façon, qui est devenu la pièce préférée de ces représentations impériales. Les mandarins les plus considérables sont invités à ces fêtes tour à tour, aux repas et aux représentations théâtrales, d'après l'ordre exprès de l'empereur. Selon l'usage, qui ne saurait faiblir, même en ces circonstances, le monarque est seul à sa table. Les personnes invitées et admises mangent à des tables placées sur les côtés, d'où elles peuvent voir tout ce qui se passe.

« Dès que l'empereur annonce aux mandarins qu'il est malade, on établit aussitôt un conseil suprême pour la gestion des affaires, et des médecins sont amenés au monarque. Un mouvement extraordinaire se manifeste parmi les grands de l'empire, et il se forme des partis pour ou contre les héritiers présomptifs du trône, malgré la loi fondamentale qui existe à cet égard. Le droit de choisir un héritier appartient au monarque seul. Cependant on ne respecte pas toujours ses dernières volontés. Les ambitieux profitent de la circonstance pour s'assurer la faveur pendant le règne qui va commencer. A la tête de ces ambitieux est toujours le chef des eunuques, que ses fonctions tout intérieures mettent plus que tout autre en mesure d'agir à coup sûr. Aussi devient-il alors un personnage très-important. C'est pourquoi l'empereur, qui n'ignore pas ce qui va se passer, cherche à cacher et à surmonter, aussi longtemps qu'il lui est possible, non-seulement de légères indispositions, mais aussi des maladies dangereuses.

« A peine l'empereur a-t-il fermé les yeux que les seize gouverneurs des provinces sont aussitôt avertis du nom de son successeur. Des courriers, qu'on appelle *feï-ma*, ou chevaux volants, sont expédiés du palais impérial à chaque vice-roi, de telle sorte qu'il n'y a jamais d'interruption dans le commandement.

« Conformément aux lois, l'empereur ne peut pas non plus sortir du palais, parce que, dans son enceinte, il est la même chose que l'âme universelle du monde ; en conséquence, il doit rester inébranlable dans son point central, afin de répandre de là son influence d'une manière uniforme. La visite du temple et des sépultures impériales, pour y présenter des offrandes, le voyage à *Gy-Lo* ou *Zé-Holl*, château de plaisance d'été, situé au delà de la grande muraille, où il va à la chasse des bêtes fauves, sont censés être déterminés par les lois et ont lieu en leur temps, d'après un cérémonial que règle le conseil des rites, mais toujours suivant le désir du prince.

« Ainsi ce monarque, que les Européens regardent comme le plus absolu de tous, est lié par une étiquette générale, même dans ses passe-temps.

« Conformément au règlement du conseil des rites, la conduite publique des mandarins est sévèrement surveillée. D'après la loi, il ne leur est pas permis de quitter sans nécessité le bâtiment de l'administration dans lequel ils demeurent. Il n'y a que les mandarins de la capitale qui habitent dans leur propre maison ou dans celles qu'ils louent, afin d'échapper à l'espionnage qui partout les poursuit dans leurs fonctions ; car, et en ceci la Chine est bien supérieure à l'Europe, aucun espionnage ne vaut et ne vaudra jamais l'espionnage chinois, et, si l'empereur voulait utiliser les dispositions naturelles de ses sujets, nul prince ne serait mieux renseigné que lui de tout ce qui se passe dans son empire. Mais, comme les autres, le Fils du Ciel ne demande qu'à être adroitement trompé. Nous n'en avons eu que trop d'exemples pendant la dernière guerre des Anglais. De cet éternel état de duperie résulte l'infériorité où vous nous voyez descendus. »

Satisfait des explications qui m'étaient données par l'ami de Timao sur le chef de cet immense empire, j'in-

terrogeai encore et demandai des détails sur tout ce qui
pouvait nous intéresser.

« Les écoles abondent dans ce pays, me répondit le
vieillard, et tout le monde peut indistinctement y être
admis, comme tout le monde peut indistinctement aspirer à
toutes les fonctions ; l'unique condition est d'avoir satisfait
aux exigences des examens et d'avoir pris ses grades de
lettré. Du moment qu'on a obtenu au concours le bonnet
et la ceinture fleurie des docteurs, toutes les carrières sont
ouvertes ; on peut arriver aux premiers emplois de l'État ;
mais un seul revers suffit pour vous faire tomber dans la
disgrâce et renverser tout l'édifice d'une fortune péniblement élevée. Alors, sur un mot de l'empereur, vos biens
sont confisqués, vos femmes sont vendues à l'encan, vos
enfants enfermés dans des maisons de correction, votre
maison rasée, et, quand on vous laisse la vie, on vous condamne à un exil où vous allez traîner une existence misérable. D'autres fois, la disgrâce n'est pas si complète, et alors
on se contente de vous faire descendre un ou plusieurs des
degrés que vous aviez laborieusement franchis. Cela n'empêche pas de voir chaque année s'accroître le nombre des
jeunes gens qui se présentent aux examens et aux concours.
Quand on échoue une fois, on revient à la charge les années suivantes, et on oublie enfin les affronts reçus, la
figure maintes fois barbouillée d'encre, quand on peut coiffer la calotte des docteurs. Ces jours de lutte sont indiqués
longtemps à l'avance, afin que chacun puisse être averti
et se tenir prêt ; et, quand ils arrivent, il règne dans la capitale de notre empire un mouvement inaccoutumé. De
tous côtés y affluent les voyageurs et les lettrés, ou pour
prendre part au concours, ou pour assister aux fêtes qui
le termineront. Il n'est pas rare de voir, à l'issue des examens, les élus du concours appelés par les ministres et in-
vestis sur-le-champ de quelque fonction importante, et cela

mérite d'autant plus l'attention, quand on sait que le nombre des concurrents n'est souvent pas moindre de cinq à
six cents. Mais, dans une administration aussi compliquée
que la nôtre, avec la centralisation qui partout nous étreint,
le nombre des places est très-considérable, et alors il s'y
fait en permanence des vacances et des lacunes qu'on peut
de la sorte combler sur-le-champ. Songez qu'aucune initiative n'est laissée au fonctionnaire subalterne. Tout pour
lui, comme pour l'empereur, est prévu et réglé. Dans les
cas extrêmes et difficiles, il en réfère à la capitale. Malheur
alors à lui s'il a outre-passé ses pouvoirs ! »

Au milieu de ces causeries fort intéressantes pour moi,
l'ami de Timao n'abordait jamais l'objet qu'il m'importait
le plus de connaître à fond. Un jour, je me déterminai à
entamer le premier l'entretien, et je lui demandai ce qu'il
pensait de nos relations nouvelles avec le Céleste Empire
et si, à ses yeux, elles avaient quelques chances de durée
et d'avenir.

« Tant que la raison brillante (Tao-kouang) qui gouverne le Céleste Empire, me répondit-il, sera vivante et
debout, toutes les réformes sont possibles, même celle de
l'admission des étrangers. L'Anglais est détesté et méprisé, parce qu'il a été injuste et cruel ; le Français est
peu connu. C'est à lui de nouer de nouvelles relations.
Son esprit a de grands rapports avec l'esprit tartare ; qu'il
profite donc des derniers jours de cette domination pour
planter ici son drapeau ; on saura l'y maintenir. Car,
ajouta le vieillard, ne croyez pas que ce soient aujour-
d'hui les Tartares qui dominent en Chine. L'esprit des
conquérants a été vaincu par l'esprit chinois, et tous les
jours la décadence des enfants du désert fait un pas en
avant. Dans cette ville de Canton, par exemple, où il y a
de tout, vous comptez à peine quelques Tartares, et ils
sont détestés. »

Le vieillard se tut, et, comme je vis bien qu'il n'en voulait pas dire davantage, je n'osai insister.

Comme nous rentrions dans la ville, Timao me dit :

— Des nouvelles mauvaises circulent, et les prophéties doivent se réaliser.

Je ne compris pas alors ces paroles, qui ne pouvaient devenir claires pour moi que quatre années après.

Depuis plusieurs jours je parcourais dans tous les sens les parties de la ville ouvertes aux étrangers, cherchant de toutes parts un point d'où je pusse embrasser dans son ensemble cette ville curieuse, lorsqu'un hasard m'amena sur la terrasse de l'ancienne factorerie anglaise. C'est de là que je vis Canton se déployer devant moi comme un vaste panorama et m'offrir un de ces spectacles qui font oublier toutes les fatigues affrontées pour en jouir.

La ville de Chang-chou-fou, selon la prononciation chinoise, est assise sur le bord septentrional de la rivière, présentant deux parties bien distinctes, l'une entourée de fortifications et siége principal des grandes autorités départementales, l'autre vulgairement connue sous le nom de faubourg et spécialement livrée à tous les commerces et à toutes les industries. Celle-ci est la seule que fréquentent les barbares, et, malgré les prétentions des Anglais, ils n'ont pu encore forcer les murs de l'autre. La timidité chinoise a des ruses qui triomphent de toutes les violences. Les maisons y sont amoncelées, et, quoique l'espace qu'elles occupent soit fort considérable, elles se serrent et se pressent les unes contre les autres, comme si la terre menaçait de manquer quelque jour aux nouveaux arrivants. Quand l'œil domine ces groupes noirâtres, rien ne vient le distraire et reposer le regard. Il n'aperçoit partout que la crête sombre des toitures, toutes à peu près d'égale hauteur et de même forme. De loin en loin seulement les tours étagées des pagodes se dressent avec leurs

toits bizarres et brillants, comme des guérites de sentinelles qui veilleraient à la sécurité de la ville. Au nord de
ces lignes de maisons pointent des hauteurs qui dominent
la ville et qui sont les premiers mamelons d'une chaîne de
montagnes qui s'enfonce dans l'intérieur de l'empire. C'est
par une percée qu'il fait violemment à travers ces collines
qu'arrive le Chou-kiang, qui serait une merveille dans
tout autre pays moins favorisé que la Chine du côté des
eaux. Il descend des montagnes du Kouang-si, une des
provinces les plus pauvres de l'empire, et qui cependant
fournit deux produits fort estimés, la cannelle blanche
et la badiane, dont les feuilles éternellement persistantes
embellissent, l'hiver, ses paysages ravissants. Le Kouang-si
est en relations permanentes avec le Kouang-toung. Le
fleuve porte sans cesse à Canton des jonques chargées de
végétaux, d'essences précieuses et de minéraux rares qui
abondent dans ces montagnes pittoresques.

Tout l'intérêt de cette ville est, pour nous, dans ses
faubourgs. Celui que l'on connaît le premier est celui où
nous avions abordé, où se trouvent la vieille et la nouvelle
rue de Chine, et dans celle-ci l'atelier du peintre Lam-
ko-ï. Sur l'autre rive du fleuve, et en face de la ville, on
voit le vaste et riche faubourg de Hônan, qui, à lui seul,
est une ville fort importante, et où se trouvent de magnifiques pagodes ombragées d'arbres, élevées en l'honneur
de toutes les divinités de l'olympe chinois, et les plus riches magasins de Canton. La plupart de ces maisons sont
uniformément construites; la brique est d'un usage général, quoique la pierre existe en grande quantité, et même
plusieurs espèces de granit fort dur. Quand des bords du
fleuve on s'avance dans l'intérieur des faubourgs et qu'on
est sur le point d'entrer dans la campagne, on rencontre,
comme à l'entrée de nos villes, des constructions lépreuses,
en argile, qui servent de logement au bas peuple. L'aspect

de ces maisons est fétide, et, si l'on ne connaissait la saleté proverbiale des Chinois, on ne pourrait imaginer tout
ce que peut recéler d'immondices une habitation humaine.
Bêtes et gens y vivent pêle-mêle dans le fumier, et cette
saleté ne saurait empêcher leur embonpoint démesuré de
croître chaque jour. Du reste, comme celles des quartiers
plus brillants et plus heureux, toutes ces maisons ont, au-
dessus de leurs toits *à la chinoise*, des terrasses toutes ornées
de jardins qui servent de promenade aux premières heures
de la nuit. Pour qu'une maison soit complète et richement construite, sur cette terrasse on élève encore un léger
échafaudage, espèce de belvéder d'où le propriétaire peut
inspecter à loisir ce qui se passe chez ses voisins. Ce belvéder est fort léger ; le bambou, que le Chinois utilise tant
qu'il peut, sert encore généralement pour cet usage.

Les belles rues de ces grands faubourgs de Canton ont
toutes à leur rez-de-chaussée un magasin ; car le commerce occupe ici toutes les têtes et tous les bras. La plus
belle et la principale de ces rues est, sans contredit, Physic-Street, ainsi nommée par les Anglais, qui ont la manie
d'affubler de syllabes britanniques tous les coins de l'univers. C'est là que le négoce chinois a étalé avec complaisance toutes les merveilles de son luxe. Les enseignes, qui
ailleurs sont en lettres claires sur un fond clair, ici sont
blanches et rouges ou rouges et or dans toute la rue. « On
ne saurait croire, m'écrivait, il y a un an, un officier de
la marine militaire, le vif éclat que donnent à Physic-
Street ces brillantes couleurs qui s'étalent avec orgueil devant chaque petite boutique ; il semble qu'elle soit en habits de fête et qu'elle ait fait toilette pour recevoir ses
visiteurs. » La nuit surtout, à la lueur des mille lanternes
qu'allume avec bonheur la prodigalité chinoise, ce coup
d'œil est ravissant à saisir dans son ensemble. Toutes ces
lumières, dont l'éclat est tamisé par le papier de couleur

humecté d'huile, projettent des rayons fantastiques sur
les mille objets bizarres que l'appat du gain étale à la
montre des marchands. Les magots vivent, et leurs grotesques figures, leurs ventres rebondis, semblent inviter
tous ceux qui passent à s'emparer de leur personne pour
se réjouir avec eux. A côté, les porcelaines brillent de cet
éclat pur qui n'appartient qu'au kaolin de la Chine, dé-
gagé des éléments ferrugineux qui obscurcissent le nôtre ;
les cristaux étincellent, les laques, sous leur éclatant vernis, laissent distinguer la forme svelte et pure des dessins
de l'artiste chinois, et les paravents et les peintures semblent n'avoir attendu que ces heures nocturnes pour tenter l'acheteur. Puis, ce sont les éventails qui vous attirent,
ces éventails qui n'ont pas de rivaux dans le monde et que
l'ouvrier chinois travaille jusque dans ses moindres détails avec un soin minutieux, les filigranes aux arabesques
capricieuses, les soieries que Nankin envoie tissées à Canton et que Canton lui renvoie chargées d'éclatantes broderies. Le tout, pêle-mêle, est étalé à profusion à toutes les
montres, et convie sans cesse le passant.

Car voilà ce qu'on trouve principalement dans les magasins de Physic-Street. C'est un immense bazar des plus
curieux et des plus luxueux produits de la Chine. C'est là
que tout navire venu d'Europe verse son état-major, afin
qu'il s'approvisionne, en un jour, en une heure, de toutes
les curiosités demandées par les amis laissés à l'autre
bout du monde.

Si je n'avais à parler de Nankin, ce serait ici le lieu de
placer quelques mots sur la Flore chinoise, de parler de la
manière dont ce peuple aime et cultive les fleurs ; car elles
abondent à Physic-Street. A peine a-t-on quitté l'étalage
d'un de ces brillants magasins de chinoiseries, qu'on est
arrêté par l'étalage tout aussi curieux d'un fleuriste ; je
pourrais dire tout aussi bizarre. Les fleurs sont partout

11.

dans la vie chinoise ; mais nous nous réservons d'en parler longuement ailleurs.

Ce que je ne saurais omettre ici, quoique les mêmes choses se retrouvent dans toutes les villes du Céleste Empire, ce sont les maisons où se débitent les spiritueux. Nulle part il ne se consomme autant d'alcools qu'en Chine. Tout est bon à ce peuple pour en extraire une eau-de-vie quelconque, tout, hormis le raisin, qui lui est à peu près inconnu. Fruits. légumes, grains, baies sauvages, racines, il met tout également à contribution, et jamais son avidité alcoolique ne saurait être satisfaite. Les appareils de distillation dont il se sert sont fort ingénieux et pourraient fournir, à l'occasion, maint modèle à notre industrie. Canton est le grand centre de fabrication et de débit de ces boissons de feu.

Quelques-unes de ces maisons où le Chinois vient satisfaire sournoisement et en silence sa passion pour l'ivrognerie méritent d'attirer l'attention du voyageur. S'il y a d'ignobles tavernes dans les recoins immondes de la ville, il y a aussi de luxueux magasins qui ne le cèdent en rien aux fameux *Gin's-Palace* de Londres. Il n'est pas sans intérêt pour l'observateur qui passe à Canton d'entrer dans ces cabarets où se presse sans cesse la foule stupide et ignorante du peuple. C'est surtout au milieu du bruit, des réjouissances et des illuminations des premières heures de la nuit que le spectacle est le plus curieux. On voit entrer là tous ces êtres à la face hébétée, qui quittent le travail auquel ils sont attachés tout le jour comme l'ancien serf l'était à la glèbe; avant de songer à donner satisfaction à un estomac toujours vide, il faut que leur palais, moyennant une légère rétribution en cette grossière monnaie de cuivre qui est le billon de la Chine, ait été émoustillé par l'enivrante liqueur. Ceux-là se contentent de quelques gouttes qu'on leur verse parcimonieusement dans des

godets microscopiques. Puis, dans les coins favorisés, il y
a les buveurs plus opulents, qui, certainement, jouissent
dans ces établissements, comme partout, de certains priviléges. Ceux-ci boivent de petits coups réitérés, et plus la
boisson chatouille leur estomac et leur tête, plus ils éprouvent le besoin de renouveler leurs libations. Ils arrivent
ainsi jusqu'à l'ivresse la plus complète et la plus hideuse.
Alors on voit ces étranges magots ne plus rien conserver
d'humain ; leur abrutissement dépasse toutes les bornes,
et souvent on en a vu se laisser fouler aux pieds, écraser par
des hommes ou des chevaux sans donner le moindre signe
de vie et de sensibilité. C'est l'ivrognerie dans toute sa dé-
gradation. Et qu'on ne croie pas que les liqueurs dont ils
abusent ainsi offrent quelque saveur tant soit peu agréable. Sous ce rapport, nos marins sont les meilleurs juges
qu'on puisse consulter. Certes, ce n'est point eux qu'on
pourra accuser d'une délicatesse exagérée. Eh bien, ils
s'éloignent avec horreur de ces affreux cabarets. A peine
s'ils goûtent à quelques eaux-de-vie de fruits ; mais ils
laissent au peuple chinois ses alcools de racines et de baies
sauvages de toutes sortes.

Autrefois, le principal commerce de Canton avec les
nations occidentales se faisait dans les *hongs* ou factoreries. C'étaient d'immenses magasins construits sur la rive
méridionale de ce beau fleuve Chou-Kiang, le seul parmi
les innombrables cours d'eau de la Chine qu'aient longtemps eu le droit de remonter les navires européens. Autrefois, ces magasins étaient de florissantes colonies habitées par un peuple industrieux de négociants, d'ouvriers,
de serviteurs. Car les négociants vivaient à côté de leurs
marchandises ; leurs familles occupaient les étages supérieurs pendant que les magasins étaient au rez-de-chaussée. Aujourd'hui, le commerce européen est sorti de ses
langes étroits. Il est répandu dans tous les beaux quar-

tiers de Hog-lane et de Ho-nan, ne reconnaissant plus les
factoreries que comme un point central, un immense entrepôt, une espèce de *cité* de Canton. Ces grandes et impo-
santes constructions qui frappent l'œil du voyageur dès le
jour de son débarquement sont d'immenses corps de logis
très-propres à l'emmagasinement des marchandises, mais,
du reste, fort peu gais à l'œil, comme tous les entrepôts
qui ne sont pas des bazars, et paraissent fort tristes à habiter. Elles touchent presque le fleuve, et, n'était un assez
large espace réservé pour la promenade des Européens,
elles seraient assises sur la berge même. Toutes les nations
commerçantes de l'Europe sont représentées par un de ces
grands corps de logis ; mais les deux principaux sont ceux
sur lesquels flottent le pavillon de Hollande et celui d'Angleterre.

Les Hollandais ont dans la Chine un immense débouché pour les produits de leurs florissantes colonies
océanniennes. Batavia envoie chaque jour ses matières
premières à Canton, qui, en échange, lui expédie tous ces
objets que la Chine manufacture avec une habileté si merveilleuse. La factorerie des Hollandais est tenue avec cette
régularité, ce soin, cette propreté qui distinguent les négociants et les ménagères d'Amsterdam et de Harlem. A Canton, ils contentent même à loisir leur passion pour les
fleurs. La façade de leur factorerie est un jardin charmant
qui repose l'œil de la triste uniformité de ces grands bâtiments. Ils ont su étaler là ce luxe de fleurs soigneusement
cultivées qu'ils affectionnent, et, certes, pour ces amateurs
de tulipes, la Flore chinoise est assez riche pour permettre
à toutes les imaginations de se satisfaire.

La factorerie anglaise a marché sur les traces de la factorerie hollandaise. La Compagnie des Indes, qui jusqu'en
1834 a eu le monopole du commerce britannique avec la
Chine, avait tenu à honneur de soigner son entrepôt. Elle

avait aussi élégamment rompu la sombre monotonie de sa
façade par des plantations délicieuses qui ne le cédaient
en rien à celles de leurs voisins. Depuis que ce monopole a
été retiré à la Compagnie, et que tous les Anglais peuvent
librement trafiquer avec le Céleste Empire, les fleurs n'ont
pas été négligées; et, si elles ont souffert, ce n'est guère que
dans ces derniers temps, où la guerre avait chassé la colonie
florissante qui autrefois habitait sans cesse le *hong* anglais.
La paix nouvelle lui rendra sa prospérité.

Pendant toute la durée de mon séjour à Canton, deux
heures de chacune de mes journées ont toujours été consacrées l'une à l'ami de Timao, l'autre au peintre Lam-
ko-ï. Toutes mes courses rayonnaient vers leurs maisons,
et chemin faisant j'observais tout ce qui pouvait me paraître curieux, soit pour moi personnellement, soit pour
le rapporter un jour. C'est ainsi que je pus étudier la manière de se nourrir de ce peuple dont la bedaine est si généralement et si comiquement rebondie, qu'on doit penser
à première vue qu'il la bourre sans cesse de substances
nourricières. Eh bien! on ne saurait jamais imaginer tout
ce qui sert à l'alimentation d'un Chinois.

On ne peut faire un pas dans une ville chinoise sans
rencontrer aussitôt toute espèce de cuisines et de marchands de comestibles en plein vent. Ce qui m'a paru le
plus bizarre, c'était de voir mettre à la broche des chiens,
des chats, des rats et autres animaux domestiques ou réputés immondes parmi nous. Les Chinois s'en montraient
très-friands, d'autant qu'avec les canards et les porcs, ces
animaux sont à peu près les seuls dont ils se nourrissent.
La viande de bœuf leur est interdite par la religion, qui
réserve cet animal pour les besoins de l'agriculture. Cependant ce précepte religieux n'est pas celui qu'on observe le plus scrupuleusement à Canton; car, bien souvent, j'ai vu de grandes pièces de bœuf à l'étal des bou-

cheries exposées en vente à côté de la viande de porc et
quelquefois de celle de mouton ou de chèvre. Après cet
étrange rôti, vient le poisson. comme base de l'alimentation chinoise. Toute espèce lui est bonne, qu'elle soit
fraîche ou salée, bien conservée ou déjà tombée en putré-
faction. Le Chinois est si avide de tout ce qui peut rem
plir les profondes cavités de sa panse, qu'il n'y regarde
pas de si près. On rencontre même autour de ces cuisines
ambulantes des pauvres diables qui fouillent au milieu des
détritus et des immondices pour y trouver quelques restes
qui puissent un instant apaiser leur faim insatiable. C'est
ainsi qu'on en voit dévorer des quantités énormes de ces
spondyles, huîtres de la Chine, assez semblables à celles de
la Méditerranée, qui, après un ou deux jours de séjour dans
les caques où on les renferme, répandent une odeur tellement nauséabonde, qu'elle est tout à fait insupportable aux
nez européens. Au reste, nulle délicatesse ne présida jamais à ces repas du peuple chinois. Il se nourrit absolument comme le porc de nos basses-cours, auquel on ne pré-
pare jamais de meilleur régal qu'en lui réservant les eaux
grasses. *Tout fait ventre* semble être l'apogée de cette sagesse
populaire, et il faut avouer que si le Chinois n'est pas
agréable quand il mange, du moins le résultat prouve
que la sagesse populaire a raison.

Sur les tables des mandarins et des riches négociants,
les victuailles servies sont d'un autre ordre et bien autrement recherchées. C'est là qu'on rencontre ces potages aux
nids de sélinganes dont tous les voyageurs qui en ont goûté
ont fait l'éloge, les entrées de bourgeons de frêne, les fins
poissons des lacs intérieurs et des rivières, les racines de
nénufar, les concombres et les fruits délicieux. Pour ces
tables, les marchands de comestibles tiennent sans cesse en
réserve dans leurs viviers les poissons vivants du Chou-
Kiang, les plus délicats de l'empire; ils cultivent dans

leurs jardins cette espèce de choux que les Chinois appellent *pe-tsai*, les ignames, qu'on cuit sous la cendre du figuier des Banyans, les patates sucrées, les oranges mandarines, qui acquièrent à Canton un degré de douceur qui nous est tout à fait inconnu ; ils font venir des pamplemousses d'Émouï, des poires du Shang-tong, et de la province de Pet-che-li des jujubes, des pêches, des abricots et mille autres fruits d'une saveur exquise. C'est encore pour ces riches tables qu'on réserve les fleurs les plus rares, les plus colorées, les plus odorantes, mais partout une chose révolte les estomacs européens, ce sont les apprêts à l'huile de ricin. On la tire d'un petit arbuste charmant, aux rameaux fragiles, et elle est d'un usage si fréquent qu'on en rencontre partout des débits. Pour ces tables encore sont réservés les parfums suaves qui ont rendu célèbre la province de Kouang-toung.

Dans les campagnes, et je parle ici des campagnes riches, qu'il a été donné à quelques Européens d'apercevoir, la nourriture du peuple se compose principalement de riz. On le cultive partout en Chine, et cette culture est rendue facile par les nombreuses irrigations que permettent tant de rivières et de canaux qui sillonnent en tous sens le Céleste Empire. Cependant le riz indigène ne suffit pas encore à la consommation, et on y en apporte une grande quantité de tous les ports voisins. Dans mes fréquentes visites à la maison champêtre de l'ami de Timao, je pus souvent me rendre un compte exact de ces cultures. La campagne qui environne Canton est un terrain conquis sur le fleuve. Le riz affectionne ces terres d'alluvions, et les laboureurs chinois, qui sont les plus habiles du monde, n'ont garde de laisser se dépenser en pure perte ces dispositions naturelles de leur sol. Ils ensemencent la terre à peine dégagée des eaux et lorsqu'elle est encore couverte de ce limon fertile qu'y ont déposé les inondations. Puis

ils soignent avec un soin extrême cette plantation, attendant avec anxiété l'heure de la moisson, qui pourra leur
donner, sinon la richesse, au moins l'abondance. Les
femmes les secondent puissamment dans ces labeurs incessant, et c'est grâce à elles, autant pour le moins qu'à leurs
époux, que cette terre se couvre sans cesse de riches moissons ; car le riz exige une culture et des soins si constants,
que l'homme n'y pourrait jamais suffire. Heureusement,
en Chine, la femme vient à son secours.

A l'époque où l'on voit la couleur dorée dominer dans
les rizières, descendent des montagnes du Nord des
campagnards qui viennent chercher le travail et la vie
dans les environs de Canton. Ce sont des paysans montagnards du Kouang-Si, une des provinces les plus pauvres
de l'empire, qui sont habitués à émigrer ainsi chaque été.
Ils arrivent par bandes et se mettent au service des cultiva-
teurs de riz, qui alors manquent de bras. Ces paysans sont
fort habiles à scier et à battre le riz, et, si leur industrie
venait à faire défaut aux Cantonais, la récolte annuelle
risquerait fort d'être subitement manquée. Les soins des
femmes ne sauraient ici suffire. Il faut des bras robustes
pour faire la moisson, et le paysan propriétaire ou cultivateur de la terre est obligé de recourir à des mains mercenaires, étant lui-même retenu par d'autres soins.

Car, dans son ardeur de lucre et d'activité, le paysan
qui cultive la terre aux environs des villes, et sait lui faire
rendre la moisson qui s'écoulera le plus facilement sur le
marché voisin, exerce presque toujours un autre métier.
En général, celui des environs de Canton est porcelainier,
et c'est lui qui donne la façon première à tous ces vases
aux formes étranges que recherche si fort l'Européen aux
étalages des bazars cantonais. Il fabrique aussi, avec une
terre qui a quelques-unes des qualités du kaolin, ces tuiles légères qui, enduites d'un vernis brillant, servent à la

toiture des kiosques. Il s'en fait une grande consommation dans la ville, mais on en exporte aussi une quantité considérable pour les îles Océaniennes.

Je me trouvais un jour chez le peintre Lam-ko-ï, lorsque entra un riche marchand de laque que je reconnus pour avoir souvent admiré son splendide étalage dans Physic-Street. C'était un ami de Lam-ko-ï, et nous eûmes bientôt fait connaissance, d'autant plus vite que ma qualité d'étranger l'alléchait ; il entrevoyait en moi un futur acheteur, et à Canton on soigne le client comme nulle autre part ailleurs. Mon plus grand désir, depuis quelques jours, était de voir une de ces manufactures où se fabriquent de si charmants objets. Je le lui témoignai, et il m'offrit aussitôt très-gracieusement de me faire visiter la sienne. J'acceptai, et, pour ne pas laisser échapper l'occasion, nous nous y rendîmes sur-le-champ.

Elle était située à une autre extrémité de la ville, et, pour nous y rendre, il nous fallut traverser des rues étroites et boueuses, où nous étions sans cesse arrêtés par des rôtisseurs, des marchands de concombres, des porteurs d'huîtres, et surtout par une espèce d'industriels chinois qu'on est fort étonné de rencontrer presque à chaque pas exerçant leur industrie en plein vent. Je veux parler des faiseurs de toilette, car je ne saurais donner le nom de barbier à des gens qui, en même temps qu'ils vous font la barbe, vous rasent la tête, tressent les queues, nettoient aussi les yeux, les narines, les oreilles, les mains, et cela avec une admirable dextérité, maniant une foule de petits instruments qui chacun ont leur forme et leur destination spéciales. Au reste, la rétribution qu'ils exigent pour tous ces soins est si minime, qu'ils ont très-bien fait de supprimer la boutique.

Quand nous arrivâmes à la manufacture de laque, il y avait environ une centaine d'ouvriers au travail. Leur ate-

12

lier est une grande cour carrée, entièrement découverte.
Tout autour règne un vaste hangar, soutenu par de légères colonnes qu'unissent entre elles de fantastiques rosaces
chinoises, presque découpées en ogives. Ce hangar, entou-
rant cette cour, a presque un faux air de cloître chrétien
du moyen âge ou d'une de ces cours moresques qu'on
voit à l'Alhambra de Grenade. C'est sous le hangar que se
réfugient les ouvriers quand le mauvais temps ne leur
permet pas de travailler sous le ciel, ce qui pour eux est
toujours un contre-temps fâcheux. Au reste, dans de semblables manufactures il y a toujours deux ateliers entièrement distincts, celui où travaillent les menuisiers qui con-
fectionnent les meubles, les boîtes, les menus objets sur
lesquels doit être appliquée la matière précieuse, et ensuite l'atelier des ouvriers en laque, celui que nous visitions.

Quand les meubles sont livrés par les menuisiers, uniquement occupés à ce genre de travail, ils passent dans la
vaste cour carrée dont nous avons parlé. La laque, arrivée
de l'intérieur de l'empire dans de grands paniers où elle a
la consistance d'un goudron épais, est là, dans des vases
en grès ou en porcelaine, soumise, avec une légère adjonc-
tion d'eau, à l'action continue d'un léger feu qui la dissout
et lui donne partout une consistance uniforme. Quand
elle est arrivée au point convenable, un ouvrier l'étend,
tantôt avec les mains, tantôt avec un instrument en forme
de spatule, sur le meuble qu'il s'agit de transformer; puis
le meuble est passé à un polisseur, qui étend cette première couche et la rend unie comme une glace. Souvent,
dans cette opération, la couche de vernis devient trop légère, et alors on attend qu'elle soit séchée pour en donner
une seconde. On le fait toujours pour les meubles de prix,
quelquefois on va même jusqu'à la troisième. C'est quand
la dessiccation du vernis est presque complète, que le des-

sinateur s'empare de l'objet. Il y trace en rouge toutes les
arabesques de sa fantaisie, et le doreur vient ensuite qui
répand par-dessus sa poudre d'or.

Il faut avoir vu travailler des peintres et des ouvriers en
laque chinois pour se faire une idée du degré d'habileté
et d'adresse que peut acquérir la main de l'homme. Tout
le monde a admiré les ouvrages qu'ils livrent chaque jour
au commerce. Ils deviennent plus admirables encore
quand on a vu la promptitude avec laquelle ils sont exécutés.

Puisque nous étions dans les quartiers industriels, je
priai mon guide de me conduire dans les ateliers de quelques-uns de ses amis. Il me mena successivement dans
deux maisons voisines, où je vis des ouvriers filigranistes
et une fabrique d'éventails. Celle-ci me parut assez curieuse pour mériter une mention. Quand nous entrâmes,
trente ouvriers environ étaient rangés autour d'un immense établi. Les uns polissaient l'ivoire et le corail,
d'autres les découpaient, comme les enfants dans nos pays
s'amusent à découper le papier; d'autres enfin y ajoutaient de riches incrustations. Dans une seconde salle
se trouvaient les ajusteurs, qui rassemblaient toutes les
pièces sorties de plusieurs mains et achevaient l'œuvre
entière telle qu'elle est livrée au commerce. Le propriétaire de cet atelier était un ami de mon guide. Nous montâmes auprès de lui et le trouvâmes occupé à agiter les
boules du *Souan-pan*, ou plat à calculs, mécanique ingénieuse qui permet au marchand chinois d'établir ses
comptes avec une excessive facilité. Il nous reçut très-
cordialement; mais, après nous avoir salué, il reprit son
instrument et continua ses opérations.

Pendant que je revenais de cette exploration par les
mêmes rues infectes que j'avais parcourues le matin, tout
à coup nous vîmes le peuple refluer précipitamment vers

nous, donnant tous les signes d'une grande terreur ; nous
entendîmes le bruit répété des gongs, et au milieu d'un
grand vacarme nous pûmes distinguer le fameux cri :
Faites place, et tremblez. C'était un grand dignitaire qui
sortait de l'enceinte fortifiée et se rendait vers le port. De
loin j'aperçus sa litière portée par huit hommes, et l'escorte
nombreuse de musiciens bruyants et de licteurs silencieux
qui l'accompagnaient.

— C'est un mandarin de première classe, me dit le
marchand, que notre céleste empereur a envoyé à Canton
pour nous inspecter, et il fait son devoir.

Comme j'eus occasion de le voir les jours suivants, je
vais ici tracer son portrait. Il était d'une taille élevée, d'un
port majestueux, et, n'eût été l'excessive finesse de son regard, à laquelle se mêlait même quelque duplicité, toute sa
physionomie eût inspiré le plus grand respect même à un
barbare comme moi. Cependant cette figure était dure
souvent, surtout quand il s'adressait à des inférieurs. Au
reste, on faisait le plus grand éloge de son intelligence, de
sa fermeté et de sa justice. Quand je le vis, il portait une
robe de soie d'un jaune fort clair, brochée de même couleur, avec des broderies blanches et roses ; par-dessus sa
robe, une pelisse ornée de fourrures. Sa tête était couverte
d'un chapeau de paille conique, ombragé d'un flot de
crins rouges et surmonté d'un bouton rose, signe de sa
haute dignité. Ses reins étaient serrés par une ceinture de
soie richement travaillée, de laquelle il laissait pendre son
éventail, sa montre, sa bourse à tabac et ses tablettes. Ce
mandarin était, disait-on à Canton, chargé par l'empereur
de lui rendre un compte exact du commerce de cette ville
et de ses affinités avec les barbares. Depuis la guerre dé-
sastreuse des Anglais, Pékin paraît beaucoup plus se sou-
cier des barbares qu'autrefois, et elle a raison. Si le Céleste
Empire veut entrer sérieusement dans la voie nouvelle que

les derniers événements lui ont ouverte, un brillant avenir lui est certainement assuré, et la meilleure part est
déjà faite, car difficilement on trouverait ailleurs des conditions aussi avantageuses que celles qui sont préparées à
la Chine par sa position même. Peu de pays, en effet,
présentent les avantages qu'assurent au Céleste Empire, et
sa vaste étendue, et sa nombreuse population, et l'indus-
trialisme de ses habitants. La paresse est inconnue dans ce
vaste territoire asiatique. Tout le monde y travaille et tout
le monde est heureux de travailler. Aussi que de ressources pour un gouvernement qui s'occuperait du bien-être
des peuples soumis à ses lois! L'Europe, que les idées
modernes jettent de plus en plus dans les voies indus-
trielles, est depuis longtemps en retard sur l'Empire du
Milieu, et, si nous parvenons enfin à faire une trouée sérieuse dans cette terre, toujours voilée pour nous d'un
nuage mystérieux, pas de doute que nous n'en retirions
autant d'enseignements que nous y en apporterons. Nous
trouverons là un peuple qui, dans la vie des champs ou
de la ville, a déjà conquis la plupart des améliorations que
nous poursuivons de tous nos efforts, mais qui, malheureusement, s'est arrêté, comme si le génie de l'homme
avait des bornes dans ce qu'il doit conquérir pour son
bien-être moral ou matériel!

Le grand dignitaire chinois se rendait, avons-nous dit,
vers le port. Cela nous rappelle que nous sommes entrés
un peu lestement à Canton, et que nous n'avons pas encore parlé de ce qui devait avant toute chose attirer notre
attention.

Le port de Canton est une des grandes merveilles du
monde. Quand on est navigateur par goût et par métier,
on perd rarement le souvenir des lieux qui vous frappent
par leur étrangeté et leur magnificence. Le port de Canton
est de ceux-là. Nous n'avons pas en Europe un seul point

12.

maritime qui puisse lui être comparé, pas même le port de Londres, qui cependant offre un des plus grandioses spectacles que j'aie jamais vus. Mais les eaux de la Tamise sont toujours sales, et le ciel de l'Angleterre est toujours brumeux. En Chine, au contraire, le Chou-kiang roule lentement vers la mer de grandes nappes d'eaux azurées qui semblent refléter sans cesse l'azur du firmament. Aussi admirions-nous le génie poétique du peuple chinois, qui lui a trouvé un nom digne d'elle quand il l'a appelée la *rivière des Perles*. Son cours est sans cesse barré par de grandes îles toutes luxuriantes de verdure, et où, comme par accident de paysage, on voit souvent de grandes roches arides qui semblent se dresser avec un front menaçant comme les divinités tutélaires du fleuve. A droite et à gauche, sur les rives, croissent de vertes forêts de grands bambous, coupées çà et là par de charmantes maisons de campagne qui semblent rire et s'ébattre au soleil, comme de joyeux magots de cheminées. Puis, au delà, l'œil aperçoit une fertile campagne étincelante comme une émeraude avec ses cultures de riz; et, dans le lointain, des montagnes fantastiques qui semblent bien plutôt appartenir au monde des rêves, avec leurs nuages irisés, qu'à notre monde réel. La rivière est elle-même incessamment sillonnée par des barques qui descendent ou remontent son cours en riant, en folâtrant, comme si rien dans cette navigation ne devait être donné qu'au plaisir. Plus on approche du port, plus ces barques deviennent nombreuses, et à la fin elles forment une ville qu'on a fort bien surnommé la *ville flottante de Canton*. Nous voilà dans le port.

Cette ville flottante est divisée, comme une ville véritable, en une foule innombrable de rues qui donnent passage aux barques qui sans cesse vont et viennent dans toutes les directions nuit et jour. La moitié de la vie du

Chinois, au moins, s'écoule sur l'eau, et il affectionne tellement tous les plaisirs aquatiques, qu'on pourrait aisément le prendre pour un peuple amphibie. La ville flottante de Canton est une espèce de Venise des mers du Sud, où les palais des lagunes sont remplacés, par de lourdes jonques invariablement assises sur leurs ancres. J'en ai vu qui n'ont pas bougé de place depuis plus de cinquante ans. Celles-là sont dans la partie la plus rapprochée des rives tant que la profondeur de l'eau le leur permet. Elles ne servent plus à naviguer; leurs propriétaires ont depuis longtemps renoncé à en user de la sorte. Ce sont de vastes entrepôts où les riches négociants de Canton emmagasinent toutes les provisions faites pour les besoins de leur commerce.

Mais autour de ces pesants navires grouillent et se remuent sans cesse une nuée d'embarcations propres à toute sorte d'usages, les unes pauvres et nues destinées à la pêche ou au transport des marchandises, les autres coquettes, brillantes et parées, et qui ne servent qu'au plaisir. Ici je mentionnerai pour mémoire les bateaux à fleurs, dont je me réserve de parler longuement à un autre endroit de ce livre : ces bateaux à fleurs qui ne peuvent être rappelés au voyageur sans qu'aussitôt il ne retrouve dans sa mémoire mille souvenirs de volupté. Enfin, il y a aussi les élégantes embarcations des négociants qui se rendent à bord de leurs jonques, ou à leurs maisons de campagne, ou qui vont visiter les navires des étrangers. Ces embarcations ont la forme d'un œuf coupé en deux. Elles sont peintes de vives couleurs, coquettes et parées, comme les *villas* elles-mêmes des négociants, qu'on aperçoit dans la campagne, entourées de jardins et de riches plantations, toutes ombragées de cactus géants, de bananiers, de camphriers, d'orangers épineux, de mûriers, de sapins, de citrus, de caramboliers, de mille autres espèces d'arbres charmants, qui réjouissent le souvenir du voyageur revenu de ces heureux pays.

Le nombre des femmes qui vivent dans cette ville flottante est bien plus considérable, proportionnellement, que celui des hommes; car, en Chine, ainsi que je l'avais observé à Macao, la femme s'adonne surtout aux métiers aquatiques. Dans sa barque légère, elle emporte bagages, marchandises et passager, et souvent ne se montre nullement rebelle aux désirs luxurieux de celui-ci. C'est même un danger fort sérieux pour les navires à discipline sévère, et quand on est arrivé au port, on doit redoubler de vigilance, si l'on ne veut avoir bientôt à sévir contre des fautes graves et souvent à déplorer des désertions.

Les navires européens sont placés à peu près au centre de ce grand port. Devant et derrière eux caracolent toutes ces embarcations légères dont ils se servent plus volontiers que de leurs canots. Car, pour aller en ville, il leur faut fendre cette ligne massive de lourdes jonques qui ne bougent jamais. Pour être immobiles, ces navires n'en sont pas moins traités avec le plus grand soin. On peut même les considérer comme les modèles de l'architecture navale des Chinois.

« Ce sont, dit un officier de la marine militaire dont je n'ai lu la relation, fort exacte d'ailleurs, qu'après mon retour en Europe, d'énormes bateaux, des espèces de monstres marins dont quelques-uns portent au delà de six cents tonneaux; leurs fonds sont plats; leur tirant d'eau est plus grand à l'avant qu'à l'arrière, et c'est près de la poupe qu'elles acquièrent leur plus grande largeur. » On le voit, toutes ces dispositions sont prises tout à l'inverse de nos premières notions sur l'art de construire une embarcation. Je continue à citer : « Leur pont est extrêmement tonsuré; quand elles sont chargées, l'avant ne s'élève guère à plus d'un mètre et demi, le milieu a plus d'un mètre au-dessus de l'eau, tandis qu'à l'arrière il atteint quelquefois une hauteur de cinq mètres ; ils exhaussent encore cette partie du bâtiment en la couvrant d'une dunette élevée sous laquelle se trouvent ordinairement une pagode et le logement du chef. La carène est peinte à la chaux; la partie supérieure est verte ou rouge. Des deux côtés de l'avant-carré, ils dessinent deux gros yeux farouches qui s'arrondissent au-dessus de leurs ancres en bois, semblables à deux énormes défenses d'éléphant. C'est pour l'arrière qu'ils réservent tout le luxe de leurs décorations. C'est, en général, un oiseau fantastique aux ailes éployées, entouré de dragons, de monstres et d'arabesques; sur la voûte ils peignent des groupes d'hommes, des paysages, des marines ou de petites scènes pittoresques. »

Dans cette ville flottante, nuit et jour retentit le bruit des instruments de la musique chinoise, non-seulement le gong, auquel s'habitue difficilement l'oreille européenne, mais encore le *lutchun* aux treize cordes et toutes ces petites clochettes qu'on retrouve partout. Là se mêlent sans cesse les affaires et le plaisir, et ce n'est pas celui-ci qui, dans le mélange, est le plus maltraité. Sur l'eau, le Chinois a conquis son indépendance, et il en profite pour chercher avec enivrement toutes les jouissances. Aussi, dès qu'il le peut, le voit-on quitter son comptoir du faubourg et sauter dans son embarcation, qui le promènera dans la ville flottante jusqu'à ce qu'il ait atteint l'endroit où l'on s'amuse.

Depuis que je cours dans les rues de Canton, je m'aperçois que je n'ai encore rien dit du matelot Sidore Vidal, dont la visite imprévue avait déterminé mon excursion. Il me semble qu'il serait un peu temps de revenir à ce brave marin.

Lui non plus n'avait pas perdu son temps depuis que la jonque de Timao était convenablement à l'ancre dans le port de Canton. De son côté, il courait la ville plus librement peut-être que moi-même. Nous nous voyions peu; cependant il savait toujours où me trouver dans les vingt-quatre heures. D'un moment à l'autre il pouvait avoir besoin de moi. Car, pendant que la curiosité guidait seule mes pas, pendant mes courses à travers les faubourgs, les magasins et les fabriques, lui poursuivait avec un singulier acharnement un but mystérieux qu'il était décidé à ne me révéler qu'à la dernière extrémité. C'était tout un roman égaré dans la vie aventureuse du matelot, et il fallait toute la ténacité d'un marin provençal pour s'obstiner à en trouver la fin.

Sidore Vidal, dans ses courses précédentes, avait connu une jeune fille qu'il avait rencontrée deux fois, la première à Sincapour, la seconde à Canton, dans sa dernière campagne sur les navires de l'État. La tendre liaison commencée à Sincapour avait été continuée sur les bateaux-fleurs de Canton, et, depuis, Vidal était toujours poursuivi par l'idée de retrouver sa belle conquête. De pareils exemples de constance sont rares parmi les matelots, tellement rares, que ma surprise fut extrême lorsque je fus mis par Vidal lui-même au courant de la situation. Il n'avait pu revoir Macao sans penser aussitôt à la femme de ses amours, et l'espoir de la retrouver l'avait ramené à Canton. Avec une foi aussi robuste, on est malaisément désespéré par les obstacles sans nombre qui sembleraient d'abord devoir arrêter. Depuis notre arrivée dans la capitale des deux Kouang, Vidal était à la recherche de ses amours, et les jours s'écoulaient sans qu'un résultat favorable vînt couronner de si nobles efforts.

Enfin, un matin, pendant que j'étais encore occupé à ma toilette quotidienne, je le vis entrer la figure rayonnante de bonheur.

— Capitaine. me dit-il, elle est ici ; je l'ai vue ; j'ai

passé hier la soirée avec elle, nous nous marions dans deux jours; il ne me manque que votre approbation, et elle m'est nécessaire, car je compte amener ma femme avec moi, et je ne puis le faire sans vous.

Ces paroles de Vidal me causèrent d'abord un vif étonnement, et je ne pus m'empêcher de le faire paraître. Cependant, après quelques minutes de réflexion:

— Mon cher Vidal, dis-je au matelot, quoique je ne m'explique pas bien vos intentions et les motifs qui vous décident à agir comme vous le faites, je ne puis faire obstacle à votre mariage. Quant à conduire votre femme à bord du *Joseph-et-Claire* et à l'emmener en France avec vous, vous comprendrez que je ne puis vous donner immédiatement ainsi une réponse définitive. Il faut que je voie votre femme d'abord, et alors je me déciderai peut-être à l'admettre comme passagère sur notre navire. Mais vous savez d'avance les obligations que vous contracterez avec moi pendant la traversée?

— Je les connais, capitaine, et croyez bien que si je n'étais décidé à les remplir, je ne serais pas venu vous importuner. Quant à voir ma femme, j'espère bien que vous me ferez l'honneur d'assister à mon mariage.

J'acceptai de grand cœur sa proposition, et le lendemain eut lieu la cérémonie.

Vidal, en épousant une Chinoise, avait voulu conserver quelques-uns de nos usages d'Europe, et notamment le mariage civil. Ce n'était point un enfantillage qu'il faisait, mais bien un bel et bon mariage qu'il voulait contracter. Aussi avait-il fait, à mon insu, toutes les démarches nécessaires auprès du consul, qui, en cette occasion, remplit l'office de magistrat civil. Quant au reste, il adopta pleinement les coutumes chinoises. Il fit de nombreux cadeaux à sa fiancée, l'habilla d'étoffes charmantes, quoique simples, et, quand j'arrivai, je trouvai la petite maison envahie par les amis de la mariée. Vidal, au milieu d'eux, paraissait l'homme le plus heureux du monde. Entre tous, je remarquai un grand vieillard sec et maigre, à l'inverse de la plupart des Chinois, l'œil triste, le costume sévère et le menton orné d'une longue barbe blanche. C'était le bonze, qui, à défaut du père de la jeune fille, avait été requis de célébrer le mariage. Il prit, avec une répugnance visible, la main du matelot français, la plaça dans la main de la jeune Chinoise, et prononça d'une voix lente et nasillarde quelques paroles que je ne compris point et que j'ai su depuis être des versets du Li-ki. Puis il prit un petit vase, d'une porcelaine grossière, qui se trouvait à la portée de sa main, et s'approcha de l'autel domestique, qui était brillamment illuminé de lanternes chinoises. Il alluma une petite bougie qu'il tira d'une poche intérieurement cachée dans ses vêtements, et, laissant tomber la porcelaine, il chanta avec un grand respect un hymne religieux que, dès les premiers mots, je reconnus pour l'hymne aux ancêtres. Quand il eut fini, toute l'assemblée reprit en chœur le dernier vers, et, pendant qu'on chantait encore, le bonze, ayant passé devant chacun de nous en prononçant des paroles sacrées, se retira. La cérémonie religieuse du mariage était terminée; mais il restait encore la partie profane des festins, et tous les Chinois invités à cette fête de famille s'en donnèrent à cœur joie de tranches de lard, de canards et de rats rôtis. Là reparurent aussi les mille sucreries et friandises que, la veille, Vidal avait envoyées à sa fiancée. En quelques instants tout fut dévoré.

Le surlendemain de ce mariage était le jour fixé pour notre départ. Je profitai de ce dernier jour pour me lancer encore une fois au hasard dans ces rues que j'avais déjà si souvent parcourues. Canton est une ville si curieuse que l'étranger ne saurait se lasser de la regarder. C'est un spectacle toujours nouveau et attrayant pour lui que celui de tous ces marchands ambulants, fruitiers, restaurateurs, barbiers, crieurs d'oranges ou de fleurs, fripiers, promenant de tous côtés leur industrie vagabonde; que celui de ces bazars tout peuplés d'enseignes extérieures et flottantes, plus bizarres les unes que les autres; de ces magasins dans lesquels on n'a jamais tout vu, où l'on veut revoir sans cesse ce qu'on a vu déjà; où l'on trouve entassées pêlemêle les plus bizarres fantaisies du génie asiatique et de toutes les nations.

Au jour fixé, de bonne heure j'étais à bord de la jonque de Timao; Vidal y était aussi avec sa femme chinoise. En descendant le fleuve Chou-Kiang, je me promettais de mieux jouir de mes sensations dans cette traversée que je ne l'avais fait dans les précédentes. Je le pouvais d'autant mieux, que Timao n'avait plus avec moi l'expansion du départ. Depuis quelques jours il paraissait triste et soucieux, me parlait à peine, et, craignant de blesser les susceptibilités de cette nature primitive, je ne voulais pas l'interroger. Dans la vie, il y a un grand explicateur qu'on appelle le temps; c'est à lui qu'on doit laisser le soin de révéler les mystères que l'on ne comprend pas.

Le Chou-Kiang, qui serait un fleuve fort remarquable dans tout autre pays, compte à peine en Chine, parce qu'il n'arrose que deux provinces. Depuis sa source dans les montagnes du Kouang-si, il grossit sans cesse son volume, jusqu'à ce qu'il descende dans le Koüang-toung. Quand il arrive à Canton, ce fleuve est une mer. Son lit, jusqu'à l'Océan, est dès lors encombré d'îles qui revêtent les aspects les plus divers. Tantôt elles sont charmantes comme un paysage de paravent, parées d'une végétation luxuriante et se recommandant d'avance au regard du voyageur qui passe par leur flottante chevelure de bambous, tantôt elles sont arides et désolées comme les montagnes qui avoisinent Marseille.

13

Parmi celles-ci, la plus curieuse. sans contredit. est
celle que les Chinois appellent la *Tête du Tigre*. ce qui a
fait donner au fleuve lui-même le nom de Tigre, et au
point extrême jusqu'où peuvent remonter les navires de
guerre le nom de Bocca-Tigris, nom qu'on est étonné de
rencontrer aux confins de la Chine. La Tête du Tigre est
une roche colossale, de la forme la plus étrange, jetée au
milieu du fleuve comme le génie protecteur du Céleste
Empire, placée là par les divinités tutélaires comme un
gigantesque épouvantail pour écarter à tout jamais les
barbares.

Après ce roc, le point le plus remarquable de la rivière
de Canton est Wam-poa. C'est le point intermédiaire entre
Macao et Canton ; c'est aussi le principal repaire des con-
trebandiers d'opium. Wam-poa est un marché fort important pour tous les objets dont l'urgence se fait sentir en
Chine. Sur nulle place le riz ne tient aussi bien son prix
qu'à Wam-poa. C'est là que viennent s'approvisionner
tous les négociants de l'intérieur. C'est un séjour assez
agréable que celui de cette île, quand on a soin de placer
son habitation sur la côte septentrionale ; les intérêts du
commerce peuvent seuls retenir dans la ville les habitants.
Depuis quelques années, au reste, Wam-poa se transforme
de plus en plus. La contrebande de l'opium et les bénéfices énormes qu'elle procure ont gagné à l'Angleterre
toute cette population, avant tout amie du luxe, et j'ai pu
voir s'élever une jeune génération d'Anglo-Chinois, dont
les mères chinoises étaient très-fières. Dieu seul peut savoir ce que l'avenir réserve à ces sangs mêlés.

VII

J'avais quitté Macao avec plaisir, et cependant j'avais
hâte d'y rentrer après cette absence de quelques jours,
qui seulement à cette heure me parut longue. Je ne sais
pourquoi je me reprochais presque les plaisirs que j'avais
goûtés loin de mon navire et de mon équipage, auxquels
j'étais engagé d'honneur à donner tous mes soins. Chose
bizarre et que je n'ai jamais ressentie ailleurs ni dans aucun autre moment d'une vie fort accidentée, tous les génies des mauvais rêves semblaient me poursuivre et me
montraient tous les malheurs fondant à la fois sur mon
navire et sur mes matelots. Heureusement tout cela n'é-
tait que le produit d'une imagination malade. En rentrant
à Macao, je trouvai le capitaine Caillet comme je l'avais
laissé, installé à l'hôtel du brave Marseillais Boulle, sur le
quai du Gouvernement, regrettant mon absence, mais attendant mon retour sans inquiétude.

Les premières paroles que je lui adressai, malgré les efforts que je faisais sur moi-même, se ressentirent de l'état
d'esprit où je me trouvais. Il rit de bon cœur quand je lui

racontai les visions qui me poursuivaient depuis Bocca-
Tigris, et pour toute réponse il me mena visiter sur-le-
champ le *Joseph-et-Claire*, à bord duquel devaient en ce
moment se trouver réunis tous nos matelots. A peine eus-je
monté et me trouvai-je sur le pont, toutes mes craintes,
s'il m'en restait encore, furent dissipées, et j'avoue qu'il
aurait fallu être bien difficile pour n'être pas satisfait.
Jamais navire de commerce mieux tenu n'avait paru dans
le port de la Typia.

Quitter Canton pour rentrer à Macao n'est qu'un accident dans la vie du marin; pour moi c'était abandonner
un vaste champ où chaque instant m'offrait quelque observation nouvelle à recueillir, pour m'enfermer dans un
coin où tout est vu du premier coup d'œil. Je ne songeai.
dès mon retour, qu'au départ pour les côtes de la province
de Fou-Kien, ainsi que je l'avais tracé dans mon premier iti-
néraire, recherchant toujours s'il n'y avait point quelque
route nouvelle à trouver où pût s'engager sûrement le commerce d'Europe. Pendant mon absence, le capitaine Caillet
avait forcément pris des habitudes qu'il était inutile de
changer; je lui laissai donc tout le poids des préparatifs,
et j'achevai de collationner mes observations sur la ville
chino-portugaise.

Le gouverneur de Macao est un officier supérieur de la
marine hypothétique de Portugal; ordinairement on choisit pour cet emploi un capitaine de vaisseau, et, au bout
de quelques années d'exercice, il reçoit un grade supérieur. La garnison qu'il commande est composée de soldats européens; elle n'est pas considérable et ne pourrait
pas même sauver Macao d'un coup de main. Le corps de
musique de cette garnison ne se pique pas de mettre beaucoup de soin et d'ensemble dans l'exécution des morceaux
qu'elle vient, pour l'acquit de sa conscience, exécuter deux
fois par semaine sous les fenêtres de l'hôtel du gouverneur;

et si celui-ci est doué de quelque délicatesse d'oreille, il fait preuve d'une héroïque patience en ne pas envoyant à tous les diables chinois et portugais les musiciens qui se livrent, pour l'honorer, à un horrible dévergondage de sons ; mais, si ces musiciens sont de mauvais exécutants, ils observent au moins très-scrupuleusement les pratiques extérieures du culte ; car, lorsque les tintements de l'*Angelus* viennent les surprendre au milieu des étranges licences qu'ils se permettent, ils interrompent leur bruyant et risible charivari pour réciter la sainte oraison, ainsi que le font tous les promeneurs au pieux son de la cloche des couvents.

Pendant le court séjour que nous avons fait à Macao, le temps ne nous a guère favorisés ; la pluie ne cessait de se mêler à un vent très-violent du sud-ouest ; puis nous subissions des grains épouvantables, et je crus un instant qu'un typhon allait se déclarer. Les typhons éclatent rarement dans le mois de mai ; quand ils éclatent, ils causent de grands ravages pendant cette saison.

Le samedi 23 mai 1846, à midi, nous appareillâmes malgré les grains ; nous avions la marée fovorable ; je fis gouverner pour passer dans le nord des îles Ladrones et pour sortir par le chenal de Lema. Ce passage, bien qu'il soit peu fréquenté, est sûr ; seulement on doit se défier des petites îles et d'un rescif qu'on laisse à l'abord. Il offre l'avantage de pouvoir mouiller, en accostant un peu les Ladrones ; si le calme vous surprenait, les bons mouillages, que fréquentent des pêcheurs, n'y sont pas rares, mais il faut toujours se tenir sur ses gardes, de peur d'être investi par des pirates. Un Chinois, dès qu'il se sent le plus fort, se transforme tout à coup en voleur sur terre et en pirate sur mer. Ainsi, l'on doit s'attendre à une visite peu agréable de la part des Chinois qui montent les grands bateaux pêcheurs que l'on voit pulluler près des côtes, si

13.

vous êtes arrêtés par des calmes près de ces bateaux, dont
les équipages sont toujours très-nombreux.

J'ai oublié de dire que mon équipage avait fait une re-
crue à Macao.

Le jour même de notre départ, aux premiers rayons du
soleil, Timao était venu me trouver et m'avait instamment
prié de l'emmener avec nous. Comme je n'avais eu qu'à
me louer de mes relations avec le Lascar, je ne fis aucune
difficulté pour lui accorder ce qu'il me demandait. Je n'ai
eu par la suite qu'à me louer de cet acte de condescendance, qui, au demeurant, n'était que la contre-partie de
ce que le Lascar lui-même avait fait pour moi. Seulement,
la tristesse que j'avais remarquée sur sa figure en descendant le Chou-Kiang était devenue chaque jour plus intense, et son seul bonheur à bord du *Joseph-et-Claire*
était de se mêler à nos matelots et de prendre part à la
manœuvre.

Sidore Vidal était aussi à bord et toujours exact à son
service. Mais, à l'inverse de Timao, Vidal ne laissait voir
que l'épanouissement du bonheur. Cependant sa femme
était restée à Macao. Elle devait nous rejoindre à Emouï, où
j'avais promis de régler l'affaire de son installation à
bord de notre navire, ce qui nécessitait quelques précautions.

Bien que le temps fût très-brumeux dans le sud-ouest,
et que des îles Ladrones, près desquelles nous passions,
nous vinssent des rafales, nous avions mis toute notre
voile dehors. Aussi, à cinq heures trente minutes étions-
nous nord et sud avec la pointe est de la dernière des îles
Lema. Le lendemain matin, nous avions déjà fait presque
la moitié du chemin de Macao à Emouï, quand le vent du
nord-est souffla grand frais et dura jusqu'au 2 juin. Pendant
ce temps-là, nous nous approchions souvent de la côte pour
profiter des marées favorables, et je me serais souvent dé-

cidé à mouiller pour étaler des marées contraires, au lieu
de prendre le large, si cette côte m'eût été mieux connue.
Cependant, bien que plus d'une fois nous ayons été obligés de prendre la cape courante, nous n'avons jamais
perdu de chemin, et chaque jour nous gagnions un peu
dans le vent. Les points de cette côte que nous avons le
mieux reconnus sont les terres à l'ouest du cap de Bonne-
Espérance, le cap de ce nom, qu'il ne faut pas confondre
avec celui des Tempêtes, la baie entre ce cap et l'île de
Namou, et les îles des écueils de *Lamock*.

Le 3 juin, au moment où l'aube se levait, j'aperçus dans
le nord-ouest l'île de Tary-Ti ou la *Chapelle*, qui, sans une
petite erreur du chronomètre, aurait dû nous rester dans
l'ouest-nord-ouest. Je fis sur-le-champ venir sur l'abord,
parce que j'aimais mieux, à cause des vents du sud-ouest,
la laisser à tribord. Là, j'aurais pu prendre un pêcheur
pour pilote; mais, comme j'avais le plan d'une partie de
la baie et du port d'Emouï, je préférais y entrer sans avoir
recours à un pilote chinois. A neuf heures quinze minutes,
nous étions sous son travers, et nous apercevions le port
par une ouverture qui traverse l'île dans la direction de
l'ouest-sud-ouest à l'est-nord-est. A dix heures, nous étions
par le travers de l'île de Gonou, où mouillent les cléapers
ou marchands d'opium.

Peu à peu nous passions très-près de la roche à fleur
d'eau, appelée *Cheou-Chaou*, que nous laissâmes à bâbord.
On peut aussi passer entre Gonou et le Cheou-Chaou, mais
il y a quelques chances à courir, bien qu'il s'y trouve quinze
et même seize brasses d'eau, et que le passage ait environ
deux milles de largeur. Après, nous nous avançâmes entre
la petite Gonève et la plus petite des Ladrones, qui est aussi
le plus à l'ouest d'une chaîne de cinq autres îlots, gisant
dans une direction de est-nord-est et ouest-sud-ouest
à peu près. A onze heures le calme nous reprit; la marée

nous était contraire ; nous mouillâmes par un fond de neuf brasses de vase noire. La petite île dont j'ai parlé restait donc au sud-sud-est, et la petite Gonou ou Chena au sud.

De là, nous pûmes découvrir une partie du port d'Emoui et les jonques qui y étaient amarrées. A trois heures de l'après-midi, nous appareillâmes avec une petite brise du nord-ouest ; mais le soir, à cinq heures trente minutes, le calme nous reprit à une petite distance de la côte de l'île d'Emouï, vis-à-vis un petit village, bien près d'une blanche ligne de remparts qui descend le long du flanc de la montagne, et nous mouillâmes par onze brasses, fonds de vase. C'est là que nous passâmes la nuit.

Trop de récifs abondent sur ces côtes pour qu'un navire puisse impunément s'y hasarder la nuit ; et encore ces récifs ne sont pas les seuls dangers qui menacent la navigation dans ces parages. A toute heure on entend des cris qui ressemblent à des appels de pirates, on aperçoit des lumières qui ressemblent à des signaux, et l'on se croit sans cesse sur le point d'être attaqué. Ce ne sont pas, cependant, des embarcations qui courent ainsi sur la mer, faisant briller des lumières trompeuses et poussant des cris. Les lumières sont des phosphorescences, et on n'y ferait point attention au milieu de l'Océan ; les cris sont les hurlements d'un oiseau de nuit, dont j'ignore le nom et que je n'ai rencontré que sur les côtes du Fou-Kien et de Ning-Po. Cependant, comme rien n'échappe à l'œil oblique d'un Chinois en maraude, je ne conseillerai jamais à un navire, prévenu de l'innocence de ces cris et de ces lumières, de s'endormir dans une complète sécurité ; il pourrait parfaitement être victime d'un excès de confiance. Le parti le plus sage, en pareil cas, me paraît être celui que nous prîmes. Nous jetâmes l'ancre dans un fond convenable, et, mes sentinelles placées à l'arrière, à l'avant, dans les

vergues, nous nous condamnâmes, le capitaine Caillet et
moi, à monter la garde chacun à notre tour. De la sorte,
le soleil chinois nous trouva debout, et nous pûmes le saluer
quand il éclaira de ses rayons d'or la cime des collines
verdoyantes du Fou-Kien.

Le lendemain, une brume assez épaisse nous dérobait
en partie les objets ; mais comme la marée était favorable
et que j'avais à bord un pêcheur pour m'indiquer la passe
du port, j'appareillai. Je ne comprenais pas le langage de
ce pilote, et sa bêtise était telle, qu'il ne savait pas même
se faire entendre par des signes ; il me regardait avec ses
yeux obliques et pleins d'une expression craintive. Force
me fut de ne me fier qu'à moi-même, et bien fis-je.

Au reste, et je suis encore heureux de le dire, car on ne
saurait jamais assez rendre justice à qui de droit, ce qui
me détermina dans cette dernière circonstance, ce fut encore un signe de Timao. Cet homme étrange m'était entièrement dévoué, et, malgré l'affreuse mélancolie à laquelle
il était en proie, il veillait sur nous, durant cette navigation périlleuse et toute nouvelle pour moi, avec une affection touchante. Depuis que nous avions à bord le pêcheur
chinois qui devait nous servir de pilote, Timao, nonchalamment couché sur un rouleau de câbles et fumant sa pipe
d'un air insouciant, ne quittait pas cependant notre homme
des yeux, et, deux ou trois fois, à ce qu'il nous raconta
plus tard, il crut distinguer sur sa figure, qui, à nous,
paraissait si craintive, la joie infernale d'un crime couronné de succès. De pareilles aventures ne sont pas rares
dans ces parages, toujours peuplés d'embûches, et au milieu d'une nation faible, timide, qui considère comme
vertu le crime qui peut donner la mort aux barbares et les
empêcher de pénétrer sur la terre sacrée. La cervelle d'un
Chinois, même des derniers rangs de la population, est
toujours pleine de ruses, et elles sont toutes bonnes lors-

qu'il s'agit de se défaire d'un ennemi. Or, tout étranger à
la Chine est un ennemi pour les Chinois. Il n'y avait
qu'une juste prudence à se défier de notre pilote, et sous
sa face stupide il pouvait bien cacher un grand fonds de
finesse et sa peur recéler une grande scélératesse.

Guidé par l'œil brillant de Timao, je fus assez heureux
pour m'apercevoir à temps du danger que nous courions,
et aussi pour empêcher un meurtre; car, tout en me regardant, le Lascar caressait d'une main nerveuse le pom-
meau luisant d'un poignard. Je n'avais qu'à faire un signe,
et aussitôt le Lascar se levait comme une bête fauve, et
c'en était fait du Chinois. Heureusement pour nous, je fus
avisé à temps, et nous n'eûmes pas à recourir à cette terrible et fâcheuse extrémité.

Je reprends mon récit.

Ce pilote, si je l'eusse laissé faire, nous ménageait un
triste naufrage.

Dès que j'eus pris le gouvernail, je passai près des jonques, à une très-petite distance, et j'évitai ainsi la roche
qui occupe le milieu du passage, et sur laquelle le Chinois
nous aurait jeté. Un de mes matelots, extrêmement facé-
tieux, ne faisait que rire au nez de ce pilote chinois, et
me proposait de le mettre dans un tonneau d'eau-de-vie,
afin de le conserver dans un état qui lui aurait permis de
garder le nom de sa nation. Sur cette roche que nous évi-
tâmes, le fond n'a que deux brasses et demie de pleine
mer; quand on est par son travers, les remous vous la signalent; mais en s'approchant un peu plus de la côte
d'Emouï que de celle de Kolong-Su, au sud-ouest d'E-
mouï, et qui forme avec celle-ci le port, on est sûr d'éviter
cette roche dangereuse.

Comme la brise était faible et que la marée descendait,
nous mîmes tout dehors pour gagner sur le courant. Enfin, à neuf heures et demie la brise fraîchit, et nous pûmes

mouiller par trois brasses d'eau, et nous nous affourchâmes jusant et flot. Ce n'était pas un mauvais mouillage, mais le meilleur se trouve dans la partie nord-ouest, c'est-à-dire tout à fait dans le haut du port, au milieu du courant, et relevant la pointe nord de Kolong-Su, au sud-ouest à peu près. On peut entrer dans le port par la passe du nord-ouest, et quelquefois ce passage doit être préféré, parce que moins de jonques l'obstruent; mais, dans ce cas il faut éviter de s'approcher de la côte ouest de Kolong-Su, et l'on devra donner du tour à la pointe nord, à cause des récifs en grand nombre que découvre la marée basse. Le courant se manifeste avec beaucoup de force dans le port, lors des marées des syzygies, et la mer y monte, pendant ces marées, de dix-neuf pieds.

Je signale d'autant plus volontiers tous ces dangers maritimes, que, jusqu'à ce jour, peu de navires européens sont entrés dans le port d'Émouï. Moi-même je n'avais pour me guider que mon expérience générale et une assez mauvaise carte anglaise dont je m'étais muni à Macao, et sur laquelle j'ai relevé mainte inexactitude. Dans les circonstances où je me trouvais, mon devoir me faisait quelquefois de dures obligations; il me fallait tout tenter pour atteindre le but; mais j'en ai retiré cette conviction que tout marin intelligent peut se tirer de quelque mauvais pas que ce soit, lorsqu'il saura choisir son équipage et l'augmenter à propos et avec discernement avec des gens du pays. Ainsi, il est hors de doute pour moi que, sans Timao, nous nous brisions misérablement contre la roche d'Émouï. Timao fut ici pour moi le correctif du pilote chinois que nous avions été obligés de prendre. Livrés à nous-mêmes, nous périssions aussi misérablement qu'avec le pêcheur de la côte.

Émouï, Amoy, ou, pour mieux encore se rapprocher de la prononciation chinoise, Y-Ameï, est le grand port

marchand de la province du Fou-Kien, une de celles du
Céleste Empire qui ont le plus besoin d'approvisionnements maritimes, un des ports, par conséquent, qu'il
m'importait le plus de visiter. Il est, comme celui de Macao, situé dans une île jetée gracieusement par la nature à
l'embouchure d'une rivière, de telle sorte que les Chinois
peuvent arriver de l'intérieur par la rivière, pendant que
les étrangers viennent de la mer avec les denrées dont ils
désirent se défaire. Sur le port d'Émouï se fait le marché;
l'étranger regagne la haute mer, et le Chinois rentre dans
l'intérieur de son pays inabordable. L'étranger n'a pas
foulé le sol sacré, et ses marchandises approvisionnent
tous les bazars du Fou-Kien. La nature n'a jamais eu que
de ces attentions-là pour la Chine.

Cependant un autre caractère qui distingue les habitants de cette province, et qui ferait volontiers croire que
les approvisionnements ne sont jamais en assez grande
abondance, est la manie d'émigration qui possède, à un
degré plus ou moins éminent, tous les Fou-Kiennois. Nulle
province du Céleste Empire n'envoie à l'étranger autant
de ses enfants que le Fou-Kien. Les travailleurs chinois,
qui commencent à se trouver en grand nombre en Amérique et dans toutes les colonies européennes, où ils remplacent avantageusement les esclaves nègres, sont tous de
la terre ingrate du Fou-Kien. Ils sont encore Fou-Kiennois
tous ces industriels, tous ces artisans qui abondent dans
les îles de la Malaisie et jusque dans toutes les possessions
anglaises des Indes. Or, pour qu'un Chinois s'expatrie, il
faut l'en croire; car jamais peuple n'a plus tenu à sa terre,
à ses mœurs, à ses usages, à son costume, à sa langue,
à tout ce qui enfin peut constituer une nationalité.

Ce n'était donc pas, on le voit, sans motif, au hasard,
comme on fait trop souvent, que j'allais tenter des aventures commerciales dans le port d'Émouï. En m'aventu-

rant dans les parages du Fou-Kien, j'avais un plan bien
mûri, bien arrêté à l'avance, et j'espérais, la Providence
aidant, pouvoir établir sur les places encore inexplorées
par le commerce européen des institutions analogues aux
vieilles hanses, qu'auraient certainement protégées des
marchands chinois, comme les marchands hanistes de
Canton favorisaient le commerce des factoreries. Au reste,
toutes ces idées n'étaient encore pour moi qu'un puissant
stimulant de tout voir, de tout observer avec la plus
scrupuleuse attention. Aussi vais-je faire pour Émouï ce
que j'ai déjà fait à propos de Macao et de Canton.

Quand, après avoir rasé les côtes du Kouang-Toung et
du Fou-Kien, fendant les flots de la mer de la Chine dans
la direction du canal de Formose, et qu'on arrive ainsi
devant l'île de Tang-Ti, en venant du large, cette île
se montre d'abord dans la forme d'un cône tronqué, dont
la base supérieure présente à l'œil l'apparence d'une moitié de sphère. Cette terre vous barre le passage, et force
vous est de la remarquer. On doit lui rendre cette justice
que ses côtes sont loin d'être inhospitalières. On peut l'approcher de très-près d'un bord comme de l'autre. Quand
le temps est brumeux, et malheureusement pour les navigateurs ce cas n'est que trop fréquent, car dans ce pays les
brouillards obscurcissent le ciel comme à Londres, cette
île paraît complétement isolée, et on la voit bien longtemps
avant que toute autre terre se montre à l'horizon ; mais
quand, par un heureux hasard, le soleil a percé ces larges
couches de brume et chassé dans un lointain infini ces épais
nuages qui obscurcissent l'azur du firmament, il est permis à l'œil de saisir les points de la côte qui se dessinent
de toutes parts de la façon la plus pittoresque. Alors on
distingue avant tout, à l'ouest de l'île, une assez haute
montagne conique qui coupe l'horizon et répand sur tout
le pays des teintes nuancées de ces mille couleurs claires

14

qui sont le charme des perspectives d'un paysage. Jamais
intérieur de terre ne se montra plus ravissant aux regards
étonnés et curieux des voyageurs. Et cependant combien
peu d'Européens ont, jusqu'à ce jour, visité ces parages!
Chaque année d'innombrables caravanes partent pour voir
les lieux cent fois décrits dans tous les livres, aucune ne
songe à venir rendre hommage à ces paysages admirables
et vierges encore de notre admiration occidentale.

Puis, après ce premier tribut payé à la beauté du
spectacle, l'œil cherche encore, après avoir contemplé l'ensemble, à fixer les détails, et alors il aperçoit deux petites îles rondes près de la côte. On dirait deux champi-
gnons roses poussés brusquement à l'aube et sous la douce
influence de la rosée du matin au pied d'un chêne. La mer
d'azur qui les a vues naître les enlace de vagues cares-
santes, et l'on se prend à envier le bonheur des heureux
propriétaires qui passent leur vie doucement sous les élégantes constructions chinoises, dont on voit reluire les
tuiles étincelantes au soleil à travers les éclaircies de verdure.

L'île de Gosson est peu élevée ; une ligne de sable blanc
la coupe diagonalement; dans sa partie nord-est, elle présente deux éminences que sépare une dépression de terrain qui doit former une vallée délicieuse dans les beaux
jours de l'année; sa partie sud-ouest, moins favorisée,
n'offre qu'une hauteur.

Le port d'Emouï, ce port où venait d'entrer le *Joseph-
et-Claire*, le seul navire de Marseille qui l'eût visité depuis
les beaux jours du capitaine Marchand et des maisons
Élysée Baux et Roux Ier, ce port où se pressent des milliers de jonques venues de toutes les parties de l'empire
et de toutes les îles qui sont en relations permanentes de
négoce avec la Chine, est formé par une portion de la partie sud et sud-ouest de l'île d'Émouï et la partie nord de la

petite île de Kolong-Su, dont les Anglais s'étaient emparés
pendant la dernière guerre, et d'où ils firent pleuvoir sur
la ville une grêle de bombes. Ils y avaient établi leur
quartier général, et il leur eût été difficile d'en trouver
un plus avantageusement situé pour le but de destruction
qu'ils se proposaient d'atteindre. Aussi ont-ils réussi pleinement, et la terreur qu'ils ont inspirée était encore telle
quand nous passâmes dans ces contrées, que souvent, dans
les excursions que je tentais à l'intérieur avec le capitaine
Caillet, j'ai vu les habitants des campagnes s'enfuir en
toute hâte à notre approche, nous prenant pour des Anglais. La largeur du port est au moins d'un mille, et ce bassin ne paraît pas trop vaste quand on voit sans cesse s'agiter à sa surface une forêt de mâts. Les nombreuses jonques
qui l'encombrent dans toutes les saisons sont amarrées du
côté d'Émouï, et les navires étrangers sont affourchés dans
le milieu du courant, de telle sorte que là encore cet ordre
et cette régularité parfaite que l'on rencontre partout en
Chine ont, dès le début de nos relations, présidé à cet
arrangement. Un fois entrés dans le port, les navires sont
à l'abri de tous les vents, et la mer n'y devient jamais
grosse ; la houle même ne s'y fait pas sentir.

Voulez-vous maintenant vous faire une idée exacte de
la ville d'Émouï? Figurez-vous un immense amas de maisons, toutes uniformément construites à un seul étage, qui
reste destiné à l'habitation, pendant que la partie inférieure
est universellement occupée par des magasins, où se vendent toutes sortes de marchandises ; ces maisons se dérou-
lent le long de rues extrêmement étroites, où le soleil, bien
que les maisons aient très-peu d'élévation, ne pénètre que
rarement. Ces rues restent éternellement humides ; elles
sont pourtant pavées en longues dalles de granit rosat,
fort dur et d'un très-beau grain, qui se trouve en très-
grande abondance dans toutes les montagnes du Fou-Kien;

une malpropreté qui affecte aussi désagréablement la vue
que l'odorat y règne avec une intensité repoussante. Les
seuls édifices qui peuvent arrêter un instant le regard, au
milieu de ce pêle-mêle confus, sont des chapelles où les
Chinois rassemblent les images grotesques des dieux du
bouddhisme et du chamanisme. Je ne parle point ici de
ces grandes pagodes qui seraient de beaux monuments
dans tous les pays du monde, et qui font honneur à l'architecture chinoise ; les chapelles dont je parle ici sont de
petits édifices qui viennent brusquement couper la monotonie de la perspective en offrant à l'œil ces gracieux clo-
chetons et belvédères que l'élégance chinoise prodigue
partout où elle pénètre. Ces chapelles ressemblent, pour
la destination, à un temple domestique que les habitants
d'un quartier élèveraient à frais communs afin de pouvoir
plus commodément s'acquitter de leurs devoirs religieux.
Je dois dire que si leur architecture a conservé quelque
chose de ce pittoresque qui distingue partout les *miaos* sacrés, c'est le seul trait qui distingue ces constructions des
maisons qui les environnent. Autour d'elles, à l'extérieur
et dans les salles intérieures, règne la même malpropreté
que dans le reste de la Chine. La saleté est partout, en
Chine, à l'ordre du jour, et ce qui achève de le prouver,
c'est ceci : les fosses d'aisance, d'où il ne peut s'élever que
de nauséabondes et malsaïnes exhalaisons, s'ouvrent dans
chaque rue ; c'est ce qui donne le dernier trait à la physionomie fétide d'une ville chinoise.

On rencontrerait difficilement une population plus active, plus dense, plus sale, que celle d'Emouï ; la nécessité du travail tient tout le jour sur pied ces Chinois, qui
me paraissaient les gens les plus affairés du monde. Je ne
vis point d'oisifs. Tous ces individus à longues queues ont
l'air de faire partie d'une vaste fourmilière qui s'agite
sans cesse, se démène pour conquérir une mauvaise pi-

tance. La plus grande activité règne aussi dans ces magasins où l'on entasse les marchandises fabriquées à Tchang-Tcheou, ville très-peuplée et située dans l'intérieur, sur les bords du fleuve dont l'embouchure est voisine d'Émouï.

Quinze lieues séparent cette dernière ville de Tchang-Tcheou, qui, malgré sa population nombreuse, n'est qu'une ville de second ordre. En Chine, la population abonde tellement, qu'il n'est pas rare de rencontrer de simples chefs-lieux de district plus peuplés que bien des capitales de notre Europe. Dans le Fou-Kien, la capitale de la province est Fou-Tcheou, une des villes les plus importantes de tout l'empire. Elle est renommée par son élégance, la beauté de son ciel, la douceur de son climat, l'exquise politesse de ses mœurs, l'urbanité de ses habitants. Après elle, les villes les plus importantes de la province sont Tsiuen-Tcheou, Hing-Hoa, Ting-Tcheou, toutes de même ordre que Tchang-Tcheou ; mais celle-ci l'emporte sur les autres, grâce au voisinage d'Emouï, à laquelle elle sert d'entrepôt pour le commerce avec l'intérieur de l'empire. L'importance de Tchang-Tcheou, et qui tend même à prendre chaque jour un nouvel accroissement, prouve une fois de plus cette vérité que j'ai si souvent énoncée, à savoir que les Chinois ne sont pas aussi éloignés qu'on a bien voulu nous le faire croire d'entrer en relations avec les étrangers. Le grand obstacle viendra, pendant longtemps encore, de la domination tartare et de la grande centralisation du pouvoir dans les ministères impériaux. Pékin, avec son pouvoir immense, arrête tout développement, tout essor qui, dans un temps donné, pourrait constituer un affranchissement de domination. Et c'est vraiment à regretter, quand on voit l'activité déployée par les Chinois dans une ville, cette activité à laquelle on ne peut comparer que le travail d'une ruche.

Dans les rues, les seuls oisifs sont ceux que la gale dé-

14.

vore, au point que toute force leur est enlevée par cette
maladie, dont le Céleste Empire est si cruellement affligé ;
on se heurte à des porteurs d'eau, à des perruquiers, à des
marchands ambulants, à des balayeurs de rues ; mais tous
ces gens ont beau crier sur tous les tons leurs marchandises, offrir à plein gosier leurs services, se démener, porter, traîner les fardeaux, nettoyer les rues, éventrer des
ballots, décharger des colis, agiter des rames, raser en
plein air des mentons et des têtes, vous asphyxier avec la
fumée de leurs foyers portatifs où cuisent de fabuleux
aliments, la misère ne les harcèle pas moins, malgré le
bon marché des vivres. Avec une piastre d'Espagne, on
peut employer dix travailleurs, sans que vous soyez obligé
de les nourrir, et ces travailleurs prennent à peine une
heure de repos.

Mais que de Figaros chinois ! Nulle part le rasoir ne fonc-
tionne aussi vite, aussi souvent et aussi dextrement. Les
barbiers forment, à coup sûr, la classe la plus nombreuse
des artisans chinois ; ces barbiers n'ont pas de boutiques ;
ils exercent en plein air leur métier, et font vibrer un
ressort d'acier qu'ils portent à la main, pour annoncer leur
approche. A peine un Chinois leur demande-t-il leur ministère, qu'ils l'installent sur un escabeau, mettent une
petite glace dans sa main, afin qu'il puisse suivre d'un œil
satisfait tous les détails de sa toilette, et déploient leurs
rasoirs. Ce barbier commence par fixer sur la tête la longue queue qui donne à un Chinois un air moitié animal,
moitié stupide, et se met à raser le crâne ; puis vient le tour
de la barbe ; ensuite, pour que la peau du dessus de la tête
et celle du menton acquièrent le poli de l'ivoire, le perru-
quier promène, en divers sens, une foule de rasoirs de dimensions différentes sur les surfaces qui lui sont livrées,
et passe après aux minutieux détails de cette toilette capil-
laire. Il poursuit le poil, à l'aide de petits rasoirs bien

effilés, dans tous les orifices de la figure, dans l'intérieur
des narines, dans celui des oreilles, sur les marges des
paupières, puis il nettoie soigneusement tous ces orifices,
peigne, lisse la longue queue, cette queue destinée à subir bien des affronts dans les disputes, et pour l'allonger
davantage, comme si la considération en Chine se mesurait
sur le prolongement de cet appendice risible, y entremêle
de petits cordons de soie, ordinairement noirs ou rouges,
qui servent aussi à arrêter la tresse. Tout cela est fait très-
rapidement, et tout cela coûte vingt ou vingt-cinq casches.
Il faut douze cents casches pour faire une piastre d'Espagne.

D'après la modicité du prix de cette main-d'œuvre,
qu'on juge de la difficulté, je n'ose pas dire de l'impossibilité où se trouve un artisan de ce pays d'arriver jamais,
non pas à la fortune, mais seulement au bien-être; car
tout est à l'avenant des barbiers. Dans ces contrées où la
population regorge, les hommes industrieux sont, par la
force même des choses, conduits à s'expatrier en vertu
de cette loi de nature qui pousse toutes les intelligences à
s'affranchir du joug de la faim. Aussi, je le répète, c'est
du Fou-Kien principalement que partent toutes ces colonies de Chinois qui vont s'établir partout où le contact européen a fait arriver à un tarif raisonnable le prix des
mains-d'œuvre. Et qu'on ne croie pas que les hommes qui
abandonnent ainsi famille, terre natale, habitudes con-
tractées dès le berceau, soient le rebut de la population.
Loin de là. Souvent c'est l'élite d'une corporation qui
puise ainsi dans sa misère même le courage de son émigration volontaire.

Maintenant, si le voyageur curieux tient à voir le com-
plément du triste tableau que je viens de tracer et à l'embrasser minutieusement jusque dans ses moindres détails,
qu'il se retourne, et de toutes parts ses yeux rencontreront, au milieu de cette foule affairée, des marchands am-

bulants qui, au risque de vous blesser, portent, suspendues aux deux extrémités d'une barre légère et plate,
posée en équilibre sur une épaule, les marchandises qu'ils
crient à tue-tête ; ils rencontreront aussi ces autres industriels parfumant l'air des vapeurs de leur cuisine portative,
stationnant aux abords des rues et sur les quais, et ces
Chinois affamés qui se précipitent vers ces restaurateurs
en plein air, pour recevoir, au prix de quelques casches,
leur grossière pitance et la boisson économique dont ils
l'arrosent.

Voilà pour ce qui regarde la population terrestre, mais
pour les villes chinoises bâties près de la mer et des fleuves, il y a toujours une population aquatique. A Emouï,
cette dernière population encombre les jonques et les bateaux rangés le long des quais. Le port regorge de navires ; les jonques ne font, la plupart, qu'un voyage dans
l'année, beaucoup même n'en font qu'un tous les deux
ans ; elles se rendent alors, soit dans le nord de la
Chine, soit à Sincapour, à Pinang, à Calcutta ; puis elles
rentrent au port d'armement pour ne le quitter que lorsque de nouveaux besoins l'y contraindront. Il en est de
même pour tous les bateaux qui font le cabotage.

Celui à qui appartient la jonque ou le bateau, et même
les patrons des grands bateaux pêcheurs, naviguent avec
toute leur famille, et à bord tous travaillent, femmes, enfants, domestiques. Les femmes des patrons traitent très-
durement leurs pauvres servantes, que l'on achète ordinairement à leurs parents, bien aises de réduire, par ces
ventes immorales, les dépenses de nourriture que leur
coûtaient ces filles, ainsi livrées à des étrangers.

Rien n'est plus facile que de se procurer ainsi des servantes chinoises, et des Anglais établis maintenant en
Chine en profitent largement pour en meubler à profusion
leurs maisons de ville ou de campagne. et, selon leurs ca-

prices, ils les gardent ainsi à l'état de servantes, ou les
élèvent au rang de maîtresses. Rien n'est plus commode
que cette manière de vivre. Ces pauvres filles sont d'une
obéissance aveugle et toujours prêtes à satisfaire les fantaisies de qui les a achetées, de qui les nourrit. Les maîtres s'en délivrent à leur gré, moyennant quelques cadeaux, quand ils veulent renouveler le personnel de leurs
harems. Le climat asiatique ne conseille que trop les plus
dégradantes immoralités.

Cette population aquatique échappe plus facilement que
celle des terres à la vigilance, d'ailleurs fort somnolente,
des mandarins.

En Chine, point de registres de l'état civil ; aussi, rien
de plus aisé pour un Chinois que de quitter son pays, malgré les édits sévères qui le lui défendent, de s'expatrier,
quand vient la mousson de nord-est, de revenir voir de
temps en temps sa famille, et de retourner au lieu de son
exil volontaire. Les mandarins ne s'aperçoivent de rien,
ou ferment les yeux. Je suis cependant plus porté à croire
à leur ignorance qu'à leur complicité passive. Ils n'ont pas
su, à coup sûr, qu'au moment de mon départ d'Emouï
j'ai embrigadé une centaine de Chinois pour les transporter à Bourbon. Il ne m'a pas été possible de reconnaître
une seule fois l'action de la police chinoise ; à peine si j'ai
aperçu quelques voleurs à la cangue, mais, pendant tout
mon séjour, je n'ai jamais ouï parler de meurtre, de viol,
ni aperçu des agents de l'autorité au milieu de cette immense population.

Le spectacle de la prostitution ne révolte pas, en Chine,
les regards, comme il le fait dans bien des villes d'Europe,
et cependant il ne faut pas croire que la Chine, même dans
ses plus petits recoins, soit dépourvue de cet accessoire
obligé de toute agglomération de population. Mais ici on a
relégué cet exutoire dans les points les plus reculés de la

ville et dans des maisons dont il faut savoir d'avance la destination pour les reconnaître. D'ailleurs la facilité de mœurs, la commodité du mariage, l'asservissement inté- rieur de la femme, rendent dans ce pays de semblables établissements bien moins utiles et bien moins nécessaires que dans le nôtre. J'ai toujours remarqué que la prostitu- tion ne marchait le front levé que dans les contrées où le mariage sonnait l'heure d'asservissement du mari. Les jeunes hommes reculent ce moment le plus qu'ils peuvent, et cependant, comme la nature a ses lois et ses besoins, ils recourent à cet exutoire obligé de leur tempérament libidineux.

Le jeu est la passion dominante des Chinois ; à peine l'ouvrier a-t-il touché son modique salaire, qu'il court le jouer aux dés ou à la *marelle*, sans s'inquiéter s'il lui res- tera de quoi se nourrir. A la vérité, leur nourriture est à peu près fantastique : une demi-pinte de riz, un morceau de poisson salé, quelques légumes bouillis, apaisent la faim de l'ouvrier chinois, qui avale ensuite de l'eau pour étancher sa soif.

VIII

En terminant le précédent chapitre, j'ai glissé assez légèrement sur la passion des Chinois pour le jeu ; c'est une
rage, une fureur, qui met dans un curieux contraste leur
sordide avarice. Au reste, ce ne sont pas seulement les
Chinois de la basse classe qui sont ainsi atteints de la manie aléatoire. A Emouï, c'était tout le monde ; j'avais remarqué moins de passion à Canton et à Macao. En voyant
dans ce port du Fou-Kien tout le monde possédé du dé-
mon du jeu, malgré moi je pensais à ce que les écrivains
romains ont dit de nos pères les Gaulois : « Ils sont si
joueurs, que lorsqu'il n'ont plus d'autre enjeu, ils ha-
sardent volontiers leur vie sur un coup de dé. » Cette parole de l'antiquité peut parfaitement s'appliquer aux Chinois d'Emouï. Grands et petits, ouvriers et marchands, tous
sont joueurs, mais joueurs effrénés. Aussi aucun peuple ne
possède peut-être autant de moyens de satisfaire sa passion
dominante ; aux Chinois tout est bon pour le jeu, pourvu
qu'il puisse établir une chance favorable et une chance
contraire qui s'équilibrent à peu près. Les jeux qui parmi

nous sont laissés à l'enfance, le Chinois de tout âge les pratique, et avec frénésie. Cela ne l'empêche pas d'avoir, comme nous, des jeux plus relevés, où un heureux caprice du sort peut doubler une fortune en un instant, et en un instant aussi un caprice fatal la faire perdre. J'ai vu des maisons à Emouï qui feraient le digne pendant de nos tripots les plus éhontés, et, chose qui m'a surpris, j'ai retrouvé dans la langue de ces joueurs de l'extrême Orient les mêmes expressions pittoresques et figurées qu'on remarque dans les nôtres.

Cette manie du jeu, qui coule avec le sang dans les veines de la plupart des peuples, me suggérait, à Emouï, des réflexions assez singulières sur les points de contact qu'on pourrait retrouver entre les différentes races au moyen de cette manie. J'ai beaucoup voyagé ; j'ai vu beaucoup de pays et de faces humaines, et je n'ai guère trouvé que l'Espagnol qui soit naturellement sérieux. Ses plaisirs même sont une affaire grave ; car un combat de taureaux où il n'y a point effusion de sang manque complétement son effet. Tous les autres peuples aiment les amusements joyeux : le Français rit en jouant, comme le Chinois, et l'Anglais, sous la morgue que le *cant* britannique impose à sa face roide, ne demande pas mieux, quand il est livré à son naturel, que de s'ébattre et de s'adonner au plaisir avec une gaieté bruyante. Le rire peut donc devenir un lien entre les peuples, et plus ils riront en commun et des mêmes choses, plus ils seront près de transformer en sérieuse réalité ce rêve des utopistes humanitaires, la fraternité universelle. Quant à la Chine, elle ne demande pas mieux que de rire avec nous, dès que nous aurons un peu cessé de rire d'elle et de la traiter constamment comme une farce. Ce jour arriverait demain si nous connaissions mieux les mœurs du Céleste Empire.

Les Chinois de la classe aisée montrent dans leurs rela-

tions une politesse minutieuse, et agissent avec un mélange de douceur et d'affabilité qui font au moins l'éloge
de leur éducation. Quand ils vous reçoivent dans leurs
maisons, il n'est sorte de prévenances qu'ils ne vous prodiguent; les femmes, qui, pour paraître plus blanches, se
couvrent la figure d'une sorte de blanc de céruse, ce qui
altère de bonne heure la fraîcheur de leur teint et fait
quelquefois ressembler leurs visages à des masques de
plâtre, évitent soigneusement la vue de l'étranger, mais
seulement quand elles craignent d'en être aperçues. Cela
tient autant aux préjugés de leur pays qu'à une excessive
et enfantine timidité. Car, lorsque parfois elles s'imaginent pouvoir se dérober aisément aux regards, à la vérité
trop interrogateurs, de l'étranger, elles ne se gênent
guère pour faire de lui l'objet du plus minutieux examen,
pour le parcourir de la tête aux pieds et pour se commu-
niquer à voix basse, et se trahissant quelquefois par de petits rires railleurs qui s'échappent de leurs lèvres pincées,
les réflexions que leur suggèrent la couleur, la physionomie, la taille, le costume de l'individu soumis à la mi-
croscopique observation de la curiosité des dames chinoises. Cette curiosité, fort innocente, a souvent pour
elles de fort graves inconvénients. Peu de natures sont
aussi inflammables que celles du beau sexe dans le Céleste
Empire. C'est ainsi qu'on a vu souvent des femmes de
mandarins s'éprendre subitement d'une passion violente
pour des officiers des marine européenne pendant une
visite que ceux-ci rendaient au haut fonctionnaire chinois.
Et qui pourrait dire alors les infortunes de ces pauvres
recluses qu'aucune distraction ne saurait consoler? Heureusement le Chinois, de sa nature, est trop fier pour être
jaloux. Quand les dames chinoises comprennent qu'on les
a aperçues dans le coin où un rideau mal tiré n'a pu
assez les dérober aux regards de l'étranger, elles quittent

15

précipitamment la place, et c'est un spectacle assez curieux que de voir fuir ces frêles femmes, aux petits pieds,
et imitant par le balancement de leurs bras étendus le vol
grotesque et difficile d'un oiseau de basse-cour.

Nous aimions à nous égarer dans les rues tortueuses
d'Emoüi, dans des rues où nous étions peut-être les premiers Européens qui se fussent avisés de profaner la sécu-
laire inviolabilité de ces sanctuaires chinois, et là notre
présence déterminait toujours la disparition de ces dames,
qui, surprises par nous hors de leurs maisons, se hâtaient,
effrayées et ne se soutenant que par de grands efforts d'é-
quilibre sur leurs pieds estropiés, de se dérober à l'indiscrétion de nos regards. Ce nous était un spectacle fort
curieux et qui toujours nous réjouissait. Aussi cherchions-
nous toutes les occasions de le faire naître.

La Chinoise des classes aisées sautille plutôt qu'elle ne
marche; on sait que dès qu'elle vient au monde on entoure ses pieds de bandelettes qui en empêchent le développement, au point que ces pieds féminins, dont les
doigts se replient, ne forment plus qu'une masse compri-
mée et réduite en boule. Est-ce la vanité ou la jalousie qui
a inventé cette absurde et cruelle mode? J'inclinerai plutôt
à croire que la jalousie l'a imaginée pour condamner les
femmes à une immobilité qui pût diminuer, pour un mari,
les chances d'une trahison si redoutée par les Asiatiques,
et qu'ensuite la mode est venue à la faire accepter avec
plaisir par les dames chinoises, pour qui elle est un signe
de distinction et, pour ainsi dire, de noblesse, ou du moins
la preuve visible qu'elles sont dispensées de chercher leur
existence dans le travail. Les femmes du peuple ont les
pieds comme ceux des Européennes, et peut-être, tant la
vanité est puissante, portent-elles, malgré leur liberté de
locomotion, envie à ces dames qu'elles voient sautiller
disgracieusement, et jettent-elles un regard de mépris sur

leurs propres pieds, dont aucune barbare contrainte n'a altéré et grotesquement défiguré la forme.

Au reste, toutes les fois que des usages tyranniques viennent contrarier la nature, celle-ci se venge cruellement; car ces pieds de dames chinoises, ainsi comprimés, ainsi torturés, ainsi enveloppés d'étroites bandelettes, prennent non-seulement des amas informes de chair, mais la compression, arrêtant la circulation du sang, y engendre des humeurs fétides qui rendent désagréable pour l'odorat le voisinage d'une dame chinoise. Mais les nez des Chinois n'ont pas, il est vrai, la susceptibilité des nôtres.

Et, disons-le, car ce fait mérite une mention particulière pour quiconque désire connaître la Chine, cette mode n'est point un de ces usages des déserts que les Mandchoux ont apportés avec eux et imposés par la force lorsqu'ils ont conquis le Céleste Empire. De temps immémorial, les nobles dames chinoises ont mis leurs pieds à la torture, pendant que les dames tartares ont toujours laissé à cette partie de leur corps l'entière liberté de son développement. Aussi, dans les hautes classes, désigne-t-on celles-ci sous le nom de femmes au long pied, ce qui ne nuit en rien à leur considération. Ces femmes tartares sont même, dans les circonstances difficiles, d'une grande utilité à leurs maris, ce que ne sauraient être les femmes chinoises, à cause de leur infirmité volontaire. Aussi, comme la polygamie est dans les mœurs chinoises, comme dans celles de tous les peuples orientaux, voit-on les riches mandarins peupler toujours leurs harems de femmes de l'une et l'autre race. Celles de la race conquérante sont moins mignonnes, moins gracieuses, moins jolies, moins femmes, en un mot, que celles de la race conquise. Mais pendant que les Chinoises ne sont que d'agréables joujoux, capables seulement de donner satisfaction à tous les caprices voluptueux du maître, les autres, unissant à la science du plaisir les qualités qui per-

mettent de partager les travaux et les fatigues, deviennent
bientôt les véritables compagnes de ces hommes dont la
vie presque tout entière s'écoule dans les embarras et les
soucis des affaires et de l'ambition.

J'ai peu vu de femmes tartares à Emouï, et je me suis
expliqué cette absence presque complète par la position
de la ville et du climat. Située à la partie tout à fait méridionale de l'empire, la ville d'Emouï, à part son mouvement commercial, invite beaucoup plus les hommes aux
voluptés sensuelles du harem qu'au travail. Ensuite, son
peu d'importance relative fait qu'elle est peu fréquentée des
mandarins et des hauts dignitaires, qui lui préféreront
toujours les grands centres où ils peuvent plus aisément
se procurer toutes les jouissances qui sont nécessaires à
leur tempérament. Emouï n'en est pas moins une des villes
qui méritent, au premier rang, de fixer l'attention du
voyageur européen.

On dirait qu'un souffle du génie du *statu quo* a passé
sur la Chine et qu'il a arrêté le développement des arts, de
l'industrie, des sciences; l'esprit humain y a rencontré
une limite qu'il semble s'être promis de respecter éternellement; aussi ne se met-il pas à la torture pour ajouter au
legs des générations anciennes. Le Chinois ressemble à un
cheval de manége qui tourne toujours dans le même cercle; il a à son cou la chaîne invisible qui l'arrête au point
prescrit; il n'invente rien, ne perfectionne rien, et ce
qu'il écrit, ce qui sort de ses mains, n'est ni l'enfance, ni
le progrès, ni la barbarie, ni la civilisation; on sent que
tout cela flotte dans le plus singulier milieu littéraire ou
artistique. J'ignore ce que produira sur eux le spectacle,
maintenant assez fréquemment renouvelé, des arts de
l'Europe, celui de ces vaisseaux qui sont venus leur apporter le secret de notre force, et leur dérober le secret de
leur faiblesse stationnaire; mais ils n'ont pas, pour le mo-

ment, l'air de vouloir profiter de la puissante autorité de l'exemple; ils continuent à bâtir leurs maisons, à construire leurs jonques, comme leurs pères le faisaient à l'époque d'une date enfoncée bien avant dans la nuit des âges. Leurs vêtements, leurs meubles, leurs armes, n'ont nullement changé depuis plus de mille ans, et les obstacles que leur langue oppose à la science, et qui font qu'un très-petit nombre de Chinois appartiennent à la classe lettrée, ils ne paraissent pas sur le point de les écarter. Bien plus, ils tiennent à toutes ces choses comme nous tenons toujours à ce qui vient de nos pères. C'est peut être une infirmité de notre nature que les Chinois n'ont fait que pousser à l'excès. Aussi devons-nous être indulgents, surtout quand la réflexion aura remis sous nos yeux tous les efforts tentés parmi nous depuis des siècles par des génies de premier ordre, et que nous nous verrons encore si arriérés dans la route du progrès et de la sagesse.

On peut juger par ce que je viens de dire de ce qui fait la principale curiosité d'un voyage dans ce singulier pays. Quel étonnement ne jetterait pas, dans le monde savant, une nouvelle qui nous apprendrait qu'on vient de découvrir derrière les montagnes africaines une nation absolument semblable à la nation égyptienne telle qu'Hérodote nous l'a dépeinte! Ce serait, pour ainsi dire, la résurrection complète d'un peuple qui a disparu depuis plus de deux mille ans. Eh bien, le spectacle que donnerait ce peuple ainsi retrouvé, dans le siècle où nous vivons, et retrouvé comme un témoignage authentique des récits des plus anciens historiens du monde, de Moïse et d'Hérodote, la Chine nous l'offre. Cette ville aux maisons basses, aux rues étroites, d'une architecture fantasque, bizarrement découpée, ces costumes, ce langage, ces mœurs qui tranchent tant sur les nôtres, tout cela a aujourd'hui le même aspect, la même forme, que tout cela avait il y a plus de

15.

deux mille ans. Le temps a marché astronomiquement.
mais il n'a pas marché moralement. Nos Chinois ont même
conservé, à coup sûr, jusqu'aux airs de visage qu'avaient
leurs pères, quand vivaient les illustres contemporains de
Zerdust ou Zoroastre. Lao-Tzeu et Koung-Tzée, les grands
philosophes moralistes et réformateurs de la Chine.

Au reste, ce que je mentionne ici pour la ville d'Emouï
n'est qu'un de ces accidents familiers à tous les peuples et
à toutes les civilisations. Dans notre Europe aussi, dans
notre France même, l'on trouverait encore des provinces,
des villes ainsi arriérées dans leur architecture, des gens
arriérés dans leurs mœurs, leurs costumes, leur langage.
Mais, chez nous, cela ne serait jamais que l'exception ; en
Chine, c'est la règle générale, et le culte que tout Chinois
professe pour la mémoire et les traditions des ancêtres
suffirait pour donner une explication satisfaisante d'un
semblable phénomène. Parmi nous, les révolutions et les
bouleversements politiques amènent ces frottements universels qui sont la source des changements de mœurs. Il
n'en saurait être de même chez les Chinois, où la conquête
de tout le pays par l'invasion étrangère n'est qu'un accident.

Ainsi, la domination tartare, qui a appesanti son joug
abhorré sur cet immense pays où croupissent plus de trois
cents millions d'individus, n'a pu vaincre la force d'inertie
qui attache invisiblement le Chinois aux traditions pater-
nelles. Le barbare victorieux a été vaincu à son tour par
le Chinois policé. S'il a obtenu par la violence satisfaction
sur certains points, il a été obligé de céder sur la plupart
des autres, et de se conformer lui-même aux usages qu'il
aurait désiré proscrire. Les coutumes nouvelles que les
Tartares ont apportées sont un objet d'horreur pour tout
vrai Chinois ; il s'y soumet parce qu'il a peur, et son obéissance n'est que de la lâcheté. Mais qu'on gratte la première

écorce, et aussitôt le vieil homme reparaîtra ; qu'une occasion se présente, et il reviendra avec fureur aux usages anciens. A force de civilisation, ce peuple est presque tombé dans l'enfance ; il n'a que les apparences viriles et toutes les aptitudes de travail et de patience qui en font le peuple le plus industrieux de l'univers.

Chaque classe, en Chine, paraît entendre à sa manière, d'après des coutumes transmises de générations en générations, le culte religieux. Le peuple est à coup sûr livré à toutes les superstitions de l'idolâtrie, d'une idolâtrie dont les représentations matérielles tiennent, par bien des côtés, au vaste système sacré de l'Inde et du Thibet, qui se fusionnent ici avec d'anciennes traditions locales, pour former un amalgame religieux assez bizarre. Il en a dû être ainsi autrefois dans la Rome impériale, lorsque la tolérance romaine eut fait entrer dans son olympe toutes les divinités des nations vaincues. Il dut y avoir d'étranges confusions religieuses dans toutes ces cérémonies dont les origines étaient si diverses, et pour le peuple, qui ne pouvait démêler le dogme du symbole, il ne dut plus rester alors qu'un amas grotesque de superstitions et d'idolâtrie. Voilà, je crois, où en est également arrivé le peuple chinois, qui n'a guère le loisir d'étudier le Xan-Ti, les livres de Koung-Tzée ou le lamisme.

Les bonzes, cependant, les sectateurs de Bouddha, sont très-nombreux en Chine, et le peuple court en foule à leurs fêtes, à leurs processions. Mais les lettrés semblent avoir des notions plus élevées sur la Divinité, et s'ils admettent des dieux secondaires, ils les regardent comme des génies subalternes, des êtres intermédiaires entre l'Être suprême et l'homme. Koung-Tzée ou Confucius est honoré à l'égal d'un de ces génies ; il a des temples et des prêtres. Une des divinités que les Chinois vénèrent le plus est celle de la guerre, dont le vêtement militaire annonce les attributions. C'est sans doute par un de ces contrastes dont l'esprit humain est si prodigue, que ce peuple si timide a une vénération toute particulière pour le dieu des combats.

Quant au diable, il a aussi part aux hommages des Chinois; mais ce n'est là qu'un culte desservi par la peur et la crainte d'irriter un personnage aussi dangereux. Voici une histoire au sujet du diable, qui m'a été contée à Emouï.

Depuis quelque temps une affreuse mortalité décimait la population chinoise; l'empereur s'alarma des ravages qu'elle faisait parmi son peuple, et craignit un instant que la Chine ne fût plus qu'un désert. Un lettré, qui menait une vie irréprochable, eut l'idée d'évoquer le diable, car il pensait avec raison qu'il pouvait, sans le calomnier, le supposer l'auteur de cette effroyable dépopulation. Le diable lui apparut. On voit qu'en Chine comme chez nous l'esprit des ténèbres ne se montre jamais sourd aux appellations de l'homme. Le lettré, quand il se fut un peu remis de la première frayeur que la présence d'un pareil visiteur doit nécessairement causer, le supplia de lui faire connaître la cause de la mortalité qui s'était si grandement déclarée au milieu du peuple. Le diable chinois, à ce qu'il paraît, est aussi bon, aussi complaisant et d'aussi bénigne confiance que le nôtre. Il ne se fit pas répéter deux fois la prière du lettré qui avait consenti à se dévouer pour ses frères. Avec cette absence de malignité qu'on ne rencontrerait pas ailleurs que chez le diable dans le Céleste Empire, il releva sa robe, prit un petit paquet qu'il tenait caché sous cette robe, et, le montrant au lettré d'un air narquois, il engagea avec lui une conversation fort longue sur les vertus malfaisantes de certaines plantes et de certaines poudres. Cette conversation se termina par ces paroles remarquables :

— C'est moi, dit le diable, qui tue les Chinois, et je n'ai

besoin, pour les faire périr, que de répandre dans l'eau de toutes les rivières la poudre vénéneuse contenue dans ce paquet; quand cette poudre aura toute été employée, la mortalité cessera.

Le lettré pria alors le diable de vouloir bien lui permettre d'examiner attentivement cette poudre, douée d'une si malfaisante vertu. Le diable lui remet le paquet, et ce généreux lettré, se dévouant pour ses frères, avale brusquement toute la poudre, et meurt sous les yeux du diable stupéfait, et qui n'était pas payé pour s'attendre à cet héroïsme de la charité. Dès ce moment l'épidémie qui désolait la Chine disparut. Le lettré, devenu tout noir par l'effet de cette poudre, fut mis au rang des divinités chinoises.

J'ai rapporté cette anecdote d'autant plus volontiers, qu'il me paraît assez curieux de rapprocher ce qui se dit en Chine sur le diable et ce qui se dit dans nos campagnes. L'esprit humain, quoi qu'on dise, est toujours et partout le même, et ce qu'il ne pourra pas expliquer, il l'attribuera toujours à une puissance extra-naturelle. Le diable noir, empoisonneur des eaux, est commun en Angleterre et en Allemagne, et chez nous, quand nous subissons les ravages de quelque épidémie, c'est toujours, au dire des paysans, par suite des eaux empoisonnées. Si, en Chine, c'est encore le diable qui se charge de cette opération pendant que chez nous il a été détrôné, c'est que la Chine n'a pas encore eu son Voltaire.

Les Chinois aiment les fêtes publiques, et ils n'en manquent pas; ils déploient beaucoup de pompe dans leur célébration. La plus belle est celle de la nouvelle année, qui commence le jour de la nouvelle lune de janvier. (Les Chinois comptent par lunes.) C'est une occasion de réjouissances universelles. Toute le monde se visite, s'embrasse, se complimente, les cadeaux abondent et circulent de toutes parts. Notre premier de l'an, dans le beau temps de étrennes, n'était qu'une pâle imitation de ces longues et belles fêtes chinoises auxquelles tout le monde prend une part active et qui laissent de la gaieté au cœur pour toute l'année.

J'ignore en l'honneur de quel dieu eut lieu une fête dont j'ai été témoin à Emouï. Le premier jour de cette fête, que je fus assez heureux de rencontrer sur mon passage et d'observer à loisir, fut consacré à des courses de bateaux. Ces bateaux étaient au nombre de six, tous montés par une cinquantaine de rameurs à demi nus, armés de pagayes. Le timonier gouvernait avec un aviron très-long, et à côté de lui se trouvaient deux hommes qui frappaient simultanément sur un gong retentissant (espèce de bassin de cuivre), pour que les rameurs agissent en cadence. Les bateaux couraient deux par deux, l'un près de l'autre, entre deux rangées de pieux ornés de verdure et de guirlandes. Une des ruses que ces rameurs employaient pour essayer de se devancer consistait dans les jets fréquents au visage de leurs rivaux, de l'eau qu'ils faisaient jaillir à l'aide de leurs rames. Ces bateaux volaient comme des flèches sous les efforts de ces nombreuses rames ; chaque coup d'aviron leur faisait parcourir une distance énorme, et les combattants les multipliaient ou les diminuaient, suivant qu'ils se sentaient plus ou moins harcelés par leurs concurrents. Cette course nautique, pleine d'entrain, de gaieté, d'émulation, où chaque bateau, construit sur le même modèle, souvent par les mêmes ouvriers que son voisin, n'a d'autre avantage sur lui que la vigueur de ses rameurs ou l'habileté de son pilote, laisse bien loin derrière elle, sous le rapport de l'intérêt, nos régates et nos courses de chevaux. On s'intéresse à la fois aux vainqueurs et aux vaincus, car les ruses qui ont assuré le triomphe des uns, ils en ont été eux-mêmes les premières victimes

dans d'autres circonstances, et l'hilarité générale a prouvé
que chacun s'attendait à ce qui allait arriver. Les vaincus
ne sont nullement décontenancés par leur défaite; ils savent
qu'ils prendront un jour ou l'autre une éclatante revanche. On comprend donc l'intérêt général que ces courses
excitent dans toute la population. Aussi ce spectacle avait
attiré une foule immense de curieux.

Un Chinois qui occupait, comme spectateur seulement,
un canot, avec toute sa famille et ses amis, nous fit la politesse de nous introduire dans son embarcation. Ma barbe,
que je porte assez longue, causa un vif étonnement à ces
Chinois, dont la moustache consiste à peine en quelques
poils. Ils la regardaient avec leurs petits yeux écarquillés
sans qu'aucun toutefois osât me demander l'explication
d'un semblable phénomène. Autrefois nos habits de laine
étaient aussi pour eux un sujet d'étonnement. Mais depuis
la dernière guerre des Anglais, ces vêtements sont connus de toutes ces côtes, et le seul sentiment qu'ils inspirent dans les campagnes est la frayeur.

Cette première journée finie, le canot de famille qui
nous portait vint ensuite passer sous les fenêtres des maisons du quai, et notre vue déterminait toujours la disparition des dames chinoises qui, de ces fenêtres, avaient re-
gardé le spectacle du port et continuaient à regarder le
retour de la fête.

Le lendemain, nous vîmes une procession extrêmemen
curieuse, qui, involontairement, fit revivre dans mon souvenir les processions de notre ville d'Aix. On y porta une
quantité énorme de dieux et de déesses; ces statues, en
bois doré ou argenté, étaient précédées de troupes d'hommes déguisés les uns en nègres, les autres en animaux,
les uns à cheval, les autres à pied; en tête de chacune de
ces troupes de masques chinois, s'avançait un formidable
corps de musique qui exécutait le plus assourdissant des

charivaris. [Flûtes, trompettes, instruments de toutes sortes, à cordes et à vent, les uns qui nous sont communs avec le Céleste Empire, les autres qui appartiennent tout à fait en propre à celui-ci, détonnaient à qui mieux mieux, déchiraient l'air et ne parvenaient qu'avec peine, cependant, à lutter de bruit avec des gongs de toute dimension qui produisaient un tapage infernal.

Mais toute cette grotesque fantasmagorie qui, pour nous, ressemblait à un rêve chinois, fait entre les paravents chinois, qui étaient de mode en Europe au commencement de ce siècle, sous l'obsession de l'opium, prit tout à coup un caractère gracieux indescriptible.

Sur des brancards recouverts de feuillages artistement disposés, formant de véritables couches de fleurs, et simulant des jardins portatifs, étaient, les unes assises avec de molles attitudes, les autres voluptueusement couchées, de jeunes filles, la plupart d'une beauté remarquable, et remplissant le rôle de déesses. Ces brancards étaient portés par des hommes qui paraissaient être fiers de leurs gracieux fardeau, et vraiment il y avait de quoi. Jamais l'Empire du Milieu ne m'avait montré un aussi séduisant échantillon de ses femmes. Elles étaient là nombreuses, les unes entièrement voilées de longues draperies qui rappelaient les anciens costumes des précédentes dynasties d'empereurs, les autres plus légèrement vêtues, quoique toujours avec une excessive décence, toutes prenant au sérieux le rôle qu'on leur avait imposé pour cette cérémonie religieuse, et gardant respectueusement une immobilité de statue. Cette pose trop roide est même fort souvent la cause d'assez graves accidents.

Car, quelle que soit la bonne volonté de ces dames, et, d'autre part, quelque agréable que puisse, au premier abord, paraître le rôle de déesse, il peut quelquefois, comme cela arriva à la fête dont nous étions les témoins,

excéder les forces et trahir le courage d'une jeune fille.
La procession défila dans toutes les rues et dura si longtemps, que quelques-unes de ces jeunes Chinoises, ainsi
portées sous des branches et sur les fleurs, succombèrent à
la fatigue que leur donnait l'obligation de garder, conformément au programme de la procession, une attitude toujours la même, et l'on était obligé de les descendre à terre,
où elles s'avanouissaient. Au reste, ces accidents, auxquels
sans doute s'étaient attendus les ordonnateurs de la fête,
ne troublaient que fort peu la cérémonie. La jeune fille
déposée à terre et remise entre les mains des femmes qui
en prenaient soin, la procession recommençait sa marche
un instant interrompue, et le brancard de verdure et de
fleurs, quoique privé de sa déesse, continuait à faire partie
du cortége comme au moment du départ.

Un riche Chinois que j'avais connu à Pinang, et que
j'avais été fort heureux de retrouver à Emouï, m'avait invité à venir voir, dans l'intérieur de la ville, cette étrange
procession ; il me fit placer vis-à-vis une maison d'une
fort belle apparence, sur un siége, et, grâce aux précautions qu'il prit, je ne fus pas trop contrarié ni suffoqué par
la foule des curieux qui venaient, de près, contempler les
traits et le costume d'un barbare. Car, si la Chine est pour
nous un pays où nous avons sans cesse à regarder et observer, pour les Chinois nous sommes également un objet de
curiosité, et ils la satisfont amplement quand la peur ne
vient pas mettre des bornes à leur indiscrétion. Souvent,
dans nos excursions quotidiennes, nous avions été victimes
de notre trop grande facilité à nous laisser aborder. Nous
nous montrions trop *bons enfants* pour ne pas être à tout instant exposés à mille et une importunités. Dans cette grande
fête publique, si je n'avais écouté que mon goût particulier, je me serais perdu au milieu de la foule, suivant d'un
œil investigateur tout ce qui m'aurait paru mériter quel-

16

que attention spéciale; mais je savais trop que c'eût été,
en pure perte, courir à toutes sortes de désagréments.
Aussi fus-je très-reconnaissant à mon Chinois de la place
qu'il m'avait trouvée. Quant au capitaine Caillet et à quelques hommes du *Joseph-et-Claire*, qui étaient aussi curieux
que moi-même, j'ai su depuis que, faute d'avoir pris les
mêmes précautions que moi, ils s'étaient trouvés englobés
avec un groupe de Chinois qui les serraient de fort près dans
la procession, avaient suivi tout ce long défilé et n'avaient dû
qu'à leur sang-froid de sortir de cette position qui n'était
pas sans danger. Je ris de tout mon cœur quand le capitaine Caillet me conta toutes ses mésaventures, et j'en ris
encore au seul souvenir.

J'avais, comme je crois l'avoir déjà dit, vis-à-vis de moi
une maison dont l'aspect annonçait l'opulence de ceux qui
l'habitaient; la porte était ouverte, et derrière une natte
fort claire, j'aperçus un essaim de jeunes et jolies femmes.
Un instant je fus ébloui comme par une vision, puis je
bénis ma bonne étoile, qui, au moment où j'y pensais le
moins, m'envoyait une aussi bonne fortune. Protégées par
la natte, ces jeunes Chinoises prirent quelque assurance
et ne parurent nullement déconcertées de l'attention avec
laquelle je les considérais; il y en eut même une, la plus
belle, qui parut oublier la procession, puisqu'elle ne détacha pas ses regards du côté où j'étais placé. Bien que la
curiosité eût beaucoup de part à l'attention qu'elle me
donnait, je fus flatté, pour l'honneur des mes compatriotes,
et des Marseillais en particulier, qui passent, on ne sait
pourquoi, dans leur ville, pour des séducteurs cosmopo-
lites, de préoccuper ainsi une belle Chinoise; mais au moment où le sourire effleurait les lèvres de la jeune fille,
et où je lui répondais par un sourire aussi, la natte se
détacha, et à l'instant toutes ces femmes, et celle avec qui
j'avais, dans un muet et symbolique langage, échangé de

douces pensées, s'enfuirent, et la vision enchantée disparut dans les ombres de la maison chinoise. Ce n'avait été qu'un rêve ; mais j'y pense encore avec délices.

Presque à chaque coin de rues, s'élevait, ce jour-là, un théâtre en plein air, en forme de tréteau, avec des coulisses, sur lequel on représentait des pièces de la plus révoltante immoralité. Les Chinois aiment beaucoup ces obscènes divertissements. Ces farces, grossièrement immondes, me rappelaient les *caragueuz* si prisés des badauds de Constantinople. Mais ce que je n'ai vu qu'en Chine et sur les tréteaux de ces théâtres improvisés, ce sont des scènes de cet amour hétéroclite que pratiquent toutes les populations orientales, et que, parmi nous, on dit renouvelé des Grecs.

Si un de nos compatriotes se trouvait brusquement transporté en Chine et voyait ces représentations scéniques pour première manifestation des étrangetés du Céleste Empire, il se ferait une idée très-fausse et des mœurs et du théâtre des Chinois. Dans ce pays, comme dans beaucoup d'autres, au reste, plus rapprochés de nous, au point de vue de nos convenances et de nos habitudes, on doit s'attendre à toutes les excentricités. J'ai vu sur ces théâtres ambulants mettre en action, pour l'amusement des spectateurs, les événements sur lesquels nous tirons discrètement le voile de nos intérieurs domestiques. J'ai vu notamment reproduire, avec une fidélité dont les réalistes seraient jaloux, toutes les émouvantes péripéties d'un accouchement. Mais, par ce que j'ai dit ailleurs sur le théâtre des Chinois, on comprend que je n'ai pu prendre tout ce que je voyais dans cette grande fête d'Emouï que pour des représentations populaires analogues à nos farces foraines. Sans doute, celles des Chinois sont plus fortement épicées que les nôtres. Cela vient des différences de manière de voir qu'a établies la polygamie dans tout l'Orient et de la

grande liberté individuelle de toutes les populations orientales.

Pendant cette fête à Emouï, je vis une autre représentation dramatique qui attira bien plus mon attention que
toutes ces farces obscènes.

A l'angle d'une des rues qui aboutissent au port, une
troupe de comédiens nomades, mais de comédiens véritables cette fois, avait établi son théâtre ambulant. Elle annonçait les *Infortunes de Kieou-Lin*, une pièce toute de
circonstance pour la Chine, et qui jouit d'une grande faveur. J'en avais beaucoup entendu parler à Canton, et je
désirais vivement la voir. Grâce à mon Chinois, qui me
rendit bien dans ces quelques jours toutes les complai-
sances que j'avais eues pour lui à Pinang, je parvins à me
procurer une place commode d'où je pus à loisir jouir du
spectacle.

Kieou-Lin est un jeune officier des tigres de la garde
impériale. Il est éperdument amoureux de la fille du mandarin Sin, et il est sur le point de l'obtenir en mariage
lorsque éclate la guerre contre les Anglais, et les devoirs
de son grade l'appellent sur les champs de bataille. Pendant la guerre il fait des prodiges de valeur, toujours en
pensant à sa fiancée, qui sera fière des hommages que lui aura
mérités son courage. Mais dans une action un peu chaude
où, avec sa bravoure accoutumée, il a combattu au premier rang, il est blessé, et sa blessure est assez grave pour
que ses chefs lui donnent un congé. Il retourne donc le
cœur tout joyeux vers son amoureuse. A peine arrivé, il
fait prévenir le mandarin afin qu'il hâte le moment des
épousailles. On ne répond point à son message. Alors
l'inquiétude le gagne, et il se traîne, quoique malade,
jusqu'à la maison de Sin. La maison du mandarin est en
fête, et quand Kieou-Lin interroge les serviteurs, ils lui
répondent que ces fêtes se donnent pour le mariage de la

fille de leur maître. Kieou-Lin demande le nom du mari ;
on lui répond que c'est le riche Trai-Ki, et ils énumèrent
les nombreux présents qu'il a faits à la jeune fille, à son
père et à ses frères. Kieou-Lin ne peut supporter l'émotion
que lui cause cette terrible nouvelle : il tombe évanoui, et,
quand les serviteurs le reconnaissent, il est mort.

Ce drame, où l'on reconnaîtra bien vite plus d'une ana-
logie avec les nôtres, nous portait bien loin des obscénités
du voisinage, et, je dois le dire, il était admirablement
joué. Les comédiens chinois sont les premiers artistes du
monde pour le naturel et l'éloquence des gestes et du jeu
de la physionomie ; tout le public chinois qui composait
leur auditoire connaissait la pièce, et cependant ils excitaient des frémissements d'enthousiasme. Moi-même, je
l'avoue, quoique je ne comprisse qu'imparfaitement la
pièce, ils m'émurent, et je ne n'eus pas à rougir de mon
émotion en la voyant partagée par l'élite de la population
d'Emouï.

Les fêtes publiques sont toujours en Chine des occasions de grandes réjouissances, et les Chinois les aiment
avec fureur. Aussi les ont-ils multipliées.

Les fêtes particulières, les fêtes domestiques, ne sont pas
moins nombreuses ; un mariage, la mise à l'eau d'une
jonque, le retour d'un voyage long et lucratif, sont les
occasions de ces fêtes, qui se passent ou dans l'intérieur
des maisons ou à bord des navires ; elles sont mêlées de
danse et de musique ; on fait venir des comédiens, des
saltimbanques, on tire des coups de canon ou des coups de
fusil, on exécute ces feux d'artifice dans lesquels les Chinois excellent, et pendant plusieurs jours et même plusieurs semaines, on se livre à la joie la plus bruyante.

Le Chinois aime le bruit, les détonations, les assourdis-
sants éclats des gongs. Si une jonque sort du port ou si elle
y rentre à la fin d'un voyage, toutes les jonques la saluent

16.

de leurs gongs ; elle en fait autant, et un tintamarre effroyable ne cesse de retentir dans le port. Le gong est la
voix incessante qui s'élève du sein d'une ville chinoise. Si
ce bruit est le préféré, c'est uniquement parce qu'il est le
plus retentissant ; il faut avoir des oreilles chinoises pour
résister longtemps à sa formidable harmonie. Mais il ne
faut pas croire pour cela que les autres bruits soient né-
gligés. Multipliez au centuple tout ce qui s'entend dans
nos villes les plus bruyantes, et vous aurez à peu près une
idée de ce qu'on entend du matin au soir dans les villes
du Céleste Empire. Tous les instruments sont bons aux
Chinois, pourvu qu'ils grincent ou crient de façon à dé-
mantibuler les tympans les mieux organisés. Les leurs n'en
souffrent jamais. Ils sont à l'épreuve du cuivre.

De graves intérêts se rattachant à un vaste ensemble
d'opérations ultérieures m'avaient attiré et me retenaient
à Emouï. Je ne pouvais guère m'éloigner de la ville avant
d'avoir mis en ordre toutes les affaires qui avaient été la
cause première de mon expédition dans ces parages. Le capitaine Caillet, qui, pendant tout ce long voyage, fut partout
mon bras droit, me secondait de toute la puissance de son
activité méridionale. D'un autre côté, j'eus le bonheur de
faire entrer pleinement dans mes vues ce riche Chinois
dont j'ai déjà parlé et que j'avais connu à Pinang. Il fit,
lui aussi, des efforts énergiques, et bientôt j'eus la consolation de voir tous nos projets en bon chemin.

Cependant le temps s'écoulait ; les jours, au milieu de
ces fêtes et des hésitations, succédaient aux jours, et pendant quelques semaines je pus croire qu'il ne me serait
malheureusement pas permis, comme j'en avais le projet,
d'aller visiter la ville de Tchan-Cheou, cette ville de l'intérieur qui est située sur les bords d'une rivière à l'embouchure de laquelle se trouve Emouï, et qui est le vaste entrepôt
des marchandises que le Céleste Empire reçoit des barbares

par Emouï et l'île de Formose. Je regrettais vivement, pour
mon voyage, ce déplorable contre-temps, et, en guise de consolation, pendant que les affaires me retenaient à Emouï,
j'allai, à deux reprises, visiter quelques villages situés sur le
continent, à quelques lieues d'Emouï. Je m'y rendis dans
ma chaloupe, préférant, lorsque la chose était possible, ce
mode de transport à toutes les embarcations chinoises, et
puis voulant toujours avoir quelques-uns de mes hommes
sous la main. Quoique je n'eusse aucun motif de redouter
une surprise ou une rencontre mauvaise, les précautions
ne sont jamais inutiles dans ces parages, et avec les pirates
chinois je conseillerai toujours à un marin de se tenir sans
cesse sur ses gardes. D'ailleurs, une autre raison doit encore, autant que faire se peut, déterminer un marin à
user de préférence de toutes les ressources que lui fournit
son navire. Dans ces mers, toute expédition, quelque petite qu'elle puisse paraître au premier abord, a toujours
un certain caractère aventureux qui doit faire préférer des
instruments connus à des instruments inconnus. Vienne
alors un danger, soit des éléments, soit des hommes, on
sait au moins se faire entendre, et on ne perd pas un
temps précieux en incertitudes et en hésitations.

Ce n'était point le hasard qui me conduisait à tenter
quelques expéditions sur le continent en dehors de la ville
d'Emouï. Dans les villages que j'allais visiter habitaient
quelques Chinois que j'avais amenés de Pinang comme
passagers. Celui des habitants de l'un de ces villages dont
j'eus le plus à me louer est un maître d'école à qui son
érudition procure, parmi ses voisins, une très-haute considération. A peine j'avais mis le pied chez lui, qu'il s'em-
pressait de m'offrir du thé et de me présenter du tabac à
fumer. Ce Chinois avait une expression de bonté remarquable et qui contrastait singulièrement avec la physionomie astucieuse que j'avais remarquée à la plupart de ses

compatriotes ayant subi leurs examens et reçu leur di-
plôme de lettré. Il s'était attaché à nous par suite des bontés que nous avions eues pour lui pendant la traversée, et
que nécessitait sa santé débile. Son amitié ne s'est jamais
démentie. Elle se traduisait, outre les petits soins hospita-
liers dont j'ai parlé, en mille attentions. Il nous montrait
tout ce que les environs de son village contenaient de pittoresque et de curieux, et, comme il parlait assez bien
l'anglais, il nous tenait de longues conversations dans lesquelles il nous racontait toute l'histoire des côtes du Fo-
Kien.

Notre arrivée dans ces villages mettait en mouvement
toute la population; les femmes mêmes, moins farouches
que celles des villes, s'approchaient de nous et nous consi-
déraient avec une attention nullement offensante ; mais
les plus vieilles, plus hardies, venaient nous toucher, tandis que les jeunes se tenaient à une certaine distance. A
notre seconde visite, et lorsque chacun était déjà assez familier avec nous pour nous traiter comme de vieilles connaissances, je voulus savoir jusqu'à quel point pouvaient
être vraies certaines histoires de séduction qu'on raconte
partout, et, dans cette intention bien arrêtée, je m'avan-
çai vers un groupe de jeunes Chinoises ; j'essayai d'abord
d'apprivoiser, par des gestes bienveillants, ces timides
beautés ; mais j'échouai complétement, puisque je déterminai leur prompte fuite. Nos passagers n'auraient pas
mieux demandé que de nous faire voir leurs femmes,
mais celles-ci s'obstinèrent à rester dans leurs appartements les plus reculés et ne voulurent pas nous mettre à
même de les complimenter. Comme je savais que les maris, en nous permettant de voir leurs femmes, le faisaient
d'une façon tout à fait volontaire, je ne pus tirer d'autre
conclusion que celle du peu de puissance qu'ont en réalité
les maris dans les pays où la claustration des femmes dans

l'intérieur des maisons est une règle à peu près générale.
Le même phénomène m'avait frappé en Turquie, et s'explique très-bien par la timidité des femmes recluses.

Les habitants de ces villages sont presque tous agriculteurs et se livrent à la culture du riz et de quelques légumes qui ne sont pas d'une bien bonne qualité ; encore s'en
contenteraient-ils si la terre, reconnaissante de leurs soins,
leur en donnait en quantité suffisante. Mais le Fo-Kien est
un des coins les plus ingrats du Céleste Empire.

Une chose qui nous frappait plus que toutes les chinoiseries au milieu desquelles nous nous trouvions, c'était
l'entière liberté dont nous jouissions dans un pays à peine
connu, et, comme nous, peut-être, le lecteur s'étonnera
de nous voir circulant partout dans les rues d'Emouï,
visitant des villages chinois, sans être insultés par une
population qui nourrit tant de préjugés et tant de haine
à l'encontre des étrangers. Sans doute, avant la guerre que
les Anglais ont faite à ce peuple, nous n'aurions pas pu
exécuter des promenades jadis si périlleuses sans nous
repentir souvent d'une folle confiance ; mais les Anglais
ont fait pleuvoir sur les Chinois tant d'obus, ils les ont as-
sourdis de tant de coups de fusil, ils ont renversé un si
grand nombre de leurs murailles, brûlé une si grande
quantité de leurs jonques, et bravé avec tant de succès
leurs diables peints sur des toiles étalées en guise de
moyen de défense, que les Chinois se sont fait une idée telle
de la puissance européenne, qu'un Européen isolé leur fait
presque l'effet d'un obus ou d'un bataillon. Leur lâcheté
naturelle n'a pas peu contribué à les maintenir dans l'effroi
que nous leur causons, depuis le bombardement de leurs
villes ; ce n'est que lorsqu'ils se sentent assez forts pour
ne pas courir le moindre risque qu'ils peuvent se décider
à nous montrer de la résistance ou à essayer une attaque.
Dans un cas semblable, par exemple, je plaindrais l'Eu-

ropéen qui tomberait entre les mains de certains Chinois
que j'ai vus d'assez près et que la couardise seule pouvait
empêcher de se porter sur nous à de coupables extrémités.
Mais cette couardise est sœur de la férocité, et l'Européen
isolé qui tomberait dans quelque guet-apens subirait, à
coup sûr, des supplices auprès desquels ceux qu'on nous
raconte dans les livres ne sont que des jeux d'enfants.
Car, en général, la lâcheté et la férocité sont bêtes ; mais
en Chine, elles ne le sont pas. Ce peuple est toujours le
peuple ingénieux par excellence, et, s'il invente un supplice, on pourra difficilement y apporter des perfectionne-
ments.

C'est pourquoi, il me semble très-bon de maintenir les
Chinois dans cette crainte respectueuse des nations occidentales, que leur ont inspirée les Anglais. Il faut, avec
eux, mettre de côté ces sentiments de fausse philanthropie
qui sont aujourd'hui à l'ordre du jour dans notre pays.

Ainsi, un dimanche matin, une jonque nous ayant fait
quelques avaries en s'approchant de notre navire, je pris
une cravache, je m'élançai de mon canot sur le pont de la
jonque, et je vis, à mon grand étonnement, tous les dos
chinois se baisser et attendre la correction que mon air
irrité et la cravache annonçaient. Il y avait vingt dos tous
prêts à subir ma correction avec une docilité et une résignation d'attitude qui m'auraient désarmé, si ma clémence
n'eût pas couru le risque d'être prise pour de la faiblesse.
Je distribuai donc à tous ces dos si complaisants, et accou-
tumés d'ailleurs à de réitérées flagellations, quelques coups
de cravache, et j'ordonnai à quelques-uns de mes gens
de prendre à bord de cette jonque une esparre, pour rem-
placer le boute-hors que ces Chinois m'avaient cassé ;
j'allais ensuite me retirer, quand le capitaine de la jonque,
dont je n'avais nullement épargné le dos, s'approcha de
moi, me fit des salutations jusqu'à terre, et m'invita gra-

cieusement, tout en se frottant la partie du corps offensée
par ma cravache, de venir prendre du thé dans sa chambre.
Tout se passa alors avec une exquise courtoisie; la vue de
ma cravache n'allumait pas le plus petit ressentiment
dans leurs regards caressants et polis. Le capitaine et trois
de ses gens mirent le plus grand empressement à me
servir, et j'eus regret de les avoir un peu rudement châtiés,
bien que cet acte de vigueur m'eût singulièrement grandi
dans leur estime.

Ce regret m'aurait même porté à rendre politesse pour
politesse, si un Anglais qui se trouvait à mon bord ne
m'eût dit :

— Vous avez bien fait, capitaine, d'agir ainsi avec ces
êtres sans franchise; si la France veut être respectée, il faut
qu'elle se fasse craindre.

Je restai donc dans mon rôle d'homme offensé auquel
on fait des réparations, trouvant par hasard une fois un
bon côté à la morgue britannique.

IX

Excursion dans l'intérieur de l'Empire. — Le Fou-Kien. — Fou-Tcheou.
Horizons et paysages. — Le disciple de Kang-Tseu. — La société
des Trois-Principes. — Le Xan-ti. — Les missions catholiques. —
Le Tche-Kiang. — Ning-Po. — Le mendiant chinois. — Une fabrique de perles. — Ébénisterie chinoise. — Hang-Tcheou. — Le
temple des ancêtres. — Sou-Tcheou.

En parlant d'Emouï et de tout ce que je voyais chaque
jour, j'ai quelque peu perdu de vue et mon équipage et
le lascar Timao.

Celui-ci, cependant, ne restait pas oisif. Depuis qu'il
s'était attaché à moi de la façon singulière que j'ai dite,
il ne songeait qu'aux moyens de me faire connaître le
curieux pays où nous nous trouvions. En ce moment, il
s'occupait de préparer une expédition dans l'intérieur.
La connaissance qu'il avait de la langue et des mœurs des
Fo-Kienois, unie aux relations suivies qu'il entretenait
avec les principaux chefs des innombrables sociétés secrètes
du Céleste Empire, lui rendait facile ce qui eût été à peu
près impossible pour tout autre que lui. Un jour donc, il
vint me trouver et me proposa de faire pour Nankin ce
que nous avions déjà fait pour Canton, c'est-à-dire d'abandonner complétement, pendant quelques mois, la direction
de mon navire au capitaine Caillet et de nous aventurer
dans l'intérieur de l'Empire du Milieu.

J'hésitai d'autant moins à accepter une proposition

aussi engageante, que, depuis quelques jours, la femme
chinoise de mon matelot Sidore Vidal était arrivée à Emouï,
et que, sommé par ce brave garçon de tenir ma parole, je
n'étais pas encore en mesure de le satisfaire. Notre plan
fut donc promptement arrêté et les premiers moyens d'exécution se trouvèrent aisément sous notre main. Le Céleste
Empire n'est pas aussi inabordable qu'on a bien voulu le
dire et le répéter dans tous les livres qui se succèdent en
se copiant les uns les autres. La preuve en est dans tous
ces intrépides missionnaires qui pénètrent, chaque jour,
jusqu'au fond des provinces les plus reculées, et qui, à
l'époque des Mings, étaient parvenus jusqu'aux pieds du
trône impérial. Ce que ne disent pas les officiers de marine que le hasard de leur carrière conduit dans ces parages,
c'est qu'ils voudraient, profitant de cette aventure, entrer
partout en Chine avec armes et bagages, et faire encore,
comme dans nos villes, rendre les honneurs militaires à
leurs brillantes épaulettes. Autre pays, autres mœurs. Si
l'on est poussé par la curiosité, il faut, pour la satisfaire,
se prêter aux exigences nécessitées par la circonstance.
D'après les conseils de Timao, je n'hésitai pas à me dé-
guiser complétement à la chinoise. Je rasai ma longue
barbe, et de mon épaisse chevelure il ne resta bientôt
qu'un léger spécimen sur le haut de la tête. En même
temps, je dépouillai mes vêtements d'Europe pour endos-
ser la robe et la pelisse chinoises, et je me trouvai bientôt
à même de parcourir le Céleste Empire en me donnant
pour un insulaire de Formose. Nous prîmes passage à bord
d'une jonque de commerce qui quittait le port d'Emouï,
et nous nous mîmes en route pour la ville intérieure de
Tchan-Cheou.

Si je ne m'étais déjà longuement étendu sur Canton,
Macao, Emouï ; si je n'avais encore à m'étendre sur quelques villes fort importantes que j'ai parcourues à la hâte,

17

dans cette longue course intérieure qu'il me fallut faire
pour arriver à Nankin, je donnerais volontiers une place
dans ces souvenirs à Tchan-Cheou. Décrire une ville chinoise quelconque, c'est s'interdire à l'avance de parler
des autres. Car, chose à remarquer dans ce bizarre pays
où tout paraît si étrange au premier abord, quand on y
regarde de près, tout se ressemble, et quand curieusement
on a voyagé quelque temps de l'une à l'autre de ces villes,
semées à profusion sur cet immense territoire, on retrouve
partout uniformément les mêmes mœurs, les mêmes usages,
les mêmes costumes, et alors l'étonnement disparaît peu
à peu et on se prend à vivre dans ce milieu comme dans
son milieu ordinaire. Tchan-Cheou, c'est Canton, moins
les navires européens; Emouï, moins les Malais. Du reste,
mêmes bazars avec toutes sortes de marchandises. Car, je
crois l'avoir déjà dit, Tchan-Cheou est un immense entrepôt qui répand dans l'intérieur de l'Empire les marchandises étrangères venues par mer au port d'Emouï. Ce que
j'y ai trouvé de remarquable, c'est l'absence de ces brillants étalages qui séduisent si promptement l'Européen
dans les belles rues de Canton. Il est vrai qu'à Emouï déjà
j'avais commencé à éprouver quelques désillusions à ce
sujet; mais ici elle fut complète. Dans les bazars, je ren-
contrais à chaque pas des gens disposés à vendre des cargaisons d'indigo, de poisson frais ou salé, de sucre, de thé
noir. Ce sont les produits naturels du Fo-Kien, les objets
qu'il met dans la circulation générale de l'Empire. Le thé
noir, le plus grossier de tous ceux qu'on récolte en Chine,
se cultive principalement à Emouï et dans les environs de
Tchan-Cheou. Les Européens, et surtout les Anglais, le
préfèrent à ces thés exquis et délicats du Kiang-Nan qui
font le suprême bonheur des gourmets de Nankin; aussi
est-ce avec le sou-chong, le pe-koé, et autres espèces qu'on
récolte dans des provinces aussi peu favorisées que le Fo-

Kien, que s'accomplissent nos principaux échanges. Quant au sucre du Fo-Kien, il n'y a pas longtemps que la culture en a été introduite dans cette province, et elle y prend chaque jour une plus grande extension.

Timao m'avait conduit à Tchan-Cheou, chez un marchand de ses amis que je reconnus pour l'avoir vu à Emouï avec le lascar. Comme mon intention était d'arriver à Nankin le plus tôt possible, dès le lendemain de notre arrivée, ce Chinois nous avait procuré un chariot attelé de deux maigres chevaux. Dans cet équipage, nous devions arriver à Fou-Tcheou, la capitale de la province.

Bien que le Fo-Kien ne soit pas un pays pittoresque et accidenté, comme le Kouang-Si, par exemple, où l'on rencontre, dit-on, les plus beaux paysages du monde, cependant c'est un des pays que le voyageur retrouve dans ses souvenirs avec le plus de charme. A l'époque de l'année où nous nous trouvions, les champs étaient peuplés de travailleurs. Hommes, femmes, enfants, se répandaient avec ardeur dans les grandes plantations de cannes à sucre, et, pendant que celles-ci, roides dans leur haute taille, agitaient leurs longues feuilles vertes au moindre souffle de la brise, nous, voyageurs qui passions sur la route, entendions le bruissement des instruments de travail accompagné d'un murmure de syllabes chinoises qui ressemblaient au chant monotone du grillon. On eût dit une immense fourmilière. Le chemin que nous suivions était tout bordé d'arbres superbes : les uns, tels que les chênes, les châtaigniers, les noyers à la sombre verdure, nous rappelaient les espèces végétales de nos climats ; les autres, tels que l'indigotier, le magnolia, le catalpa, le carambolier, nous disaient que nous étions dans un pays étranger. Des haies vives d'aubépines, d'églantiers sauvages, de rosiers, coupaient ces campagnes fécondes, et les parfums suaves que nous apportaient tous les vents de l'horizon témoignaient

que nous marchions sur la terre des fleurs. Dans la plaine,
de distance en distance, s'élevaient des tertres de gazon
sur lesquels étaient bâtis des miaos sacrés, toujours om-
bragés de l'éternel figuier des Banyans. Ces temples agrestes,
avec les bouquets d'arbres éparpillés çà et là, coupaient
la perspective et lui donnaient un caractère charmant qui
rappelait la phrase célèbre des *horizons à souhait pour le
plaisir des yeux.*

Nous traversions ainsi rapidement un pays qui nous ra-
vissait, des villages pittoresquement perchés sur des collines ou noyés dans la plaine au milieu des terres cultivées.
Nous avions hâte d'arriver à Fou-Tcheou, d'autant plus
que, si le pays nous séduisait, il n'en était pas de même des
habitants. De toutes les populations du Céleste Empire,
celle du Fo-Kien est la plus terrible aux barbares. Le
Fo-Kiénois est fier, irascible et vindicatif. Il ne pardonne
jamais une offense et n'a pas cette patience qui a fait accuser les autres Chinois de ressembler aux figures de leurs
paravents. Quand il émigre, il ne se laisse molester par
personne, à plus forte raison veut-il être maître chez lui.
Après la Tartarie, c'est du Fo-Kien que l'empereur tire
ses meilleurs soldats. Certes, il n'était nullement dans mes
intentions de blesser ce caractère irritable ; mais les meilleures intentions ne suffisent pas toujours, et il me tardait
d'être à Fou-Tcheou.

Nous y arrivâmes à la nuit close, et Timao, qui avait
préparé tous les relais de notre voyage, me conduisit chez
un riche négociant de la ville, avec lequel il était, d'après
ce que j'appris, uni par des liens d'affiliation mystérieuse.
Timao et le marchand Ou-Ki appartenaient tous les deux
à la grande famille de la Triade. Depuis la conquête tartare, les sociétés secrètes abondent en Chine, et, pendant
la guerre des Anglais, le gouvernement lui-même, ayant
cru devoir recourir à elles, n'a pu, la guerre terminée, les

contenir; elles fonctionnent à cette heure avec plus d'activité que jamais. Celle dont faisaient partie Timao et le
marchand Ou-Ki, la société de la Triade ou des Trois-
Principes, est la plus puissante de toutes. C'est une espèce de
franc-maçonnerie à laquelle sont affiliés tous les ennemis de
la domination tartare. Elle a de grandes ramifications à
l'extérieur, et elle compte parmi ses adhérents presque
tous les Chinois qui ont été obligés de s'expatrier de la
Terre des Fleurs.

Les doctrines de la société des Trois-Principes rappellent
en plus d'un point les antiques théories religieuses de la
Chine sur le Xan-ti, théories qui, mal étudiées et mal définies, ont fait accuser le peuple chinois d'idolâtrie. Les sectateurs de Fou-Hi, au milieu des symboles et des manifestations diverses de leur culte, ne sont pas plus idolâtres
que les nations chrétiennes au milieu de leurs représentations artistiques et de leur vénération pour les saints de la
légende. Sans doute la foule ignorante prend trop souvent
le symbole pour l'idée. Mais n'en est-il pas de même parmi
nous? n'en a-t-il pas été de même dans l'histoire de toutes
les religions? Le devoir de ceux qui étudient et voyagent
pour connaître est de dépouiller le mythe de ces langes
mystérieux, de tous ces voiles matériels, et de ne donner
de valeur philosophique qu'aux principes essentiels. Conduits par Ou-Ki, Timao et moi nous fîmes visite à un sectateur de Koung-Tseu, renommé parmi les Fo-Kiennois
par sa sagesse. Depuis vingt-cinq siècles, Koung-Tseu est
le grand législateur moral de la Chine. La parole de son
disciple était digne du maître. Nous lui laisserons expliquer
le Xan-ti :

« Vous avez pu remarquer, nous dit-il, ces temples élevés au ciel, à la terre, aux ancêtres, aux vertus que nous
aimons à trouver dans les cœurs, et que nous cherchons à
faire naître par nos enseignements et nos conseils; vous

17.

avez entendu parler de ces sacrifices nombreux que nous
faisons dans ces temples, principalement aux époques où
la nature, accomplissant ses évolutions annuelles, se dis-
pose à se transformer, — et vous avez cru peut-être que
nous ne reconnaissions rien au delà de cette même nature;
que nous nous en tenions aux phénomènes sans remonter
à la cause qui les produit. S'il en est ainsi, vous vous êtes
grossièrement trompés, et vous n'avez vu que l'écorce de
nos doctrines religieuses. Par delà le ciel réside l'Être suprême et souverain, le Xan-ti, qui gouverne en maître la
nature entière, et jouit d'une telle plénitude de science,
que rien ne saurait échapper à son œil infatigable. C'est
de lui que vient toute vie; c'est par lui et d'après la loi
qu'il a établie que s'opère toute transformation, toute
transmutation d'une substance en une autre substance, en
vertu des principes de l'agglomération continue. Il est le
maître de la naissance et de la mort de tous les êtres, et
toutes ces choses que nos yeux voient, nos mains touchent
dans le monde, ne sont que les instruments dociles de ses
volontés. Rien ne se fait sans son consentement, et si nous
jouissons de quelque bien, de quelque vertu, de quelque
bonheur, dans notre reconnaissance c'est à lui que nous
devons des actions de grâces. Ici furent mis dans l'embarras les premiers sages qui, dans les temps reculés de notre
histoire, nous révélèrent ces grandes et premières vérités.
Il s'agissait, pour eux, de régulariser par des rites fixes et
précis ces actions de grâces que nous devions tous à l'Être
suprême. Les fonctions de législateurs sont souvent rudes,
difficiles et pénibles. Souvent ce que le sage comprend
parfaitement ne saurait être compris par la foule de la
même façon, et alors le sage qui fonde les institutions d'un
grand peuple a recours à des images pour traduire sa pensée. Il prend celles qui approchent le plus de la réalité, et
cependant il ne se dissimule pas qu'un jour viendra peut-

être où ces images seront prises pour la réalité elle-même.
Ils voient de loin les envahissements de l'ignorance, mais
ils passent outre, parce qu'ils espèrent que l'Être souverain fera naître de temps en temps des sages supérieurs qui
sauront chasser les ténébres, dissiper l'ignorance, et rendre
à la vérité toute sa vertu et sa valeur première. Voilà pourquoi nos premiers maîtres ont institué les sacrifices au
ciel, à la terre, aux ancêtres, dont vous me demandez
l'explication. Ils virent dans ces premières créations de
l'Être souverain les grandes manifestations de sa puissance ; c'est à lui qu'on offre un sacrifice quand on sacrifie
au ciel ou à la terre, et le culte de nos ancêtres est encore
un remercîment adressé au Xan-ti dans la personne de
ceux auxquels nous devons directement la vie, source de
tous les biens. Les ancêtres, pas plus que l'Être suprême,
ne sont visibles à nos sens ; cependant l'on comprend plus
vulgairement la filiation des êtres que l'enchaînement des
causes. C'est pourquoi, lorsque nos premiers instituteurs
ont voulu nous faire rendre hommage au principe souverain duquel tout émane, ont-ils, dans les bornes de nos
sens, cherché les grands corps qui ont une influence di-
recte sur nous, et, en réglant selon des rites solennels le
culte du soleil, du ciel, de la terre, de la lune, ont-ils voulu
permettre à toutes les intelligences de comprendre les rè-
gles qui ont présidé à la création. Maintenant vous êtes
peut-être curieux de savoir pourquoi c'est notre empereur
en personne qui offre tous ces sacrifices. Lorsqu'on établit
un pontificat, il faut toujours que le pontife résume dans
sa personne la grande quantité de ceux au nom desquels
il sacrifie. Le culte de Xan-ti est la religion permanente de
la Chine, dont l'empereur est la personnification éternellement vivante. C'était donc à lui que le suprême sacerdoce
revenait de droit, et, en mettant cette règle dans nos lois
et nos usages, nos premiers maîtres ont agi avec la sagesse

qui caractérise toutes leurs institutions. Quand l'empereur
entre dans un temple, toute la Chine y entre avec lui ; le
jour où il immole le taureau du sacrifice ou brûle le parfum de la prière, tout le pays, par ses mains, a accompli
ses devoirs religieux. C'est pourquoi nous l'appelons le Fils
du ciel. »

Ces paroles me furent dites par le sectateur de Confucius
avec une dignité et une sérénité qui me touchèrent, et je
restai longtemps frappé de leur grandeur. Le lendemain
de ce jour passé entre Ou-Ki et le sage Chinois, nous quittâmes Fou-Tcheou, et, nous enfonçant dans l'intérieur du
Céleste Empire, nous fîmes notre halte du matin dans un
charmant village, à six lieues de la capitale du Fo-Kien,
coquettement assis sur la crête d'une colline tout ombragée de *fagaras*, le poivrier de la Chine. Cette colline était
le premier anneau d'une longue chaîne de mamelons qui
préparent le voyageur à franchir les montagnes qui séparent le Fo-Kien du Tche-Kiang.

Timao, comme s'il eût connu les lieux de longue date,
me conduisit directement à une maison un peu isolée et
située dans la partie la plus occidentale du village. Nous y
reçûmes l'accueil le plus cordial et le plus empressé, et
l'on n'en saurait être étonné, lorsque nous aurons dit que
nous nous trouvions sous le toit d'un missionnaire chrétien. Malgré les persécutions qui n'ont pas cessé pour lui
depuis deux siècles dans l'Empire du Milieu, le catholicisme trouve sans cesse dans les rangs de son clergé des
prêtres intrépides qui n'hésitent pas à s'aventurer dans
des régions inconnues, au milieu de populations fanatiques qui, armées des édits impériaux, peuvent à chaque
instant fournir autant de bourreaux qu'elles comptent
d'hommes. Toutes les nations chrétiennes voient naître les
missionnaires qui vont porter la parole évangélique en
Chine ; mais, nous devons le dire à la gloire de la nôtre,

aucune nation n'en a plus fourni et n'en fournit encore chaque jour plus que la nation française. La France a toujours été le pays d'initiative par excellence ; partout on trouvera ses glorieux enfants quand il s'agira de conquérir une nouvelle terre à notre civilisation.

Le missionnaire qui nous donnait l'hospitalité était un de nos compatriotes; il y avait huit ans qu'il n'avait revu la terre natale. Retiré dans ce coin du Fo-Kien, il y avait fondé une petite communauté chrétienne, dans laquelle il comptait plus de deux cents néophytes. Les villageois l'aimaient beaucoup, parce qu'il était bon, juste, industrieux. Il s'était complétement plié à leurs mœurs, vivait comme eux, mangeait et travaillait comme eux, et cette condescendance lui avait gagné tous les cœurs. Je n'ai pas besoin d'insister sur l'empressement avec lequel il nous reçut. Deux compatriotes qui se rencontrent isolés tous deux si loin de la patrie, et qui ne savent ni l'un ni l'autre s'ils reverront le sol natal, sont deux frères qui se retrouvent après une longue absence. Au reste, Timao et le missionnaire échangeaient de temps en temps des signes qui auraient échappé à tout autre œil que le mien, et je crompris dès lors que le missionnaire était déjà entré dans la grande famille que Timao cherchait à fonder.

Trois jours après cette halte, nous avions franchi la plus grande partie de la province montagneuse et admirable du Tché-Kiang, et nous arrivions à Ning-Po, un des cinq ports que les derniers traités ont ouverts aux navires européens. A Ning-Po j'aurais pu, si je l'avais désiré, reprendre le costume européen, et cela avec d'autant plus de facilité et de sûreté, que deux navires français se trouvaient dans le port ; mais je m'étais complétement habitué au costume chinois, et, comme mon intention était de me remettre promptement en route, je ne jugeai pas prudent d'abuser de la situation, et je restai donc, pendant tout le cours de

cette excursion, aussi Chinois qu'à mon départ d'Emouï.
Seulement, comme ma robe bleue zébrée de blanc avait été
fortement endommagée par ce long voyage à la poussière
et au soleil, je la remplaçai par une robe nankin qui me
séduisit à l'étalage d'un fripier de Ning-Po. Je gardai par-
dessous ma tunique de soie écarlate, dont la couleur n'a-
vait pas autant souffert que celle de la robe.

La province du Tché-Kiang est célèbre dans tout l'empire
par son ébénisterie, qui est la plus estimée de la Chine.
C'est là que se fabriquent ces beaux meubles incrustés qui
sont si vivement recherchés par ce peuple, avant tout ami
des arts. Les lits de Ning-Po jouissent d'une grande réputation, et les élégants de Nankin ne cherchent pas ailleurs le
sommeil. Aussi, à part son excessive richesse en bois de
toutes sortes, reçoit-elle le tribut forestier de toutes les
autres provinces. C'est là que sont débités et mis en œuvre
les troncs du camphrier, du cannellier, du citronnier, du
mûrier, de mille autres arbres qui sont toujours rares,
parce que leur bois est toujours précieux. Les ouvriers ébé-
nistes de cette province ont, du reste, des secrets que n'ont
point les autres ouvriers de l'Empire. C'est ainsi que leur
vernis est inimitable. Vainement, faisant leur tour de Chine
comme on fait chez nous son tour de France, des artisans
du Pet-ché-Li, du Hou-Nan, du Hou-Pé, ont-ils cent fois
essayé de surprendre les secrets des artisans du Tché-
Kiang; hors de ce sol favorisé, l'ébénisterie languit et perd
toute espèce d'affinité avec l'art. Dans les ateliers du Tché-
Kiang, on met chaque jour à contribution tout ce qui peut
relever un meuble et le rendre à la fois plus riche et plus
élégant. Non-seulement on sait mêler les bois, unir des
bois d'essence vulgaire à des bois d'essences plus précieuses, mais encore on y ajoute les riches incrustations de
bronze ou de métaux plus riches encore ; on y mêle des
plaques gracieuses et chatoyantes de nacre, des ivoires ar-

tistement scupltés, des pierres rares, et spécialement la jade,
qu'on rencontre partout en Chine où se montre la richesse.
Quand un meuble ainsi orné sort des ateliers du Tché-
Kiang, il est presque toujours vendu à l'avance aux bro-
canteurs avides de Nankin, qui savent qu'ils ne tarderont
pas à lui trouver un avantageux placement.

Un jour, je visitais un de ces ateliers, admirant toujours
de plus en plus la patience et la dextérité des ouvriers
chinois, lorsque je fus témoin d'un fait qu'il est bon de
consigner ici.

Le peuple chinois est le plus résigné de tous les peuples,
il a poussé cette vertu jusqu'à l'exagération, et les marins
d'Europe le savent bien, puisqu'à peine arrivés dans un
port du Céleste Empire ils n'ont pas de plus grand bonheur que de faire subir toutes sortes d'espiègles vexations
aux boutiquiers chinois. Mais souvent aussi cette résignation cache une ruse et n'est qu'un piége dissimulé pour se
débarrasser d'une importunité gênante. Un jour j'étais
dans un atelier d'ébénisterie, et je suivais avec intérêt le
montage d'un lit richement sculpté, lorsque mon heureuse
étoile me rendit témoin de la manière dont est pratiquée
la mendicité sur la Terre des Fleurs.

Le mendiant chinois pénètre, avec une hardiesse et une
liberté totalement ignorée dans nos contrées, dans une
boutique, dans un atelier où travaillent plusieurs personnes, dans la maison d'un particulier, et il se met, sans
s'inquiéter aucunement de ce qui l'entoure, à jouer de l'un
de ces instruments barbares dont le génie inventif des Chinois a été si prodigue. Pour compléter son charivari et troubler à coup sûr toute occupation sérieuse, il accompagne
par le chant les notes criardes qu'il tire de son instrument.
Chez nous, dès les premières notes, si nous craignions de
rencontrer de la part du mendiant une trop forte opposi-
tion, nous enverrions chercher la police, qui nous aurait

promptement rendu le repos et la tranquillité; ou bien, si nous ne voulions pas opposer une violence trop forte à la violence qui nous est faite, nous donnerions aussitôt quelques sous afin de nous débarrasser de cette affreuse musique. Le Chinois n'a pas nos mœurs expéditives. Au lieu de s'inquiéter de ce tapage désagréable, il laisse le pauvre diable s'époumonner, s'égosiller, se démener et se morfondre pendant des heures, et agit absolument comme s'il ne voyait, comme s'il n'entendait rien. A la ténacité il oppose l'inertie, à l'impudence quêteuse l'indifférence. Ce n'est que lorsque ce charivari étourdissant a éreinté son pauvre auteur que l'importuné se décide enfin, après une longue séance, à mettre la main à la poche et à donner au misérable quesques-unes de ces horribles pièces de cuivre percées d'un trou carré au milieu, qui servent de monnaie de billon à toute la Chine. Étonné de cette conduite, qui passait les bornes de ma perspicacité, je priai Timao de demander au maître de la maison dans laquelle nous nous trouvions l'explication de ce mystère, et pourquoi, ayant l'intention de faire l'aumône, il y avait apporté un si long retard. L'habitant du Céleste Empire nous regarda avec un air de béatitude incroyable, et, faisant grimacer sur ses lèvres épaisses le plus charmant de ses sourires, il nous répondit d'un air de satisfaction :

— Si je m'exécutais tout de suite, le musicien ambulant reviendrait bientôt troubler ma maison de ses cris aigus, et prélever un impôt sur ma bourse. Mais, plus il reste dans chaque maison, plus il lui faudra de temps pour parcourir tout le quartier, et alors, si chacun fait comme moi, je serai bien plus de temps sans le revoir, et mes ouvriers pourront travailler tranquillement et sans distraction.

Qu'on calomnie après cela la résignation de ce peuple timide, et qu'on n'admire pas le génie de cette finesse chinoise!

Quiconque a vu les troupes de mendiants qui parcourent les rues de toutes les grandes villes, entrent sans gêne dans les maisons et exécutent des concerts qui déchirent les oreilles des malheureux Européens, ne saurait être surpris de cette longanimité. Le Chinois est continuellement exposé à des périls de toute sorte qui menacent sa vie, sa fortune et sa subsistance. La patience est devenue pour lui une nécessité. Ce qu'il supporte, il sait bien que tous ses efforts seraient impuissants à l'empêcher. Alors toutes les ressources et toutes les subtilités de son esprit sont tournées vers un seul but : faire la part du fléau, s'il le peut, et conserver le reste. Voyez-le au milieu des inondations qui annuellement causent, dans la plupart des provinces de l'empire, des ravages effrayants. Il ne prend aucune des mesures qui pourraient sinon le sauver, du moins le sauvegarder en partie. Il garde, au milieu des eaux qui envahissent jusqu'à sa demeure, cette insouciance ou plutôt cette apathie que j'ai si souvent observée au milieu des dangers qui lui sont individuels. Quand un voleur, et le cas est très-fréquent, pénètre dans sa maison, il tâche de le faire sortir en l'effrayant, et presque toujours le voleur, surpris en flagrant délit et qui connaît le châtiment qui l'attend s'il est livré à la justice, se sauve. Mais si, loin de se laisser gagner par la peur, le voleur paye d'audace, si l'appât du gain l'emporte chez lui sur la crainte de la loi, les rôles sont bientôt intervertis, et c'est ordinairement le propriétaire qui lui cède la place ; car le Chinois connaît la mesure de ses forces ; avec son œil pénétrant, il voit sur-le-champ ce qu'il a à gagner ou à perdre. Sa cervelle imagine sur-le-champ un calcul de compensation, et il s'en rapporte à la délicatesse et aux forces du voleur pour ne pas être complétement dévalisé.

Des faits de ce genre se passent tous les jours, même sur une plus grande échelle. Il arrive souvent que, dans

18

une contrée pauvre, des bandes de malfaiteurs s'organisent et se répandent dans les contrées voisines, plus favorisées en richesses. Ces compagnies ne se contentent pas,
comme nos brigands, de détrousser les voyageurs sur les
grandes routes. Quand elles envahissent un pays, c'est
pour mettre à rançon tous les centres de populations qui ne
leur paraissent pas trop considérables. Elles pillent et volent
des villages entiers. Alors, ceux qui se trouvent menacés
vont au-devant du fléau et entrent en composition avec
les bandits. Ils stipulent un arrangement, absolument
comme deux puissances belligérantes stipulent les articles
d'un traité de paix, et, moyennant finances, les villages
craintifs achètent leur tranquillité.

Une des principales industries des habitants côtiers du
Tché-Kiang, et surtout de la ville de Ning-Po, est la fabrication des perles artificielles. Jamais production artificielle
ne fut aussi naturelle, si j'ose parler ainsi. Je veux dire
par là qu'aucun élément étranger n'entre dans la composition du précieux coquillage. Tout l'artifice consiste dans
la manière ingénieuse des Chinois à prédisposer l'animal
producteur à la maladie étrange qui nous fournit cet objet
de luxe pour les toilettes de tous les peuples. L'huître ou
coquille marine dans laquelle naît la perle abonde sur
toutes les côtes de la Chine occidentale. Nulle part elle
n'est plus belle et plus féconde que dans les environs de
Ning-Po ; aussi les habitants ont-ils voulu utiliser les bien-
faits que leur apporte la mer.

Ils ont sur toute la côte préparé avec soin des parcs où
viennent s'établir les huîtres. Quand ils en ont une certaine quantité et qu'ils ont bien pris toutes leurs mesures
pour qu'elles ne puissent leur échapper, voici comment
ils établissent la production des perles. Avec une tarière
mince et effilée comme une aiguille anglaise, ils percent
l'écaille dure des crustacés. Cette espèce d'aiguille pénètre

ainsi jusqu'à la partie vivante de l'animal. Ils s'arrêtent juste au moment où l'instrument introduit dans la conque pourrait tuer la bête, et cassent l'acier afin qu'il reste toujours à la même profondeur. L'animal, émoustillé par cette blessure constante, est alors atteint d'une maladie nerveuse. Il vit quelque temps encore, mais dans un état d'irritation permanente, et, par suite de cette irritation, il dépose au fond de sa coquille le germe de la perle. Les Chinois sont devenus si habiles dans cette fabrication artificielle, qu'ils connaissent le jour fixe où ils doivent ouvrir l'écaille de l'huître pour en extraire la précieuse perle. Aussi ont-ils voulu, comme toujours, enjoliver leur invention. Ils ne se contentent plus de produire seulement la perle; ils la font déposer sur tel ou tel point de l'écaille et autour de petites images religieuses qui, après, leur serviront de reliques.

Cette industrie est la plus originale de Ning-Po; elle surprend vivement l'Européen qui n'est pas habitué à voir l'homme se rendre ainsi maître même des plus petites forces de la nature et les faire concourir toutes soit à ses besoins, soit à ses plaisirs. L'Europe ne connaît guère ces perles artificielles; c'est pourquoi j'en achetai une certaine quantité, ayant soin de choisir les plus précieuses, qui sont en même temps les plus curieuses, c'est-à-dire celles dans lesquelles on voit de petites images des dieux du bouddhisme.

Nous nous remîmes en route par un beau soleil, et, cette gaieté de la nature nous réjouissant le cœur, nous parcourûmes très-rapidement les premières étapes de cette longue route qui, en passant par Hang-Tcheou et Sou-Tcheou, devait nous conduire a Nankin. Nous étions complétement familiarisés avec cette étrange terre qui nous réservait cependant encore ses plus ravissantes merveilles. Les eaux, les collines, les fleurs, nous laissaient indifférents à leurs

plus capricieux méandres, à leurs plus gracieuses ondulations, à leur plus riche coloris. Nous passions les fleuves
tantôt sur des arches d'une architecture fantastiquement
légère, tantôt sur des ponts assis carrément et lourdement
sur de larges et solides assises décorées des sculptures symboliques des religions chinoises. Quand les ponts nous
manquaient, nous étions quelquefois obligés de faire de
longs détours pour trouver un gué ou une barque qui nous
permît d'atteindre le bord opposé.

Nous traversâmes ainsi toutes ces belles terres du Tché-
Kiang, trouvant chaque soir notre gîte ou chez un frère
de la Triade ou chez un chrétien qui était heureux d'offrir
l'hospitalité à un Français. Timao était merveilleux à voir
dans cette longue et aventureuse pérégrination. Il connaissait tout le monde, tous les pays ; il savait la langue qu'il.
fallait parler à chacun, et avait toujours en ressource quelque expédient lorsque nous nous trouvions subitement
jetés dans un imprévu embarrassant. Toute cette tristesse
que j'avais remarquée en lui depuis notre retour de Canton avait, comme par enchantement, disparu, et quand,
perdu au milieu de ces pittoresques campagnes qui n'a-
vaient plus le don d'émoustiller ma curiosité, je sentais
l'ennui vague du voyageur me gagner avec la lassitude,
je n'avais qu'à prier Timao de chanter. Aussitôt le Lascar
commençait un de ces chants terribles et doux comme en
connaissent tous les marins. Le plus souvent il chantait
dans la langue sacrée de l'Inde, et ces belles et sonores
inflexions de voix paraissaient étonner les échos de la nature bizarre au milieu de laquelle nous nous trouvions.

Le soleil était déjà levé depuis deux heures, et nous
étions immergés de cet air lumineux qui signale le lever
du jour dans les contrées orientales de la Chine, lorsque
nous aperçûmes, en quittant le fleuve et gravissant une
légère éminence, les tuiles étincelantes des toitures de Hang-

Tcheou. Le mamelon sur lequel nous nous arrêtâmes quelques instants pour jouir du coup d'œil était un endroit délicieux. C'est là que, pour la première fois, j'aperçus quelques-uns de ces cotonniers rouges qui servent aux filateurs de Nankin à fabriquer ce tissu célèbre dans le monde entier. Ils agitaient leurs aigrettes brillantes tout autour de nous, animant le paysage et se mêlant avec grâce aux plumeria, aux caramboliers et à la grande famille végétale des magnolias. Au milieu de ce luxe de végétation, les kiosques des riches mandarins de Hang-Tcheou montraient leurs toits recourbés et leurs élégants treillages, cachés aux trois quarts sous de splendides floraisons.

Ces maisons de campagne, qui toutes s'approchaient de la rivière afin de permettre aux habitants d'unir les plaisirs des eaux aux plaisirs de la terre, nous donnaient, malgré la beauté du paysage dont nous jouissions, le plus vif désir d'entrer dans la ville. Notre curiosité, émoustillée par ces approches, s'attendait à trouver dans une ville de l'intérieur des spectacles nouveaux et sur lesquels nous ne fussions pas encore blasés par nos visites successives à Macao, à Canton, à Emouï, à Ning-Po.

Hélas! quelle désillusion!

Hang-Tcheou est moins chinois que Canton, si j'ose ainsi dire, et j'ai retiré du séjour de deux journées que j'ai fait dans cette ville la conviction profonde que les Chinois se griment énormément pour recevoir les Européens. J'ai toujours remarqué une physionomie moins originale au peuple lui-même de l'intérieur. On y trouve moins de magots ambulants et vivants que dans les ports hantés par nos navires. On sent que le génie mercantile n'a pas encore flairé le parti et l'avantage qu'il peut tirer des drôleries que nous trouvons à leur figure, à leur manière de vivre, de se meubler, de s'habiller. Le Chinois de l'intérieur mène une existence beaucoup moins excentrique que

18.

nous nous ne le figurons d'ordinaire. Sans doute ils portent
des vêtements qui ont un cachet tout à fait spécial. Leur
architecture est en réalité bizarre ; mais dans nos pays
n'avons-nous pas aussi des excentricités ?

Ainsi je ne retrouvais pas à Hang-Tcheou ces splendides
bazars de Physic-Street et de la vieille et nouvelle rue de
Chine à Canton. Tout ce que je trouvais de curieux dans
les magasins que je parcourus à la hâte, c'étaient des objets d'antiquité fort recherchés de tous les lettrés chinois.
Bronzes, pierres précieuses, porcelaines, meubles d'un
autre âge peuplent ces magasins de bric-à-brac, entassés
pêle-mêle avec des armes grotesques dont nous avions
peine à nous rendre compte. Si je n'avais vu les bazars
de Nankin, je m'arrêterais volontiers sur ces curiosités.
Mais je passe légèrement, dans la crainte d'avoir à me répéter.

Une des plus remarquables merveilles qui aient frappé
mes regards pendant ce voyage dans l'intérieur du Céleste
Empire, où j'en ai eu tant à voir, est, sans contredit, un
temple élevé aux ancêtres que nous visitâmes aux environs
de Hang-Tcheou. C'était un simple miao, d'une architecture légère, gracieuse et coquette, comme un des plus ravissants joyaux de l'art grec ou de l'art de la renaissance. Ce
petit temple, décoré avec un goût parfait, remit dans ma mémoire les paroles du disciple de Koung-Tsée que j'ai rapportées en leur lieu. Extérieurement, tout annonçait la man-
suétude et l'affection filiale. Une agréable simplicité avait
présidé à la plantation du jardin, où l'on ne rencontrait que
des fleurs et des arbustes sacrés. Les cours intérieures étaient
calmes et recueillies, et, quand on pénétrait dans les salles
diverses qui composent un temple chinois, on y sentait
comme un parfum délicieux de vétusté qui s'harmoniait
admirablement avec cette dédicace aux ancêtres qui nous
avait attirés. Quand nous entrâmes dans la salle où se

trouvent les tablettes des ancêtres, ces tablettes sur lesquelles sont inscrites nominativement toutes les générations et devant lesquelles se font tous les sacrifices, il nous
sembla que les antiques dynasties chinoises se levaient de
leurs tombes pour voir ces étrangers qui venaient fouler
de leur pied curieux le sol de la Terre des Fleurs.

Le prêtre qui nous guidait nous avait dit qu'il était
averti de notre arrivée. Comment? par qui? c'est ce que je
n'ai pas su. Mais, en reportant ma pensée sur le disciple de
Koung-Tsée, avec lequel nous nous étions longuement entre-
tenus, je l'ai toujours soupçonné de nous avoir ménagé cette
surprise. Car si l'accès des pagodes est libre à tous, il n'en
est pas de même des temples des ancêtres. Les dieux boud-
dhiques ne sont, pour ainsi parler, que l'objet d'une adoration banale. Les ancêtres, comme le Xan-ti, sont le
vrai culte chinois, et leurs temples sont sévèrement inter-
dits aux profanes,

Au reste, le bonze gardien du monument était un
homme jeune encore, plein d'une affabilité douce qui se
trahissait dans ses moindres gestes, dans ses moindres paroles. Il parlait avec Timao dans cette langue toute composée de voyelles sonores qui prend des inflexions de plus
en plus douces ou voluptueuses au fur et à mesure qu'on
approche du Kiang-Han, l'Italie de la Chine. Il paraissait
prendre un vif intérêt à ce que lui racontait Timao sur
les mœurs, les habitudes, les rites des autres provinces du
Céleste Empire, et quand le Lascar lui demandait s'il n'a-
vait jamais voyagé, il répondait naïvement que, s'étant toujours trouvé bien dans le coin de terre où il était né, il
n'avait jamais éprouvé le besoin d'en sortir.

Il nous fit voir successivement les trois salles prépara-
toires qui servent de lieux de purification au sacrificateur
avant qu'il se présente devant l'autel, le couteau sacré
d'une main, la victime de l'autre; puis la salle des ta-

blettes, puis celles des victimes ; enfin une dernière, la plus
curieuse de toutes : c'est une nécropole fort simple où sont
enterrés ceux qui, par la sainteté et la sagesse de leur vie,
ont mérité d'être placés au rang des ancêtres de la province. Leur dépouille mortelle repose dans ce coin isolé,
pendant que leur nom est inscrit sur les tablettes de la
salle des sacrifices.

Ce temple, comme tous les temples chinois, est bâti sur
une éminence d'où l'œil peut embrasser un vaste rayon
de pays. Ces perspectives sont toujours délicieuses. Les
Chinois, comme les Romains, comprennent que l'habitation
de l'homme doit être placée de manière à lui ménager
sans cesse la vue de la terre et du ciel sous leurs plus
beaux aspects. Le bonze me montrait avec orgueil les fleurs
et les arbustes de ses plantations, sur lesquels il exerçait
fort agréablement les bizarres fantaisies qui passent à tout
instant dans une cervelle chinoise. Le chef-d'œuvre de cet
artiste inconnu était une citrouille énorme des plus belles
espèces du Hou-Pé, et représentant un éléphant qui porte
sur son dos la tour d'une pagode. Jamais monstruosité pareille à cette cucurbitacée gigantesque n'avait frappé mes regards. Je complimentai chaudement le bonze sur ses talents
d'horticulteur, et il parut vivement touché du cas que je
faisais de son habileté. Pour me remercier, il me donna
un oignon de jacinthe, taillé, comme la citrouille, d'une
façon fort originale. Il me fit entendre que la fleur aurait
également la même forme ; mais jusqu'à ce jour je n'ai pu
en faire l'expérience.

J'avais une telle confiance dans la bonhomie de ce
bonze, simple et pieux, chose fort rare en Chine, que je
n'hésitai pas à lui demander conseil sur la route que je
devais prendre pour me rendre à Sou-Tcheou, ville capitale
du Kiang-Su, que je désirais voir avant de visiter Nankin,
dont elle n'est séparée, du reste, que par quelques lieues.

Il nous engagea fortement à ne pas continuer notre route
par terre. Nous pouvions, il est vrai, nous embarquer sur
le fleuve Ou-Soung et le remonter jusqu'au grand lac intérieur de Ta-Hou, à quelques milles de Sou-Tcheou.

Nous suivîmes ce conseil, et bien nous en prit.

Il y avait cinq heures que nous naviguions sur le fleuve
lorsque nous aperçûmes sur le bord du fleuve des hommes,
des femmes, des enfants, des vieillards qui fuyaient pêle-
mêle en désordre à travers champs, en donnant les signes
de la plus grande frayeur. Pendant longtemps nous n'a-
perçûmes que ces bandes de fuyards; mais enfin il nous
fut donné de connaître la cause de cette perturbation. Le
pays était infesté par des troupes de malfaiteurs qui·bat-
taient la campagne dans tous les sens, attaquant et pillant
les habitations isolées, et quelquefois même portant l'audace
jusqu'à s'en prendre à des villages entiers. C'était ce dernier accident dont nous étions témoins. Le parti que nous
avions pris de nous embarquer nous mettait complétement
à l'abri des embuscades de ces bandits, dans lesquelles
nous serions infailliblement tombés. Le bonze avait eu raison de nous conseiller la voie d'eau, et nous lui envoyâmes
mentalement un nouveau remercîment de ses bons avis.

Bientôt notre jonque se trouva dans le lac de Ta-Hou,
célèbre dans le Kiang-Nau par l'abondance et l'exquise
délicatesse de ses poissons. La navigation sur les lacs intérieurs de la Chine est une des choses les plus charmantes
qui soient au monde. Ce n'est plus le grand lac d'Amérique, immense et tempétueux comme une mer, avec ses
bords sauvages et ses forêts inexplorées. En Chine, la grandeur est vaincue par la grâce, surtout dans le pays où
nous entrions. Tout, dans la nature qui nous environnait,
était moelleux, suave et doux, comme la température. On
sentait que nous avions changé de climat, et, quoique nous
vinssions de provinces plus méridionales, nous nous trou-

vions dans la situation d'un Espagnol qui quitterait Ma-
drid au mois de décembre pour se rendre à Marseille. Les
eaux bleues et limpides du lac nous berçaient mollement;
nous rencontrions à chaque instant de petites îles qui semblaient surgir tout à coup devant nous pour charmer nos
yeux et nous rappeler la terre. Une végétation luxueuse nous
faisait regretter de ne pas nous y arrêter au moins quelques instants. Au milieu de fleurs d'une richesse inouïe de
coloris, folâtraient de grands papillons, avec leur magnifi-
fiqué robe velue d'un gris de perle, zébrée d'azur et d'or,
avec deux grands yeux irisés de mille couleurs à l'extrémité des ailes. Je n'ai jamais pu connaître le nom chinois
de ce papillon; les entomologistes européens l'ont appelé
atlas. Ces papillons font le même bruit que des oiseaux de
moyenne grandeur. L'immense envergure de leurs ailes
agite et déplace l'air en entretenant un éternel zéphyr au-
dessus de ces fleurs dont les tiges délicates et frêles semblent fières de porter un si charmant fardeau. Dans tout
ce long voyage à travers les campagnes du Céleste Empire,
j'ai rencontré bien des papillons curieux par leur forme,
leur grandeur, la richesse de leurs couleurs. L'atlas m'a
toujours paru le roi de ce monde entomologique, et jamais
je n'en ai rencontré d'aussi grandes quantités que dans ces
petites îles du lac de Ta-Hou.

Nous prîmes terre et nous nous fîmes débarquer à un
petit village distant de quelques kilomètres de Sou-Tcheou.
Cette bourgade charmante, assise gracieusement sur les
bords du lac, me rappelait ces villes suisses que tous les
voyageurs européens vont visiter. Mais combien le village
chinois l'emportait en pittoresque. Et ce n'est pas seulement à cause de l'étrangeté des constructions, pour des
yeux marseillais, un chalet suisse est aussi étrange qu'un
kiosque chinois; mais c'était surtout par ce charme indé-
finissable et vaporeux que la nature jette autour de cer-

taines terres favorisées; les accidents de terrain, les horizons, l'alliance de la terre et des eaux, les végétations plus
puissantes, tout contribue au bonheur qu'on éprouve de
rencontrer ces lieux sur son chemin et d'y séjourner quelque temps.

Nous restâmes toute une matinée dans ce village, au
milieu d'une population dont les mœurs douces et affables nous touchaient, et puis nous reprîmes notre route vers
Sou-Tcheou.

Ce n'était pas tant la ville que je tenais à visiter que les
environs. J'avais assez des villes chinoises. Elles sont
toutes d'une telle uniformité, qu'à part les accidents de
paysage, le voyageur ferait bien de ne pas s'arrêter ailleurs que dans les villes capitales. Sou-Tcheou est célèbre
dans tout l'Empire par les thés délicieux qu'il produit, de
véritables thés chinois. Pour nous autres, barbares, nous
n'avons aucune idée des thés du Céleste Empire. Ceux
qu'on nous expédie, et qui suffisent à des palais peu exer-
cés, sont des thés grossiers, indignes d'approcher jamais
des lèvres des mandarins gourmets du Céleste Empire.
Sou-Tcheou fournit à toute la Chine ces thés d'une délicatesse exquise que les Chinois appellent *you-tsien*, et que
l'on connaît dans le commerce sous le nom de *jeune hyson*.
Il faut avoir le goût raffiné des gourmands de l'Empire du
Milieu pour apprécier la saveur de cette infusion. Le nom
chinois signifie *avant les pluies*. Ce sont les premières
feuilles de la plante, qui, cueillies délicatement et triées
avec soin, servent à confectionner cette liqueur délicieuse.
Elles poussent en une nuit sous la douce influence du ciel
de Sou-Tcheou et de la rosée fécondante. Les plantations
qui environnent cette ville, les plus admirables de toutes
celles que j'ai pu voir sur la Terre des Fleurs, sont tenues
avec une propreté rare, et permettent au cultivateur de
surveiller toutes les portions de la terre en culture avec

une égale vigilance. Il sait au besoin suppléer aux inconvénients climatériques, et il le fait avec une si juste mesure, qu'il est bien rare de voir quelque accident imprévu
contrarier ses espérances. Le you-tsien est la seule espèce
de thé dont la récolte soit toujours assurée et toujours à
peu près la même. Elle est basée sur les besoins du Céleste
Empire. Le Chinois, qui connaît les goûts des barbares, se
garderait bien de prodiguer pour eux tant d'efforts et tant
de peine; il sait qu'il n'en obtiendrait aucune récompense.

Par une assez curieuse bizarrerie, la seconde industrie
de Sou-Tcheou est celle des porcelaines impossibles. De
même que le you-tsien est une espèce de thé qui ne saurait
être appréciée que par les gourmets chinois, de même les
porcelaines de Sou-Tcheou ne sauraient être appréciées que
par les amateurs passionnés des grandes villes lettrées. Jamais clair de lune ne fut aussi transparent que ces grêles
feuilles de poteries; jamais couleur plus douteuse et plus
charmante à la fois ne se répandit sur une campagne, la
nuit venue, que celle que filtre la lumière à travers ce pur
kaolin. C'est dans les tasses de Sou-Tcheou qu'il faut boire
les infusions de you-tsien. Les unes sont aussi estimées que
l'autre, et la ville de Nankin est heureuse d'avoir dans
son voisinage une ville dont la double industrie satisfait
ainsi deux des goûts les plus impérieux de l'élégance de
ses habitants. Les porcelaines de Sou-Tcheou ne vont guère
plus loin que les grandes villes intelligentes de ce vaste
empire. Les mandarins sont fiers de posséder des services
complets et nombreux de ces magnifiques poteries, et dans
les villes inférieures où les relèguent quelquefois les devoirs de leurs charges, ils sont toujours prêts à acheter
celles qui se montreraient sur le marché.

Posséder des porcelaines de Sou-Tcheou, des bronzes de
Nankin, des meubles incrustés de Ché-Kiang et recouverts

du vernis précieux de Ning-Pô, des ivoires sculptés de Canton, des nacres, des jades gravées et travaillées avec art, avec mille fantaisies de laque, de filigranes, de bambous : voilà les conditions de l'existence luxueuse chez les Chinois, et l'empire est si vaste que presque tous les objets de l'industrie nationale se consomment sur place.

La ville de Sou-Tcheou, qui aurait eu pour moi un immense attrait si je l'avais vue au début de mon voyage, ne pouvait m'arrêter longtemps après cette longue course que je venais de faire dans l'intérieur de l'Empire du Milieu. Ses bazars ne me tentaient pas, et, quant à ses édifices, je ne retrouvais là que ce que j'avais déjà vu cent fois ailleurs. J'ai déjà dit que les bizarreries de physionomie chinoise sont beaucoup moins saillantes dans les villes de l'intérieur qu'à Canton. Sou-Tcheou ne devait pas me faire revenir de cette opinion. Les ventres m'y parurent même moins énormes et moins démesurés que dans toutes les autres cités que j'avais visitées.

Après ces quelques mots, on comprendra que j'avais hâte d'arriver à Nankin.

X

Quitter une ville comme Sou-Tcheou lorsqu'on y a séjourné deux jours ne saurait être un événement sur le journal d'un voyageur en Chine. Nous partîmes par une belle matinée de printemps, Timao joyeux et gai comme la charmante nature qui nous faisait fête de toutes parts, moi tout étourdi et étonné encore de me trouver en plein Empire du Milieu. A la main, le bâton en houlette familier au voyageur, sur nos têtes le large chapeau conique en feuilles de bambou, nous gagnâmes d'abord un petit port sur un des bras du grand fleuve *Chagrin de la Chine*, le Yang-tze-Kiang ou fleuve Jaune, où les jonques se rendant de la mer à Nankin font échelle. Nous espérions en rencontrer une en partance, y prendre passage et continuer ainsi notre route vers la capitale des deux Kiangs. Il était écrit que ce voyage serait pour moi une suite non interrompue de bonheurs.

Nous avions cheminé gaiement à travers des campagnes luxuriantes de verdure, donnant à peine un regard aux merveilles végétales qui nous entouraient, aux faisans chamarrés d'or, de pourpre et d'argent qui couraient par bandes dans les guérets autour de nous en poussant de

courts glapissements effarés, lorsque, en arrivant sur la
berge du fleuve, nous aperçûmes une jonque de fort tonnage qui déjà levait l'ancre et achevait tous ses préparatifs de départ. En un instant nous fûmes à bord, et, notre
passage payé, nous nous abandonnâmes à cette Providence
qui jamais ne nous fit défaut.

Longtemps avant d'arriver à Nankin, soit qu'on ait pris
la route de terre, soit qu'on vienne par le fleuve, on sent
les abords d'une grande ville à l'affluence qui encombre
toutes les avenues et aux cultures soignées qui rappellent
de plus en plus toutes les nécessités d'approvisionnement
d'une immense population urbaine. Notre jonque, fort
respectable d'ailleurs par sa taille et les marchandises
précieuses qu'elle portait, — elle était chargée de parfums
de Chouang-Toung, — était sans cesse accostée par des
embarcations plus légères, toujours empressées d'offrir
leurs services aux passagers qu'elles supposent embarrassés
de leurs bagages. Nous n'étions pas dans ce cas, tant s'en
faut. A part une large ceinture de cuir, encore bien gar-
nie de piastres fortes, nonobstant deux saignées successives, notre bagage était des plus minces. Mais c'était là le
moindre de nos soucis. En Chine, comme partout ailleurs,
un voyageur, passant sur une terre uniquement pour la
voir, satisfait avec de l'or tous ses besoins au fur et à mesure qu'ils se présentent. Ses inquiétudes ne doivent commencer que le jour où ce métal précieux lui fait défaut.
Nous étions encore loin de cette tristesse, Dieu merci !

Aussi Timao, accoudé sur la haute muraille de l'arrière,
s'amusait-il à héler tous ces mariniers, toutes ces marinières étranges, qui passaient près de nous. Il parlait la
langue chinoise avec la pureté d'accent et l'élégance d'un
lettré de Nankin, et il abusait de sa merveilleuse facilité
à prendre tous les types pour se transformer en un habitant campagnard du Kiang. Je ne comprenais pas trop sur

le moment le but de toutes ces paroles que le Lascar échangeait avec chaque bateau qui passait. Je le comprenais d'autant moins, que jusqu'à ce jour je n'avais pas rencontré le Chinois bavard. J'ignorais encore que la province où nous nous trouvions est celle qui fournit les beaux parleurs à tout l'Empire. C'est là que viennent se former les avocats célèbres, les poëtes, les conteurs, et jusqu'aux hommes de loisir qui, ne faisant métier que d'élégance, aiment cependant à séduire et à charmer les sociétés dans lesquelles ils se trouvent par leur habileté à se servir de la langue maternelle. En arrivant à Nankin, je m'aperçus que Timao avait employé une ruse qui aurait mis en défaut toute la sagacité des plus rusés mandarins, et ce fut une nouvelle dette que ma reconnaissance contracta envers lui.

Si la méfiance chinoise est vétilleuse à l'endroit des Européens qui débarquent à Canton, port ouvert au commerce de toutes les nations occidentales, elle le serait bien davantage à Nankin si elle pouvait soupçonner un barbare assez audacieux pour entrer dans la ville lettrée. Timao, habitué à ces mœurs, et qui flairait de loin tous les dangers qui auraient pu encombrer notre marche et nous arrêter dans notre excursion, essayait ses forces avec tous les bateliers que le hasard de la route offrait à son bavardage. Il ne voulait arriver à Nankin que prêt à entamer avec tous les mandarins et officiers de police une discussion qui leur aurait démontré sans réplique que le Lascar était né dans le Kiang-Nan. Quant à moi, en cas d'embûches, je devais passer pour un montagnard de Formose, curieux de visiter la Terre des Fleurs, afin de pouvoir raconter à mes compatriotes, au retour toutes les merveilles du Céleste Empire. J'ignorais ces précautions, et, à notre débarquement à Nankin, je m'aperçus qu'elles n'étaient pas inutiles.

La dernière guerre des Anglais avait laissé dans les esprits une irritation profonde. Ces barbares, qui, sur des bateaux de fer, avaient osé remonter les grands fleuves et souiller la terre sacrée, étaient l'objet des exaspérations populaires. Ils n'en tenaient compte et voulaient que la Chine leur fût ouverte; ils voulaient surtout visiter Canton et Nankin; mais Canton et Nankin restèrent fermés, et les épaulettes britanniques durent se contenter de briller dans les faubourgs. Cependant le bruit avait couru que certains jeunes officiers, plus aventureux que leurs chefs, avaient pris des déguisements et avaient essayé de pénétrer jusque dans les provinces intérieures du Hou-Nan et du Hou-Pé. La finesse chinoise n'admet pas qu'on la trompe. Elle a ce point de ressemblance avec la morgue britannique. Dès qu'elle fut mise en éveil par cette révélation, elle redoubla de surveillance dans l'espoir que les aventuriers, s'il en existait, tomberaient dans ses piéges. Cela rendit assez difficile notre débarquement à Nankin. Heureusement, Timao prit des airs si chinois, parla avec tant de volubilité la langue du pays, que les surveillants furent les premiers dupés, et que Timao et moi nous pûmes nous loger chez un ami que Timao possédait dans la partie la plus chinoise de la ville.

Cet ami était un vieux mandarin de première classe, depuis longtemps retiré des affaires, après avoir occupé des fonctions fort éminentes dans l'administration de l'empire. Nourri et élevé d'abord dans une de ces bourgades qui, malgré les persécutions, ont conservé depuis deux siècles l'esprit de mouvement et de progrès apporté par la pensée chrétienne, Sa-Ni avait toujours été favorable aux réformes qui pouvaient donner aux populations quelques améliorations morales ou physiques; et cependant nul n'avait été plus Chinois que lui. Disciple fervent de Koung-Tseu, il réclamait les réformes au nom de l'antiquité, et,

chose bizarre, il se trouvait que la sagesse antique était
souvent d'accord avec la science moderne; en outre, depuis qu'il avait quitté les affaires, il était, par la force des
choses, entré dans les sociétés secrètes qui travaillent à
préparer le renversement de la dynastie tartare.

La maison du vieux Sa-Ni était un vrai palais chinois,
spacieux, bizarre et meublé avec un luxe de portes, d'escaliers, de cloisons, de paravents, à rendre jaloux le plus
habile marchand baniste de Canton, qui trace des rues
dans son magasin, et puis se dissimule derrière des amas
informes de marchandises de toutes sortes. Les moindres
désirs de la vie la plus luxueuse étaient prévus et trouvaient aussitôt leur satisfaction dans cette habitation, qui
était comme un résumé de toutes les sciences chinoises. De
vastes jardins, capricieusement plantés de tous les arbustes
à fleurs qu'adore le sensualisme des enfants du Céleste Empire, s'étendaient derrière la maison, cachant dans leurs
massifs des kiosques meublés avec une rare élégance, et qui
pouvaient servir d'habitation. Ces kiosques étaient même la
retraite favorite de Sa-Ni, qui venait cacher là, au milieu
du parfum des fleurs et du chant joyeux des oiseaux, son
existence voluptueuse. Ses nombreuses femmes avaient
chacune un kiosque séparé, excepté celles qui préféraient
vivre avec une ou plusieurs compagnes. Et ceci n'était pas
le cas le plus rare; car, c'est une chose digne de remarque,
dans les pays où la polygamie est profondément entrée
dans les mœurs, la jalousie est un sentiment à peu près
inconnu aux femmes. Elles se contentent volontiers de la
part d'existence qui leur est faite dans la vie civile, et se
plient avec une facilité sans égale à toutes les exigences
des mœurs et des usages. Les femmes tartares elles-mêmes,
les femmes au long pied, comme on les appelle, ne sont
pas plus récalcitrantes que les femmes de pure race chinoise. Et cependant il faut avoir vu de près, comme je

l'ai fait, pendant ce long voyage, pour connaître toutes
les tyrannies de la claustration des femmes du Céleste
Empire.

La maison de Sa-Ni était, comme je l'ai dit, située dans
le quartier le plus central de la ville. Au milieu des jardins et cachant sa base dans des plantations vertes et luxuriantes de tulipiers, de pluméria, de caramboliers, de
fagaras, de cotonniers rouges, était bâti le plus élégant
des kiosques, que surmontait un belvédère fort élevé. Ce
kiosque était la résidence d'été du riche Sa-Ni ; c'était là
qu'il recevait ses amis, les hommes les plus lettrés et les
plus polis de Nankin. Ils s'empressaient autour de cet
homme, qui, après avoir longtemps occupé les plus hautes
fonctions de l'empire, s'était entièrement retiré des affaires pour ne plus vivre qu'au milieu d'eux, et ne s'occuper plus que d'arts, de littérature, de sagesse et de
plaisirs.

Du haut du belvédère, l'œil embrassait un immense horizon, qui, laissant à ses pieds toute la ville de Nankin,
allait au loin chercher dans la campagne des points de repos à ses perspectives.

Nankin a beaucoup perdu, depuis deux siècles, de son
antique splendeur. Autrefois, quand les empereurs de la
Chine résidaient dans ses murs, nulle ville au monde
n'aurait pu prétendre à l'emporter sur elle et par la beauté
de son ciel et par la magnificence de ses monuments.
Ainsi, au milieu d'une plaine immense, d'une fertilité
inouïe, elle s'appuie nonchalamment sur des collines admirablement boisées, pendant que ses pieds se baignent
dans des canaux sans nombre, qui, après avoir divergé de
toutes parts, dans tous les sens où le besoin des eaux se
fait sentir, viennent confluer dans un vaste bassin qui, à
l'occasion, sert de réservoir. Quelques-uns de ces canaux
pénètrent jusque dans la ville et fournissent des eaux aux

jardins des riches particuliers; d'autres se contentent de
baigner les remparts qui tombent en ruines; d'autres, enfin, sont éparpillés dans la campagne pour les besoins de
l'agriculture et de l'industrie.

La ville est divisée en deux portions parfaitement distinctes, le quartier chinois et le quartier tartare. Celui-ci,
roide et aristocratiquement guindé, est cependant celui
que je choisirais de préférence si j'avais à passer ma vie à
Nankin. C'est le quartier septentrional.; il est séparé de
l'autre par de vastes terrains aujourd'hui livrés à la culture, et qui autrefois ont vu les fêtes impériales dans leur
vieille splendeur. Car c'était sur ces terrains qu'était bâti
le palais du Fils du Ciel. En Chine, un palais n'est pas seulement une habitation princière ; c'est surtout et avant
tout un vaste ensemble de plantations et de jardins qui
donnent en raccourci une image complète du monde à
celui qui en est l'heureux propriétaire. S'il reste aujour-
d'hui quelque débris des anciennes plantations impériales,
elles sont encadrées dans les espaces occupés par les riches mandarins tartares. Quant aux constructions, elles
ont complétement disparu ; on n'en voit pas même les
ruines, et c'est bien d'elles qu'on peut dire qu'il n'en est
pas resté pierre sur pierre.

Un jour je me promenais avec Sa-Ni et Timao sur ces
terres couvertes d'abondantes moissons de légumes et de
fruits, et je ne sais pourquoi une immense tristesse avait
envahi mon cœur. Certes, si je m'étais trouvé sur les ruines de Baalbek ou de Ninive, peut-être aurais-je pu attribuer une cause à cette mélancolie; mais là, dans ces terres
où rien ne me rappelait les grandeurs disparues, pourquoi
tout d'un coup la rêverie s'était-elle emparée de moi?
Sa-Ni vit ma tristesse, et, s'adressant à Timao :

— Ton compagnon est triste, lui dit-il ; il pense sans
doute à ceux qui furent grands et protégèrent les arts sur

la terre que nous foulons. Mais patience; les fleurs repa-
raissent après l'hiver, les beaux jours reviendront.

Timao me répéta les paroles du sage Chinois, et je lui
fis un signe de tête que j'accompagnai d'un sourire. Sans
doute il l'interpréta en faveur des idées auxquelles il avait
fait allusion; car il répondit par un sourire à mon sourire;
mais, pour moi, j'avoue que je ne compris pas alors ce
qu'il avait voulu me dire.

Grâce à Sa-Ni, nous avions liberté pleine et entière à
Nankin. Il nous mena lui-même dans plusieurs habitations
tartares qui toutes me rappelaient plus ou moins la sienne
propre, suivant le luxe ou la richesse des propriétaires.
Dans ces maisons nous recevions toujours la plus cordiale
hospitalité. A peine étions-nous assis sur les siéges de bambous qui ne s'élèvent guère qu'à quelques pouces du sol,
recouvert de nattes ornées de riches dessins aux vives couleurs, que de jeunes esclaves mettaient devant chacun de
nous des tables de laque incrustées de jade, sur lesquelles
on nous servait un thé délicieux. Je m'étais complétement
habitué au port du costume chinois; la robe ne me gênait
nullement, et j'avais su prendre dans mes mouvements
quelque chose de la grâce et de l'élégance des jeunes mandarins qui donnent le ton aux habitudes luxueuses de la
capitale du Kiang-Nan. Aussi me trouvais-je fort à mon
aise dans toutes ces visites que nous faisions chaque jour
dans la ville tartare. Il est vrai que j'eusse été un peu plus
embarrassé si je n'avais été avec Timao. Le Lascar, heureusement pour moi, se chargeait de la conversation, et sa
merveilleuse facilité d'élocution et d'assimilation de prononciation nous venant en aide, nous pûmes nous tirer
sans encombre d'une entreprise toujours pleine de périls.
Sa-Ni, d'ailleurs, nous encourageait, et, en pareille matière, le vieux mandarin était le meilleur guide que nous
pouvions suivre.

Il y avait déjà quelques jours que je me livrais à l'inspection de la ville tartare, lorsque Sa-Ni entra un matin dans mon appartement.

— Je veux vous conduire chez un compatriote, me dit-il.

Je me retournai de tous côtés pour voir si c'était bien à moi que le brave Chinois adressait une semblable parole. Timao était seul avec nous dans l'appartement. C'était donc à moi que s'adressait Sa-Ni.

— Oui, un compatriote à vous, ajouta-t-il en me désignant du doigt pour faire cesser mon étonnement.

— Un Français?

— Oui, un Français.

— Un missionnaire catholique?

— Non.

— Un voyageur curieux, comme moi?

— Non.

— Un marin?

— Non.

— Et quoi donc, enfin? car je ne saurais deviner, et j'ai hâte de savoir quel est ce compatriote.

— Un soldat.

A ce mot je partis d'un immense éclat de rire qui n'avait rien de chinois, et absolument comme si je me fusse trouvé sur un boulevard parisien à causer avec un ami qui, au milieu d'une conversation sérieuse, m'aurait tout à coup lâché une trop forte drôlerie. Ce rire parut incompréhensible sans doute au Chinois, car il en demanda l'explication à Timao. Celui-ci me répéta les paroles de mon hôte.

— J'avoue, lui répondis-je, que de toutes les personnes que je pouvais m'attendre à rencontrer en Chine, la dernière eût été un soldat de ma nation. Que peut-il venir faire dans cette terre lointaine?

— Il y est venu comme vous, me répondit Sa-Ni. Il était Français, il s'est fait Chinois, et il a choisi la carrière des armes.

— Je comprends alors; c'est un aventurier qui a cherché fortune.

— Et il l'a trouvée. Il est très-brave et exerce un très-beau commandement.

Je n'avais aucune objection à faire contre la visite qui m'était proposée. Nous nous acheminâmes donc vers un des faubourgs septentrionaux, et, après une heure de marche dans des rues chinoises, c'est-à-dire les plus sales rues du monde, nous frappions à la porte d'un parc délicieux, au milieu duquel mon compatriote habitait un palais.

— Je vous présente un ami, dit Sa-Ni, quand nous nous trouvâmes devant le maître de cette charmante habitation.

— Qu'il soit le bienvenu, répondit celui-ci.

Et aussitôt on nous traita avec le cérémonial ordinaire des visites chinoises de haute distinction.

Ce n'était pas précisément ce que j'étais venu chercher. Depuis quelque temps j'y étais tellement habitué et je recevais tant de politesses des gens que nous visitions, que je commençais à être blasé là-dessus, et que ma curiosité commençait à demander un autre aliment. Au reste, en toute autre circonstance j'aurais remarqué la somptuosité du service. Il n'y avait pas de mandarin ou de kolao à Pékin, à Sou-fou-Tcheou, à Nankin, qui pût se vanter de posséder de plus belles porcelaines que ce général chinois, mon compatriote.

— Tu peux parler librement, dit Sa-Ni au puissant dignitaire, c'est un compatriote, un ami.

— Ah! monsieur est Français, me dit aussitôt le faux Chinois en me tendant affectueusement la main; en ce cas. soyez encore une fois le bienvenu.

Et son regard m'enveloppa tout entier comme dans une muette et caressante étreinte.

— Il y a longtemps, ajouta-t-il avec mélancolie, que j'ai quitté la France, et elle est bien loin !

Je lui racontai alors tout mon voyage et dans quel but je l'avais entrepris. Je crus cependant devoir omettre la connaissance que j'avais faite à Canton d'un autre Français. Mais, quand j'eus fini, Timao prit la parole dans une langue que je compris moins encore que le chinois, mais que je crus cependant, à de certaines désinences, reconnaître pour du thibétain. Sans doute il racontait ce que j'avais omis, et ajoutait certains détails que je ne devais point entendre ; car, quand il eut fini :

— Vous. aviez oublié, me dit mon compatriote, ce qui dans votre voyage m'intéresse le plus, maintenant que je connais votre pays. Vous avez vu à Canton l'ami de mes bons et de mes mauvais jours. Il vous a parlé de moi, à ce que me dit votre compagnon de courses aventureuses, et, s'il ne vous a pas chargé d'un message spécial, c'est qu'il ne savait pas que vous dussiez me voir. Voyez ce qu'est la destinée des hommes. Je suis né à Limoux, vous dans les environs de Marseille, c'est-à-dire très-près l'un de l'autre, si nous en jugeons par la distance qui nous sépare à cette heure de notre terre natale. Restés l'un et l'autre dans nos foyers, il est probable que nous ne nous serions jamais rencontrés, que nous ne nous serions jamais connus. Il faut les hasards de la vie des voyages pour opérer de semblables rencontres, qui ne sont pas rares. Et vraiment, ajouta-t-il en souriant, il serait dommage que les hommes de courage ne trouvassent pas ainsi l'occasion de se serrer fraternellement la main.

Le général chinois nous retint auprès de lui toute la journée ; il voulait même nous garder pendant toute la durée de notre séjour à Nankin. Mais Sa-Ni fit valoir les droits d'une hospitalité de date plus ancienne, et force fut à notre compatriote de se contenter du lot qui lui était échu. Il essaya du moins, par la manière dont il nous traita, de graver sa réception dans notre souvenir, et certes il réussit pleinement; car de toutes les hospitalités qui m'ont été offertes dans toutes les zones, la sienne a été sinon la plus cordiale, du moins la plus somptueuse.

Il était une heure fort avancée de la nuit lorsque nous regagnâmes le quartier chinois et la maison de Sa-Ni, où nous avions élu domicile.

Le quartier purement chinois de Nankin est celui qui se trouve le plus près du fleuve, avec lequel il communique par une foule innombrable de canaux sans cesse encombrés de barques et de jonques de toutes sortes. J'ai déjà décrit l'aspect fétide d'une ville chinoise. Nankin n'a rien à envier, sous ce rapport, à toutes celles que j'ai déjà visitées. Les constructions basses et infectes dans lesquelles grouille et pullule ce peuple, le plus prolifique du monde, sont entassées à plaisir sur un espace étroit et resserré, comme si l'on craignait sans cesse que la terre et l'air ne vinssent à manquer un beau jour pour cette progéniture inouïe. A part de fort rares exceptions, telles que la maison de Sa-Ni, où nous nous trouvions, les habitations vastes, aérées, spacieuses, sont reléguées dans le quartier tartare. Quant au vaste terrain livré à la culture, et qui sépare les deux quartiers, une vieille tradition interdit aux Chinois d'y bâtir, et les Tartares le dédaignent. La Chine est le pays des souvenirs, et les croyances populaires sont sans cesse alimentées d'une foule de légendes qui entrent dans les mœurs et imposent des usages parfois ridicules, parfois aussi respectables.

Voici la vieille tradition.

Du temps des Mings, c'est-à-dire sous la dynastie qui, ayant appelé les Tartares à son aide, trouva des vainqueurs

20

dans ceux qu'elle croyait ses auxiliaires, le palais impérial.
comme nous l'avons dit, occupait ces vastes terrains aujour-
d'hui abandonnés. De la chute des Mings date aussi la décadence de Nankin. Car les Tartares ne se contentèrent pas
de prendre la place de ceux qui les avaient appelés. En les
renversant, ils ne voulurent pas avoir sans cesse sous les
yeux les images de leur ancienne puissance. Ils enlevèrent à
Nankin son titre et son rang de capitale, et transportèrent le
siége de leur empire à Pékin. Cette ville même n'était pas
encore assez près de leur ancienne patrie, de celle où se
formaient sans cesse les nouveaux soldats qui devaient les
maintenir en maîtres et seigneurs dans l'Empire du Milieu.
C'est pourquoi, comme la Chine ne pouvait avoir qu'une
capitale, ils imaginèrent de donner une résidence d'été,
un château de plaisance à leur nouvel empereur, et cette
résidence fut naturellement choisie dans la Tartarie, par
delà la grande muraille, à Zé-Holl, où l'empereur se rend
chaque année pendant les mois de grande chaleur. Or
Nankin ne supporta pas patiemment cette décadence qui
commençait. Alors circulèrent les bruits que la race des
Mings n'était point éteinte et qu'un jour viendrait où elle
se montrerait, réclamerait ses droits, et, à son tour, chas-
serait les oppresseurs qui l'avaient chassée. Avec les Mings.
les beaux jours de Nankin doivent revenir. Quoique le
Pe-tché-li fournisse des fruits savoureux, ils ne peuvent
être comparés aux pêches et aux jujubes charnues de Nankin. Quant au climat, celui de la capitale de Kiang-Nan
est le plus beau, le plus éternellement serein de tout le
Céleste Empire. Les Mings, à leur retour, ne sauraient
donc accepter l'ordre nouveau arrangé par les usurpateurs
qui les avaient bannis. Pékin sera déshérité à son tour.
Mais, pour que rien ne mette entrave ou obstacle aux volontés justes de l'empereur nouveau, il faut qu'en rentrant
à Nankin il puisse rebâtir son palais comme il était autre-

fois; il faut qu'il puisse sur-le-champ lui redonner sa
vieille splendeur; l'orner de temples, de jardins, de kiosques, comme il était jadis. Et le pourra-t-il, si sur le terrain
que parcourt aujourd'hui la charrue, heurtant encore à
chaque pas quelque antique débris, il trouve un amas de
constructions qu'il faudra d'abord jeter par terre avant de
songer à en élever de nouvelles?...

Voilà pourquoi les maisons s'entassent aujourd'hui dans
le quartier chinois, laissant vagues et inoccupés les terrains de l'ancien palais impérial.

Le quartier chinois, pour l'Européen qui d'aventure
parvient à franchir les murs de Nankin, est, au reste, le
plus curieux de la ville. Si, dans le quartier tartare, on
rencontre à chaque pas des maisons élégantes, somptueu-
ses et confortables selon le goût du pays, c'est dans le quartier chinois que s'est réfugié tout le commerce. Là sont les
riches bazars qui attireront toujours l'œil curieux quand
même il aura visité ceux de Canton; là ces magasins de
bric-à-brac qu'alimentent sans cesse les richesses trouvées
dans les fouilles ou acquises aux ventes des mandarins
disgraciés. Nulle part on n'adore le bric-à-brac plus qu'en
Chine. Bronzes, métaux, meubles, pierres précieuses, ouvrages d'art, sont recherchés par quiconque aspire à mener la vie élégante. Et, certes, on a de quoi se satisfaire.
Tant de civilisations et de dominations diverses ont passé
sur ce sol, qu'il a été, pour ainsi dire, labouré jusque
dans ses plus profondes entrailles. On n'a qu'à creuser
cette terre pour qu'aussitôt elle rejette à la surface quelque
antique débris qui contient toute une histoire. Quoique les
modes soient bien moins variables que dans nos pays,
cependant depuis tant de siècles la Chine est soumise à des
institutions diverses, qu'il a bien fallu accommoder des
meubles et des instruments à ces institutions.

Sous ce rapport, Sa-Ni possédait un véritable musée. Il

y avait là des couteaux et des vases de sacrifices, qui étaient
déjà réputés antiques au temps où Koung-Tseu moralisait
le Céleste Empire; — des bronzes qui avaient orné les appartements des kolaos sous la florissante dynastie des Mings;
— des armes dont on avait oublié l'usage, et d'autres qu'on
retrouvait sur les vieux dessins soigneusement conservés
sur des étagères de camphrier; — des porcelaines de
toutes couleurs, transparentes comme un rayon de lune,
fines et légères à rendre jalouses les ailes d'un papillon
des nuits; — des éventails dont les dessins racontaient les
grandes luttes du dragon bleu avec les corps célestes, et
dont l'ivoire, minutieusement sculpté, redisait toute la vie
d'un mandarin des anciens jours; — des perles d'une
grosseur et d'une finesse inconnues aux pêcheries de Cey-
lan; — des pierres précieuses de toutes sortes; — des
idoles de toutes les superstitions enfantées par les croyances
populaires; — des images et des statuettes représentant
toutes les fantaisies écloses dans le cerveau des artistes du
Céleste Empire; — et tout cela étiqueté, rangé, classé avec
un soin minutieux; les objets les plus précieux portant
leur estampille au-dessous, gravée dans une conque de
nacre par les mains des plus habiles artistes contemporains.

Sa-Ni mettait un complaisant orgueil à étaler devant
nous toutes ses richesses. Il tirait vanité des moindres objets collectionnés dans ce cabinet d'antiquités; il les avait
un à un rassemblés lui-même, et, quand il nous racontait
les recherches, les peines, les luttes mêmes qu'avaient oc-
casionnées les acquisitions successives de certains d'entre
eux, je comprenais sans peine sa fierté, me rappelant avec
quelle opiniâtreté les antiquaires de tous les pays poursui-
vent le but souvent puéril de leurs convoitises. Ce qui ne
m'aurait frappé que comme une chose curieuse, mais nullement précieuse, et que Sa-Ni n'eut garde de laisser

échapper à mes investigations, ce fut une série de bandes
d'un papier spécial que j'aurais pris pour du parchemin
si je n'avais su que le parchemin est une peau de mouton
préparée. Ces bandes de papier contenaient une longue
nomenclature de maximes morales et de faits historiques.
Aux yeux des savants du Céleste Empire, ce sont les plus
antiques monuments de la langue et de la littérature chinoise. Sa-Ni tenait énormément à ces bandes de papier qui
dans son cabinet occupaient une place d'honneur. Il avait,
me dit-il, la collection complète, et, si jamais le malheur
venait fondre sur sa maison, de toutes ses richesses, celle-là
était celle qu'il tenait le plus à conserver.

Je ne me contentai pas, on le pense bien, de visiter et
de fouiller dans tous les coins et recoins ce cabinet de notre
hôte Sa-Ni ; je voulus aussi visiter les magasins où s'approvisionnent sans cesse ces fougueux amateurs des richesses anciennes. Sa-Ni, avec sa complaisance habituelle,
me servit puissamment dans cette occasion. Comme il passait pour un des antiquaires les plus instruits et les plus
passionnés de Nankin, il était connu de tous les marchands
de bric-à-brac. Sa présence sur le seuil d'un magasin était
une aubaine pour le marchand. Elle ne manquait pas d'attirer avant la fin de la journée une foule de curieux qui
venaient s'informer des objets qui avaient fixé l'attention
de Sa-Ni, et le marchand profitait adroitement de l'occasion pour écouler les nombreuses falsifications d'antiquités qui se commettent dans le Céleste Empire avec, pour
le moins, autant d'art que dans notre *vieille* Europe. Ainsi,
un bronze, fabriqué de la veille dans quelque coin obscur
des faubourgs, se débitait sous le titre et avec l'enseigne
de bronze du temps des Mings, sauf plus tard à être reconnu par l'acheteur pour une falsification.

Conduit par Sa-Ni, je fus donc admirablement reçu par
tous les marchands de bric-à-brac. Du coin de leurs yeux

20.

obliques, ils me regardaient malicieusement et semblaient
déjà rire, dans leurs grêles et longues moustaches, des
bons tours qu'ils allaient me jouer. Mais je n'eus garde
de me laisser prendre à leurs piéges, et ils en furent, à
mon endroit, pour leurs frais de supercheries. Au reste,
Sa-Ni n'aurait pas souffert que devant lui on abusât de
mon ignorance et de ma crédulité. Il en avait prévenu
Timao ; mais, pour le mettre à son aise, je redoublai de
circonspection, je mis un frein à toutes mes concupiscences de chinoiseries, et ma défiance égala, si elle ne sur-
passa point, l'habileté et la duplicité de ces avides marchands.

Je vis dans ces magasins tout ce qui peut tenter un
amateur de choses étranges et burlesques. Pour nous autres Européens, que de richesses amoncelées ! Il y avait
là des porcelaines et des poteries qui n'auraient point dé-
paré nos plus riches salons, et elles étaient à vil prix. Les
dessins ne me parurent pas surpasser ceux que j'avais vu
fabriquer dans l'atelier de notre ami Lam-koï. Mais ce qui
me frappa surtout, ce fut l'absence presque complète de
ces magots bizarres et burlesques qui figurent partout aux
étalages de Canton. Je visitai tout avec un soin minutieux
et en hochant la tête comme un amateur en train d'apprécier la valeur vénale des objets qu'il tient entre ses
doigts. Le marchand, alléché, s'approchait de moi, faisait
résonner à mes oreilles une syllabe sonore indiquant le
prix qu'il faisait de la chose examinée ; alors, gravement
et sans mot dire, je la remettais à sa place, la regardais encore une fois et me rapprochais de Sa-Ni pour m'en aller,
toujours sans rien acheter.

Un jour cependant je ne pus, malgré ma ferme résolution, résister à la tentation.

Nous étions en plein quartier chinois, au milieu d'é-
choppes immondes et lépreuses où je ne comprenais pas

que pussent habiter des créatures humaines. Nous allions
visiter le plus renommé des marchands d'antiquités de
Nankin. Il a établi ses magasins dans ce coin misérable de
la ville, on ne sait pourquoi. Cependant les amateurs
perspicaces le soupçonnent de s'être réfugié là pour être
plus à portée de surveiller les ouvriers qu'il emploie à des
œuvres clandestines. Car si c'est chez lui que l'on est toujours assuré de trouver les morceaux les plus précieux.
c'est aussi de chez lui que sortent les plus grandes quantités de ces fausses antiquités qui sont mises en circulation
dans tout l'empire.

Nous allions donc chez lui, et Sa-Ni m'avait prévenu de
me tenir plus que jamais sur mes gardes. Hélas ! à quoi
servent les conseils?

Nous entrons, et soudain je me trouve au milieu du
pêle-mêle le plus extravagant qui jamais ait frappé mes
regards. Dans une immense salle éclairée par un grand
trou rond percé à la voûte, étaient entassés meubles, statues, paravents, porcelaines, bimbeloteries de toutes sortes.
De petites ruelles étaient pratiquées dans cet immense
fouillis et permettaient de circuler dans toutes les parties
de ce vaste appartement. Quand on marchait au milieu de
toutes ces choses qui étaient un spécimen de la Chine en
raccourci, on se sentait tout d'un coup transporté bien
loin des quartiers fétides que nous venions de parcourir.
Tous les produits du Céleste Empire se trouvaient là, depuis les minéraux précieux du Kouang-Si jusqu'aux cu-
curbitacées fantastiques du Hou-Pé, soigneusement vides
et préparés pour être éternellement un objet de haute curiosité. Des statues gigantesques de quinze et vingt pieds
se dressaient le long des murailles comme les divinités
protectrices, gardiennes tutélaires de ce temple du bric-à-
brac. Tous les dieux de l'Olympe chinois avaient là leur
image, les uns en bronze de ce vert sombre et éclatant qui

me rappelait le bronze florentin, les autres en marbre ou
plutôt en granit de diverses couleurs ; et toutes les dimensions avaient été bonnes aux artistes chinois. Il y avait
des statues gigantesques contre les murailles, et sur les
étagères des statuettes microscopiques. Celles-ci n'étaient
même pas les moins précieuses, à en juger par l'attention
que Sa-Ni mettait à les observer et par quelques achats
qu'il fit d'occasion. Il y en avait d'or, d'argent, de bronze,
de cuivre, d'autres métaux inférieurs ou mélangés; les
unes assises, les autres debout; ici paisibles, là dans des
attitudes menaçantes; — il y en avait de pierres de toutes
sortes, depuis les plus grossières jusqu'aux plus précieuses.
Puis, après les divinités, venaient de longues files de ces
animaux chimériques si chers à l'imagination chinoise,
des lions et des tigres, frisés et artistement arrangés comme
s'ils sortaient des mains de leur coiffeur ou de leur valet
de chambre. A côté d'eux, les animaux d'un ordre inférieur, qui cependant sourient toujours aux capricieuses
excentricités d'un artiste chargé des ornements d'un temple, d'un pont, d'un palais, d'un jardin. Les dragons, les
griffons, les chimères du vieil Olympe grec ne sont que
jeux d'enfants à côté des inventions extravagantes de
l'art chinois. Je ne parle ici que des objets sur lesquels je
ne me suis pas encore étendu ailleurs dans ce livre. Car
tout se trouvait dans ce splendide et immense bazar, et ce
que j'avais vu et ce que je n'avais pu voir encore. Il y avait
même des antiquités tartares les plus prisées de toutes par
certains amateurs quand elles sont authentiques. Un sourire de Sa-Ni m'avertit de ne pas trop me fier à celles que
j'avais sous les yeux. C'est pourquoi je les passerai sous
silence, et avec elles une superbe collection de costumes
chinois de tous les temps, que je n'eus pas le temps d'examiner autant que je l'aurais désiré: mais l'heure avancée
nous pressait.

Je reviens à mon petit accident.

Parmi les curiosités étalées sous mes yeux, une ne cessait d'attirer mon attention. Je ne pouvais en détacher mes regards. C'était une petite statuette en bois de cannelier blanc, admirablement travaillée. Je l'avais prise et reprise maintes fois; je la connaissais mieux que l'artiste qui l'avait sculptée avec amour, et cependant je revenais sans cesse à elle, dédaignant les autres merveilles qui m'entouraient. Sa-Ni avait deviné sans doute ce qui se passait au fond de mon cœur; car, m'étant retourné de son côté, je crus lire dans son œil intelligent qu'il approuvait le choix que j'avais fait. Un instant après la statuette m'appartenait; je l'avais payée au moyen d'un petit lingot d'or de la valeur d'une piastre espagnole.

Nous sortîmes.

A peine dans la rue et quoique partout autour de nous brillassent ces illuminations nocturnes si chères aux Chinois, Sa-Ni me regarda tout d'un coup en riant d'une manière immodérée. Je demandai à Timao de m'expliquer ce rire de notre hôte, que je ne comprenais en aucune façon.

— Quand nous serons au logis, dit Sa-Ni sans cesser de rire, je le lui expliquerai.

En effet, à peine rentrés à la maison, il me demanda la statuette. Je la lui remis en tremblant. Son rire avait déjà fait poindre dans mon esprit l'idée d'une de ces mystifications dans lesquelles sont si habiles les artistes chinois. Sa-Ni prit délicatement la statuette dans sa main gauche, et, passant légèrement la droite sur les bras, le cou, les jambes, il me rendit le tout; je n'avais plus que des tronçons de cet ensemble si parfait. Ma statuette était faite de pièces et de morceaux, rapportés avec un soin et un art exquis, mais enfin rapportés. C'était une poupée chinoise.

— Cela, me dit Sa-Ni, vaut trente sapèques.

Cette petite aventure m'attrista plus qu'on ne saurait croire. Elle me prouva une fois de plus l'éternelle défiance dans laquelle nous devions vivre au milieu d'un peuple et de mœurs aussi dissemblables des nôtres que les mœurs chinoises. Au reste, je n'ai pas eu autrement à me plaindre du mauvais marché que j'avais fait à Nankin. Ma statuette, proprement revissée et remise en état par Sa-Ni, je l'ai rapportée à Marseille, où elle a excité parmi les amateurs la même admiration dont j'avais été pris moi-même chez le marchand de Nankin, et je l'ai revendue à l'un d'eux au prix de dix bons louis de France, ce qui m'a un peu consolé du petit désagrément d'avoir été pris pour dupe dans le Céleste Empire.

Si l'on en excepte les marchands de bric-à-brac, pour quiconque a parcouru les bazars de Canton, comme je l'ai fait, les bazars de Nankin ne méritent qu'une attention secondaire. En effet, dans ces vastes entrepôts de marchandises, on trouve bien encore une foule d'étrangetés qui nous frappent et séduisent notre curiosité. Mais cela n'a plus cet attrait irritant de la nouveauté ; on est blasé déjà sur toutes les extravagances des panses rebondies et des moustaches grotesques. On ne trouve plus que les mêmes choses répétées jusqu'à satiété, et alors, quelque éloignées qu'elles soient des choses qui ont frappé nos regards depuis notre enfance, on s'y habitue, et l'on passe même devant elles sans plus y faire attention. Et puis, il faut bien le dire, les plus beaux comme les plus curieux bazars de la Chine sont ceux de Canton. Une ville où passent sans cesse des gens venus des cinq parties du monde aura toujours un autre aspect que celle où ne passent guère que des nationaux, quelque pittoresque qu'elle soit d'ailleurs. Voilà comment je m'explique le peu de curiosité et d'empressement que je sentais en moi, naturellement si avide de ces sortes de spectacles, lorsque je parcourais les rues marchandes du quartier chinois. Je connaissais les étoffes, les fruits, les meubles étalés. Tout ce que je voyais, je l'avais déjà rencontré autre part.

Il n'en fut pas de même le jour où Sa-Ni nous proposa une partie de plaisir sur un de ces bateaux à fleurs dont tous les voyageurs ont parlé et dans lesquels si peu de voyageurs ont pu mettre les pieds. Nous acceptâmes, on le comprend bien, avec empressement la proposition de notre hôte.

Les bateaux à fleurs sont une des plus charmantes inventions du génie chinois, et elle convient parfaitement aux mœurs de ce peuple, qui passe plus de la moitié de sa vie au milieu des eaux. Qu'on se figure des embarcations, grandes ou petites suivant l'occasion, ayant intérieurement la forme d'un œuf coupé par la moitié dans toute sa longueur et extérieurement ornées de toutes sortes d'images symboliques ou de fantaisie, peintes des couleurs les plus vives et les plus variées, et on aura à peu près l'aspect d'un bateau à fleurs, tel qu'il est avant d'être lancé à l'eau, c'est-à-dire avant d'être habité. Le premier soin du propriétaire, dès qu'on en a pris possession, est d'élever sur le milieu une espèce d'habitacle en bambous. La toiture de cette habitation aquatique est d'ordinaire en feuilles de bambous; parfois aussi elle est en toile, ou formée de tuiles d'une excessive légèreté. Cette habitation n'a qu'une ouverture, une espèce de porte fermée par des tentures de soie qui laissent passer à travers les mailles de leur tissu la fraîcheur du fleuve et les émanations embaumées des fleurs. Tout autour de l'habitation règne un banc circulaire de bambous, quelquefois, mais rarement, recouvert de riches tapis. Le reste du bateau est encombré de fleurs.

Ces bateaux sont les antres du plaisir. De jeunes

femmes, rappelant par leur beauté et la mollesse de leur vie
les courtisanes de l'ancienne Grèce, y tiennent commerce
permanent de galanterie. On les aperçoit rarement. Elles vivent dans l'espace caché par les portières de soie; c'est là
que s'accomplissent les doux mystères. Mais ce qu'on voit,
pendant que la barque flotte sur l'onde azurée, ce sont les
Chinois qui, avant d'avoir sacrifié à Vénus, ou après la sacrifice accompli, viennent s'accroupir sur le banc circulaire, et là humer le parfum des fleurs en aspirant le tabac
opiacé et causant avec leurs compagnons de plaisir.

C'était une partie semblable que nous proposait Sa-Ni.

Le bateau sur lequel nous nous rendîmes, et qui passait
pour le plus élégant de Nankin, était habité par trois
femmes aux petits pieds d'une beauté exquise. Leurs regards longs et doux avaient l'éclat de l'œil de la gazelle,
et leur bouche mignonne semblait égréner chacune de
leurs paroles. A notre arrivée sur le bateau, elles ouvrirent
les tentures de soie, et, comme Sa-Ni témoigna le désir
que nous restassions seuls, le bateau quitta aussitôt le rivage, et nous gagnâmes le large. Jamais partie de plaisir ne
fut plus charmante. Sa-Ni, nous donnant l'exemple, s'était
couché sur des piles de coussins; et, quand nous l'eûmes
imité, une femme vint s'accroupir aux pieds de chacun de
nous. La volupté chinoise est la plus savante de toutes les
voluptés. Ce n'est point chez elle qu'on trouverait les violences et les brusqueries qui ne sont que trop dans nos
mœurs; aussi arrive-t-elle à engourdir complétement le
corps, à l'annihiler pour ainsi dire, à l'endormir dans un
bien-être qui dure longtemps. Puis, quand elle a atteint
son but, elle sait lentement faire revenir les forces et vous
rendre toute votre vigueur première.

Je conserverai longtemps un doux souvenir de cette
journée passée à bord des bateaux à fleurs de Nankin. Elle
reste dans ma mémoire comme l'image d'un de ces bon-

heurs envolés que le hasard a mis une fois sur la route de notre vie et qui ne doivent plus revenir. A l'heure où j'écris, qui sait si Sa-Ni n'est point mort, si elles ne sont point mortes aussi les douces et timides colombes qui récompensaient par des jouissances suprêmes les fatigues du voyageur !

La Flore chinoise est de toutes la plus curieuse et j'oserai dire la plus complète, car c'est elle seule qui sait donner à une fleur tout le coloris et le parfum dont elle est susceptible. La science des fleurs a été poussée on ne peut plus loin dans le Céleste Empire, et les jardiniers chinois en remontreraient à nos plus habiles amateurs de serres et de plantes rares. Sous ce rapport, Nankin ne le cède à aucune ville de l'Empire du Milieu. Si elle a perdu le titre et le rang de capitale parce qu'on a transporté ailleurs le siége du gouvernement, du moins a-t-elle conservé le sceptre de la mode et le sceptre des fleurs. Ils en valent bien un autre, et avec ceux-là on peut encore se consoler !

Pour les fleurs, tout favorise Nankin : son ciel, sa terre, le goût de ses habitants. J'avais vu avec détail quelques magasins de jardiniers fleuristes à Canton ; mais combien ils sont loin d'égaler leurs confrères de Nankin! Ici tout naît à profusion et sans effort. Les cent espèces de roses particulières à la Chine, et parmi elles la rose carnée, l'hibiscus, que nous appelons rose de Chine, au feuillage sombre. aux fleurs cramoisies, la rose thé, se trouvent côte à côte sur le même terrain avec le laventera, les cinquante espèces de yuca, dont le plus beau sera toujours le *gloriosa*, aux fleurs d'une blancheur immaculée, le yang-yang, dont le parfum aphrodisiaque pénètre le cœur ; le lan-hoa et mille autres qu'il serait trop long d'énumérer, et dont on pourra retrouver les noms dans les ouvrages de science spéciale.

Ce qui me frappait, en parcourant les magasins des marchands, c'était de voir les monstres plus prisés mille fois que les plus belles fleurs naturelles. Or, en fait de monstres, quand les Chinois s'en mêlent, ils laissent bien loin derrière eux tout ce que pourrait créer parmi nous l'esprit le plus fantastique. Ils font de l'arbre un nain végétal, de l'humble plante un arbre magnifique. Puis, par des caprices plus extravagants encore, ils donnent toute espèce de formes, inventées à plaisir, à leurs monstruosités. Ils agissent envers le règne végétal comme nous en agissons envers la cire molle. Ils le pétrissent au gré de leur fantaisie du moment, sûrs de trouver toujours des approbateurs, des admirateurs et des acheteurs, pourvu que la forme nouvelle qu'ils créent ainsi n'ait point été pratiquée avant eux. Le travail qu'ils font de la sorte subir aux oignons des jacinthes, par exemple, est prodigieux, et cela ne les empêche pas d'avoir les plus belles jacinthes du monde. Au reste, ce ne sont pas les marchands seulement qui se livrent à ces excentricités. Les particuliers qui cultivent des jardins pendant leurs moments de loisir ont tous un goût très-prononcé pour ces bizarreries, et s'y livrent avec une frénésie qui montre que chez eux c'est une véritable passion. J'ai eu souvent occasion, dans mes courses aux environs de Nankin, de constater des faits de ce genre, et c'est pourquoi je n'hésite pas à considérer comme générale cette singulière manie.

J'ai déjà dit que Nankin, comme toute grande ville chinoise, avait une enceinte murée, par delà laquelle s'étendaient de vastes faubourgs. Pour l'étranger, dans un pays tout est matière à observation; je ne pouvais donc négliger, quoique mes journées fussent bien occupées dans l'intérieur de la ville, de diriger quelquefois mes promenades du côté de ces faubourgs. Je le faisais d'autant plus volontiers que ces faubourgs confinent à la campagne, et que la campagne n'est certes pas ce qu'il y a de moins intéressant à voir à Nankin. Il y a une époque dans l'année où cette campagne offre un splendide spectacle, dont pourront seuls se faire une idée ceux qui ont vu les magnifiques plantations de cotonniers dans l'Amérique du Nord; c'est l'époque de la récolte. Malheureusement pour moi ce temps était passé quand nous arrivâmes à Nankin. Les cotonniers, qui, de toutes parts, disputent l'espace aux mûriers, étaient depuis plus d'un mois dépouillés de leur riche toison, et maintenant, pour juger de la fertilité de la récolte, il m'eût fallu pénétrer dans les magasins où on l'enferme pour fournir, au fur et à mesure des besoins, la matière première aux ouvriers tisseurs chargés de la mettre en œuvre. Au moment de l'année où nous nous trouvions, je ne pouvais faire un pas dans la campagne sans entendre le bruit de la navette sur le métier, et, quand j'entrais dans la cabane des paysans, je les trouvais toujours à l'ouvrage. Souvent, dans des chaumières misérables et d'un aspect presque repoussant, deux et même trois métiers étaient en mouvement. Car ce n'est pas le tout que de recueillir. Ce coton ne sort pas, comme celui d'Amérique, à l'état brut, sauf à être rapporté tissé et ployé en étoffes. C'est sur le lieu même de la récolte que se fait le tissu; c'est de là qu'il se répand dans tout l'empire, et, par les ports de mer, s'écoule jusque dans les pays les plus éloignés. Au reste, je ne sais pourquoi pendant que tout autre métier, dans l'empire, a été poussé à un rare degré de perfection, celui-là est resté stationnaire et pour ainsi dire au même état où il était il y a deux mille ans. C'est toujours d'après les anciennes méthodes qu'on traite le coton, et les instruments de travail eux-mêmes n'ont pas été perfectionnés.

Quand je parcourais ainsi ces vastes plaines, à peine on-

dulées çà et là de quelques collines peu élevées, j'étais
toujours tenté d'essayer de quelque enfantillage pour voir
jusqu'à quel point ce qu'on dit de la férocité du peuple
chinois est vrai. Heureusement Timao, qui ne me quittait
pas, était toujours là pour me retenir quand j'allais commettre une imprudence.

Un jour nous avions fait une longue course dans les
campagnes du Nord, nous avions traversé une quantité
considérable de canaux; enfin, las de ma course, j'avais
trouvé un refuge dans une espèce d'auberge ou de cara-
vansérail où s'arrêtent les voyageurs avant de reprendre
la route de Nankin. La maison était occupée par une famille chinoise des plus grotesques. Outre le père et la
mère, il y avait deux magots d'enfants, les plus drôles
peut-être que j'aie jamais rencontrés dans tout le cours de
ce long voyage. En les voyant se pavaner comiquement
dans leur robe jonquille, il me passa par la tête je ne sais
quelle bizarre fantaisie d'en faire les victimes de mes espiègleries. Déjà je m'amusais à leur tirer la queue qui
pendait derrière leur dos, et à aplatir leur nez déjà passablement camard sur un amas de terre glaise avec lequel
ils essayaient de fabriquer je ne sais quelle poterie grossière, lorsque je vis fondre sur moi le père et la mère dans
un accès de colère furieuse. Le bambou était levé sur ma
tête et j'aurais sans doute payé cher ma témérité, si Timao
ne fût intervenu avec sa présence d'esprit habituelle. Nous
en fûmes quittes pour laisser entre les mains de ces gens
quelques sapèques, dont nous avions toujours soin de porter une forte ceinture pour imposer aux subalternes considération et respect.

Dans ces campagnes si fertiles des environs de Nankin,
je voyais courir au milieu des guérets de longues bandes
de faisans écarlates, à la crête dorée; d'autres bandes aussi
de leurs consanguins, à la tunique d'un blanc de neige.

surmontée d'un léger manteau plus noir que l'ébène le
plus poli. Ces magnifiques volatiles sont si communs dans
le Céleste Empire, qu'on ne fait plus aucune attention à
eux. Non-seulement leur étincelant plumage n'a plus le
pouvoir d'attirer les regards, mais même leur chair ne
paraît guère plus que sur des tables inférieures. Les fins
gourmets, et il y en a en Chine comme dans tous les
pays du monde, la trouvent trop dure et trop coriace
pour leurs palais délicats; ils lui préfèrent la chair des
poulets de basse-cour, et même celle des canards. C'était
plaisir à voir courir dans les plaines ces superbes oiseaux.
On comprenait, en les retrouvant dans la liberté de leur
pays natal, l'étonnement dont sans doute durent être sai-
sis les voyageurs qui les aperçurent pour la première fois.
Rien ne gênait leurs allures. Là ils étaient bien chez eux.
Et quand, sous les rayons d'un chaud soleil, ils faisaient
briller et miroiter toutes les plumes de leur tête et de leur
queue gracieusement penchée, on sentait qu'un frisson de
volupté intime devait leur parcourir tout le corps, et qu'ils
se disaient : « Ici du moins l'homme comprend que nous
devons être un ornement pour les jardins et les terres qu'il
habite, et il ne nous soigne pas pour préparer des rôtis
d'apparat à ses broches gloutonnes. »

A côté des faisans écarlates et nacrés folâtrait une quantité innombrable d'autres volatiles, qui couraient les champs
sans paraître redouter en aucune façon les ruses et les
pièges du chasseur. Ces oiseaux, pour la plupart, étaient
d'espèces à moi inconnues. Les uns se recommandaient
par la beauté de leur plumage, les autres, paraissant appartenir à l'ordre des gallinacées, avaient des mines fort
appétissantes, et volontiers j'aurais tenté quelques expériences si je n'avais craint de commettre des sacrléges.
Parmi ces oiseaux, un surtout me plaisait. Il avait une
robe superbe, au fond gris-de-perle, marbrée d'écarlate et

d'azur. Sur la tête, une crête noire, composée de cinq
plumes, se pavanait orgueilleusement ; les pattes et le bec
étaient roses, et le grand ergot se dardait fièrement comme
un éperon de chevalier. Il était de la grosseur d'un fort
pigeon normand ; son vol avait quelque chose de lourd,
mais sa démarche était superbe. Il n'avait pas de voix, du
moins n'ai-je jamais entendu rien sortir de sa gorge, pas
même le plus maigre cri.

Un jour je fus assez heureux pour m'emparer d'un de
ces oiseaux, qui couraient familièrement autour de nous,
absolument comme les pierrots des jardins publics de Paris. La pauvre bête ne fit aucune résistance, et, quand je
l'eus dans mes mains, j'en fus tout fier comme si je venais de remporter une grande victoire. Quand nous ren-
trâmes à la maison, je n'eus rien de plus pressé que d'aller
montrer mon trophée à Sa-Ni. Le Chinois prit l'oiseau
dans mes mains, le caressa amicalement, l'embrassa sur
la tête, puis, se tournant vers moi :

— C'est le Mô, me dit-il.

— Un oiseau très-familier?

— Oui.

— Est-il bon à manger?

— Très-bon.

— Je voudrais manger celui-là.

A ces mots, Sa-Ni fit un geste d'horreur et me regarda
avec effroi. Voyant que ma figure restait la même, ou du
moins ne témoignait que l'étonnement, il dit à Timao de
m'expliquer comme quoi le Mô était une espèce de divinité familière et domestique, gardienne et protectrice contre les dévastations des champs et des jardins, dans lesquels il trouve un asile qu'on est toujours heureux de lui
offrir.

Quand Timao eut fini son explication, Sa-Ni baisa de
nouveau le volatile sur la tête, et, ouvrant une croisée du

kiosque où nous nous trouvions, il le lâcha dans le parc.
Encore une déception qui me frappait ; encore une conquête qui m'échappait au moment où je comptais agrandir
le domaine de l'ornithologie et de la cuisine française.
J'ai toujours eu regret, malgré la sainte horreur de Sa-Ni,
de n'avoir pas fait provision de ces admirables oiseaux à
l'heure du départ. J'aurais pu alors, et sans crainte de
troubler en rien les lois sacrées de l'hospitalité, vérifier si
la succulence de la chair répondait à la beauté de la robe.
Mais c'est encore un de ces regrets qu'il ne faut pas renouveler souvent. Aux choses désormais impossibles il n'y a
pas de remède.

Après le tissage du coton jaune, la principale occupation des Chinois qui habitent la campagne aux environs
de Nankin est l'élevage des vers à soie. Le mûrier est un
arbre d'origine chinoise. L'industrie à laquelle sa culture
donne naissance est connue de toute antiquité dans le Céleste Empire, et, certes, il faudrait n'avoir aucun goût pour
la vie opulente si l'on s'avisait de blâmer un peuple qui
a su tirer parti de ce grossier cocon que file un ver aspirant à se transformer. Le mûrier abonde dans la campagne
de Nankin, sa feuille est plus large, plus charnue que
celle qu'on trouve dans nos provinces méridionales. Le
cocon aussi est plus gros. Du reste, même méthode de culture, de cueillette de la feuille, de préparation du cocon
que parmi nous. En général, la soie ne se récolte que dans
la campagne. Le mûrier est banni des jardins des riches
particuliers comme arbre utile. On n'admet dans ces superbes enclos que les arbres qui tour à tour charment nos sens
et par leur feuillage et par leurs parfums. Si, dans quelque coin écarté, ils font une place aux arbres utiles, cette
exception ne s'adresse guère qu'à ces arbres précieux qui
produisent à force de soins les fruits exquis dont leur palais est avide et dont on voit leur table chargée chaque

jour. Le mûrier est donc relégué aux champs. Mais là il
est choyé et chéri, parce que le paysan sait que, grâce à lui,
si la récolte est bonne, il pourra vivre dans l'abondance. C'est
en prévision de cette récolte que la maison du campagnard est construite. Les ouvertures y sont ménagées de
telle sorte que les vents qui pourraient incommoder les
pauvres petits animaux sur la fécondité desquels ils comptent n'y pénètrent jamais. Et puis il entretient une température toujours égale dans l'appartement où les œufs doivent éclore. Les enfants sont moins bien soignés. Et le
mûrier est visité et cultivé ; on ne néglige ni soins ni
peine pour que le feuillage abonde, et; quand vient l'heure
de le dépouiller, on a bien garde dans cette opération
de n'emporter que les feuilles arrivées à leur entier degré
de croissance ; les autres sont laissées sur l'arbre, afin que,
s'alimentant encore pendant quelque temps du suc généreux de la plante, elles arrivent, elles aussi, à tout leur
développement.

Il n'y a que peu d'ouvriers tisseurs de soie dans la campagne. Cependant c'est bien à Nankin qu'est mise en œuvre
toute la soie qui se récolte dans cette riche province. Mais,
comme ce tissage exige une plus grande habileté que celui
du coton, il s'est réfugié à la ville. C'est dans ces quartiers
infects que nous avions plus d'une fois parcourus avec Sa-Ni,
lorsque nous allions visiter les marchands de bric-à-brac,
qu'habitent les ouvriers en soie ; c'est dans ces habitations
lépreuses, dans la construction desquelles la pierre n'entre
jamais, que sont fabriquées ces riches étoffes qui sont
communément portées par tout le monde dans le Céleste
Empire. Nulle part les étoffes de soie ne sont plus abondantes qu'en Chine, et les ouvriers à l'habileté desquels
on les doit n'en sont pas plus heureux et n'en vivent pas
d'une manière plus confortable. Car, en Chine, comme
ailleurs malheureusement, ce n'est pas toujours le tra-

vailleur qui jouit de la plus grande somme de bien-être.
Là aussi, il est aux gages d'industriels plus riches ou plus
habiles qui exploitent sa misère et se contentent de jeter à
ses peines un salaire fort modique, qui suffit tout au plus
à ne pas le laisser mourir de faim. Il y a longtemps que cela
dure ainsi dans l'Empire du Milieu, et il n'y a pas de motifs nouveaux pour que cet état de choses déplorable ait un
terme. A Nankin, d'ailleurs, comme à Canton, l'ouvrier se
console en portant la plus grande partie de son maigre salaire chez les marchands d'alcools, qui se rencontrent à
tous les coins de rue. J'ai déjà dit, à propos de Canton, ce
que c'était que ces alcools ; ceux de Nankin ne valent pas
mieux que ceux dont j'ai déjà parlé. Mais ici on y ajoute
une substance encore plus pernicieuse, du moins à ce que
m'a dit Sa-Ni, car c'est de lui que je tiens ces détails. Pour
donner plus de mordant à l'alcool, les marchands y ajoutent
une plante dont les vertus corrosives agissent puissamment
sur l'estomac et occasionnent chaque jour de violentes in-
flammations d'entrailles.

Et les mandarins, témoins de ces fraudes et chargés de
veiller à la salubrité publique, ne font rien pour arrêter
de semblables abus. Je dois le dire, une telle conduite ex-
citait l'indignation de Sa-Ni, et c'est probablement ce qui
l'a jeté dans la ligne politique qu'il suit depuis longtemps.

Nankin est rempli de monuments superbes ; ses temples
et ses palais peuvent aisément entrer en ligne de comparaison avec tout ce que l'Empire chinois contient de plus
merveilleux. Mais les monuments doivent être vus, on ne
les décrit pas. Le récit d'un voyage devrait toujours être
accompagné de planches et de dessins. Sur la plus mauvaise des gravures, les yeux voient toujours beaucoup
mieux que dans la description la plus exacte et la plus dé-
taillée. Ceci explique pourquoi, dans tout le cours de mon
récit, je me suis presque toujours abstenu d'entrer dans

le détail de ce qui exige bien plus le dessin que la plume. Cependant je ne puis consacrer un chapitre entier à Nankin sans dire au moins quelques mots du fameux Paognen-Tzée ou temple de la Reconnaissance, célèbre dans le monde entier par la tour de porcelaine qui le domine.

Ce temple est situé dans le faubourg le plus oriental de la ville, dans celui qu'habitent principalement des pêcheurs, ceux qui font métier d'aller chercher le poisson dans le lac de Ta-Hou, pour venir le revendre à la ville. C'est une pagode dans toute l'acception du mot et du plus ancien style chinois. On y pénètre par trois portes qui regardent trois points différents de l'horizon. La porte du nord, celle que nous franchîmes quand nous allâmes visiter cet édifice religieux, est la plus belle des trois. Elle est richement sculptée et présente en relief une foule d'animaux symboliques qu'on nous dit être les bêtes les plus reconnaissantes de la création. Pour notre part, comme nous ne reconnûmes ces animaux pour les avoir vus guère ailleurs que sur des ouvrages d'artistes chinois, nous aimâmes mieux accepter le fait que d'en rechercher la vérification. Cette porte nous laissa pénétrer sur une vaste place carrée, plantée d'arbres magnifiques, figuiers des Banyans et catalpas, et ornée de trois arcs de triomphe. Ces trois arcs, d'une assez belle architecture, étaient, eux aussi, chargés d'ornements qui firent sur nous une assez pauvre impression.

Au reste, comme il n'est pas bon, même dans un récit de voyage, de parler de choses qu'on n'aime pas, nous allons laisser la parole à un autre. Au moment où nous écrivons, un ami nous apporte une revue où il est précisément question de ce temple célèbre. C'est une bonne fortune pour nous ; elle sera bonne aussi pour le lecteur, car M. J. Dupré ne parle que de choses qu'il a vues de ses yeux. Au reste, la description est on ne peut plus exacte,

et c'est encore pour nous une raison de céder la place à cet
excellent officier de marine.

C'est lui qui parle :

« Au milieu d'un des côtés de la place, se trouve une
avant-pagode qui précède une vaste cour plantée d'arbres,
entourée de bâtiments peu élevés, servant de logement aux
bonzes : au fond de la cour, un large perron, divisé en
trois escaliers, conduit à une plate-forme sur laquelle s'é-
lève une pagode à deux toits, entourée d'un portique ; cet
édifice est peint en rouge ainsi que toutes les constructions
accessoires ; il a de cinquante à soixante mètres de façade
sur une profondeur de quarante mètres environ. Des bonzes
semblables à ceux de l'île d'Or s'offrirent pour nous servir
de guides.

« J'éprouvai, en pénétrant dans la pagode, un sentiment
que ne m'avait encore inspiré aucun temple chinois :
c'était un respect mêlé de recueillement. Son étendue, le
silence qui y règne, la demi-obscurité dans laquelle elle est
plongée, lui donnent un caractère grave et religieux.
Trois Fô gigantesques trônent en face de la porte d'entrée ;
ils sont séparés par deux personnages debout, dans une
attitude pieuse. Devant la statue du milieu se retrouve la
déesse Koua-Nine. Trois beaux autels en bois ciselé, supportant une centaine de statuettes sculptées avec beaucoup de recherche, six grands vases de bronze d'une belle
forme, une cloche de même métal et un énorme gong
complètent la décoration de cette partie de la pagode.

« La charpente, qui reproduit intérieurement toutes les
formes extérieures du toit, est un chef-d'œuvre d'élégance
et de délicatesse ; elle est peinte de couleurs éclatantes que
réprouverait un goût plus pur. Des tapisseries tendues sur
les côtés représentent les saints les plus respectés de la
mythologie bouddhiste.

« La tour de porcelaine s'élève au centre de la plate

forme sur laquelle est bâtie la pagode ; elle est jointe à cet
édifice par une galerie de bois. Sa hauteur est d'environ
soixante-quinze mètres au-dessus du sol, qui est lui même
de douze à quinze mètres plus élevé que le niveau des
eaux du canal ; son diamètre, de quinze à dix-huit mètres
à la base, diminue légèrement à mesure qu'elle s'élève.
Elle est octogone extérieurement, et se compose de neuf
étages, séparés par autant de toits à arêtes concaves. Le
toit supérieur qui couronne le monument supporte un
cylindre un peu renflé vers le milieu, et composé de cercles horizontaux ; à l'extrémité de l'axe se trouve un ornement doré de la forme d'une poire très-régulière. Chaque
étage est entouré d'un balcon qui communique avec le
dedans par quatre portes voûtées, percées sur les faces
cardinales. Les toits sont couverts de tuiles enduites d'un
vernis vert. Les charpentes qui les soutiennent, et qui
sont d'un beau travail, sont de la même couleur. Les murailles sont cachées sous un épais revêtement de porcelaine
peinte.

« De près, cette tour qui vous domine, avec tous ses
riches détails, ses couleurs éclatantes, la complication de
ses lignes, produit un effet dont il est difficile de se rendre
compte. C'est grand, c'est massif, sans être lourd ; c'est
d'une richesse extraordinaire. Mais je ne pense pas qu'un
homme d'un goût sévère puisse trouver dans cet édifice la
réalisation d'un de ces types dans lesquels se révèle la
beauté idéale, et que, sans les avoir jamais vus, nous re-
connaissons dès qu'ils viennent à frapper nos regards
charmés.

« Aussi, quand à une certaine distance toute cette exu-
bérance de riches détails vient à disparaître, quand les
masses, les reliefs et les contours généraux peuvent seuls
parvenir à l'œil, ce monument célèbre produit à peu près
le même effet que les tours moins vantées qui s'élèvent en

grand nombre sur les bords du fleuve; c'est toujours un
tronc de cône presque cylindrique, le rapport de l'axe
au diamètre varie seul, et fait paraître les unes plus mas-
sives, les autres plus élancées. Comme toutes les lignes
verticales qui coupent inopinément les lignes onduleuses
que nous présente la nature, elles sont d'un bel effet dans
le paysage, où elles introduisent un élément nouveau.
Mais qu'elles sont loin d'égaler en beauté la plupart des
clochers, monuments de la piété de nos pères, chefs-
d'œuvre inspirés d'une science naïve qui semble s'être
ignorée elle-même !

« Une galerie de bois à jour entoure l'étage inférieur, et
protége contre l'inclémence de l'atmosphère les riches
ornements qui couvrent la muraille. Les quatre portes
par lesquelles on pénètre dans l'intérieur sont entourées
d'un gros cordon ciselé. De chaque côté des portes, ressortent en demi-bosse deux génies énormes, entièrement
dorés et sculptés avec recherche, quoique sans beaucoup
de correction ; chacune des quatre autres faces supporte
trois de ces génies. Ces vingt statues colossales se dessinent
sur un fond d'arabesques peintes de couleurs variées, travail d'un grand fini et d'une étonnante complication; ce
sont les fantaisies les plus bizarres, mêlées à des animaux
réels ou fantastiques, à des édifices, à des hommes. L'effet
de cette décoration est d'une splendeur telle, qu'il est difficile de ne pas être frappé d'admiration en pénétrant sous
cette galerie de bois.

« Les portes voûtées percent une muraille qui a environ trois mètres d'épaisseur; elles sont couvertes d'arabesques plus fines, plus délicates et d'un meilleur goût
que celles de l'extérieur. Sur ces ornements, peints en
vert et rouge, se dessinent des statues en relief dorées; il
y en a quatre à chaque porte : on y retrouve ces figures
menaçantes, armées, qui plaisent tant aux Chinois. J'en ai

22

cependant remarqué trois dans le nombre qui sont dans l'attitude du repos le plus profond ; elles sont d'une belle exécution et semblent tirées de quelque vieux temple égyptien.

« La tour est carrée à l'intérieur. Le centre de l'étage inférieur est occupé par un autel en pierre de quatre pieds de haut, sur lequel se trouve une espèce de tabernacle doré de la forme des vieilles pagodes indiennes ; quatre niches creusées dans cette petite pagode font face aux quatre portes, et recouvrent autant de dieux Fô, dorés et accroupis. Cette même image, de grandeur colossale, est représentée à côté de chacune des portes. Le reste de la muraille est partagé en petits ovales d'un pied de diamètre, qui encadrent chacun un de ces dieux. Ces nombreuses représentations du dieu unique, Fô, ne diffèrent entre elles que par la position des mains et l'arrangement des doigts, qui doit être symbolique. L'obscurité est trop grande pour qu'il soit possible de discerner le plafond, qui, dans les étages supérieurs, est divisé en caissons carrés, peints de couleurs grossières, mais éclatantes.

« On monte d'un étage à l'autre par une échelle en bois, qui ne mérite pas le nom d'escalier, tant elle est étroite, roide et peu commode. Les huit étages supérieurs sont exactement semblables entre eux ; au centre il y a toujours une niche en bois rouge, occupée par la statue de Fô ou celle de Koua-Nine ; à l'avant-dernier étage seulement, elles sont remplacées par quatre statues adossées. La muraille est, comme à l'étage inférieur, partagée en petits ovales concaves qui encadrent autant de dieux dorés qui ressortent, comme de petits médaillons, sur un fond noir. »

Du haut de la tour de porcelaine, l'œil embrasse un immense horizon, le même que j'avais aperçu du haut de la tour qui domine les jardins de Sa-Ni, mais plus vaste, plus étendu, plongeant au delà des collines du nord et se perdant dans les terres infinies de cette partie du monde

qui ressemble de loin à une planète qu'on aurait attachée
aux flancs de notre globe. Cette immensité rend cet horizon bien plus intéressant, bien plus curieux, bien plus
attrayant que celui dont j'avais eu le spectacle, pour l'Européen investigateur. Aussi mes yeux allèrent-ils chercher,
au nord surtout et à l'occident, ce que les nécessités de
mon voyage devaient m'empêcher de voir de plus près.
C'est ainsi que j'aperçus une longue ligne de monuments
qui se prolongeait fort avant dans les terres et s'offrait à
ma vue comme les derniers débris d'une antique et puissante ville aujourd'hui complétement abandonnée.

Dans tous les pays du monde, il y a des ruines. Mais je
ne sais pourquoi je ne m'attendais pas à en trouver en
Chine. Les ruines, en général, nous frappent et nous séduisent par leur abandon et par leur solitude. On aime les
rencontrer dans un désert, parce qu'alors ce contraste de
l'isolement actuel et de la vie d'autrefois a quelque chose
de poignant qui s'empare de l'esprit et le fait rêver. Mais
sur un sol aussi peuplé que le sol du Céleste Empire, lorsque les hommes, agglomérés dans les cités, s'y pressent et
s'y entassent au point de n'avoir plus guère la liberté de
leurs mouvements, on ne trouve plus aucune raison d'être
à ces ruines, et la pensée sérieuse vient aussitôt les décou-
ronner de toute poésie. Celles que j'apercevais à l'horizon
sont tout ce qui reste aujourd'hui d'une ville qui fut florissante au temps des Mings. Plus personne n'habite aujourd'hui dans ces vastes monuments qui ont résisté à
l'action du temps rongeur, et leur effet est bien plus triste
que pittoresque dans le paysage. Les campagnards, du
reste, ont le plus grand respect pour ces débris, et, loin
d'en abattre les pierres et de s'en emparer pour recon-
struire avec elles des maisons plus saines et plus commodes, ils passent devant elles en inclinant la tête et en
se rappelant les gloires des temps disparus.

Le lendemain du jour où nous avions été visiter le temple de la Reconnaissance, je fus pris d'une indisposition assez grave qui m'obligea à garder mon appartement d'une manière absolue. C'était la première fois que la maladie m'atteignait depuis notre départ de Marseille, et pendant quelques jours des craintes assez vives assaillirent mon esprit et développèrent une fièvre qui était loin de les calmer. J'avais beau être l'objet des soins les plus touchants de la part de Sa-Ni, qui, dans cette circonstance, me montra bien que les maximes d'humanité et de compassion contenues dans les livres sacrés des Chinois ne sont pas de vains mots, mon idée fixe était de me lever; car je ne voulais pas laisser mes os sur cette terre lointaine, je voulais revoir mes compagnons, et, s'il fallait mourir, du moins je voulais mourir au milieu d'eux.

Timao, dans cette conjoncture difficile, ne savait trop quoi faire pour me contenter. Voyant que Sa-Ni me prodiguait des soins fraternels et qu'il suffisait à rester près de moi, le Lascar s'en alla par la ville, à la recherche d'un missionnaire chrétien de mon pays. Il était parti le matin à l'aube, il ne revint que le soir lorsque la nuit était déjà tombée; au lieu d'un missionnaire catholique, il me ramenait un matelot anglais. La présence de cet Européen me redonna des forces, et, soit effet moral, soit parce qu'effectivement la maladie se trouvât à son déclin, bientôt je me sentis en état de me lever et de causer avec le nouveau venu.

C'était un vieux matelot qui avait couru les cinq parties du monde sur les navires de la reine Victoria. Son cœur n'avait jamais connu la crainte. Il avait vu tous les pays dont le navire à bord duquel il naviguait rasait les côtes. Toute la marine anglaise connaissait les folles histoires dont était semée sa vie aventureuse. Aussi le laissait-on entièrement libre, dès que le vaisseau mettait en panne.

de s'aventurer dans l'intérieur des terres. On était toujours sûr de le voir revenir au jour et à l'heure qu'il avait indiqués. Une absence de parole de sa part aurait été considérée comme un cas de mort.

Je m'entretins longtemps avec ce simple matelot de la marine anglaise, et sa conversation avait pour moi autant de charme et d'intérêt que si j'avais causé avec le premier lord de l'amirauté britannique. Son navire était à l'ancre devant Shang-Haï, un de ces cinq ports que les derniers événements ont ouvert à la marine et au commerce européens. Il devait se remettre en route vers la fin du mois au commencement duquel nous nous trouvions. Nous avions donc le temps de le rejoindre. Ce moyen de partir me convenait d'autant mieux que ce navire ne devait quitter que lentement les mers orientales et en touchant successivement à Ning-Po, à Emouï et à Hong-Kong. Le matelot me garantissait un accueil favorable à son bord. Dans ces contrées éloignées, les haines nationales disparaissent pour faire place à la plus franche cordialité.

Cependant, dans l'état de faiblesse où je me trouvais, il était complétement inutile de songer au départ. Ni Timao ni Sa-Ni n'auraient souffert que je quittasse ainsi Nankin, et, au besoin, ils auraient employé contre moi quelqu'une de ces ruses dans lesquelles les Chinois sont si experts. Je me résignai donc à passer les quelques jours que devait encore durer ma convalescence au milieu d'amis que me rend aujourd'hui bien chers le souvenir de tous les soins qu'ils ont eus d'un étranger venu à eux par hasard. D'ailleurs la pensée de mon départ bien arrêtée avait mis quelque tranquillité dans mon esprit, et, avec cette tranquillité, la santé revient vite. Je me sentais revivre à toute heure dans cette demeure délicieuse, au milieu des fleurs et des parfums. Le matelot anglais était devenu notre hôte, et il ne paraissait nullement étonné de se trouver au mi-

22.

lieu de tout ce luxe chinois, lui qui jusqu'alors n'avait
guère fréquenté que les tavernes des faubourgs. Sa-Ni se
réjouissait de voir avec mes forces revenir ma gaieté; il
paraissait avoir complétement oublié que mon entier réta-
blissement serait l'heure de notre séparation éternelle.

Enfin cette heure sonna.

Depuis deux jours tout avait été préparé pour ce départ.
Sa-Ni n'avait voulu remettre à personne le soin de choisir la barque qui devait nous conduire à bord d'une jonque
capable de naviguer sur le Ou-Soung, rivière à l'embouchure de laquelle se trouve Shang-Haï. Cette barque, montée par d'habiles rameurs, devait nous faire franchir en
quelques heures la distance qui nous séparait de la jonque,
et là nous étions remis aux mains d'un capitaine ami et
obligé de Sa-Ni. Ce que furent les adieux, je ne le dirai
pas. J'ai connu beaucoup de Chinois, aucun ne m'a été
plus sympathique que Sa-Ni. J'éprouve un attendrissement
mélancolique en écrivant son nom. Car peut-être à cette
heure est-il mort, comme mourut Timao, qui s'endormit
dans mes bras en touchant la terre de France qu'il avait
toujours désiré toucher de ses pieds habitués au sol de
l'Inde. J'ai fait élever, dans le champ du repos, à Marseille, un tertre de gazon, et j'y ai planté toutes les fleurs
que j'avais rapportées de mon voyage. C'est là que dort pour
l'éternité ce compagnon de mes périls et de mes aventures. Si la terre qui le recouvre est une terre française,
du moins peut-il se croire encore dans un bosquet de la
Terre des Fleurs.

Nous partîmes.

Une brise fraîche nous apportait les senteurs parfumées
des jardins de Nankin, et longtemps encore nous eûmes
un souvenir de ceux que nous quittions. Car je reconnaissais les aromates familiers à ces beaux jardins au milieu
desquels j'avais vécu presque tout un mois. Mais la barque

filait avec une rapidité merveilleuse, et, deux heures après
notre départ, Nankin était bien loin derrière nous. Encore
quelques coups d'avirons, encore quelques heures, et nous
étions dans les eaux du Ou-Soung.

Notre voyage sur cette rivière fut une véritable partie
de plaisir. J'ai rarement vu un cours d'eau plus magnifique que celui que nous parcourions. Des bambous, des
aunes, des saules superbes, bordaient les rives et se ba-
lançaient au vent comme de verdoyants rideaux. Sur la
jonque tout était en fête ; les Chinois riaient et folâtraient
autour de nous ; le capitaine s'enquérait à tout instant de
nos moindres désirs, et Timao, voyant ma tristesse, affec-
tait une gaieté qui certes n'était pas dans son cœur. Parfois il chantait de cette voix un peu sauvage qui m'était si
sympathique ; parfois aussi il me racontait de folles histoires qui me rappelaient notre séjour à Nankin. Timao
était un homme précieux. Avec lui seul pour tout compagnon de voyage, jamais on ne se serait ennuyé. Et, certes,
plus qu'à personne il m'appartient de le dire, puisque
avec lui pour tout guide je venais d'accomplir une des plus
aventureuses équipées que jamais ait tentée un voyageur
européen, et de l'accomplir heureusement. Sur la jonque,
il continuait ce qu'il avait toujours fait lorsque nous parcourions les campagnes des deux Kiangs, il m'était à la fois
une compagnie et une distraction.

Ainsi arrangé, notre voyage sur le Ou-Soung me parut
une traversée de quelques heures, et je fus tout étonné
lorsque les matelots chinois annoncèrent Shang-Haï à l'horizon. Shang-Haï, c'était le terme de mes pérégrinations
chinoises. Là, je devais retrouver les navires d'Europe,
qui m'étaient plus familiers que les jonques du Céleste
Empire. Là, j'allais sommer le matelot anglais de tenir sa
promesse.

Ce ne fut pas sans émotion que je descendis à terre, et

on le comprendra sans peine lorsque j'aurai dit que j'avais
aperçu les couleurs de ma nation flottant sur une maison
de la ville. On ne saurait croire à l'effet que vous fait en
pays étranger ce lambeau d'étoffes; lambeaux, tant que
vous voudrez; mais ces lambeaux, c'est la France, c'est la
patrie! Notre pavillon flottait sur la maison de notre agent
consulaire. Je fus heureux de voir la France officiellement
représentée sur cette terre lointaine. Son drapeau me disait qu'à l'occasion je n'avais qu'à frapper à cette porte, et
qu'elle me serait toujours ouverte du moment que j'aurais
indiqué ma nationalité.

Situé par 31° 25' de latitude nord, Shang-Haï est le principal port de l'une des provinces les plus riches du Céleste
Empire, celle de Kiang-Sou, dont Nankin, ancienne capitale de la Chine, est la métropole. Un des plus beaux
fleuves de l'Asie, le Yang-tsé-Kiang, qui prend sa source
dans les montagnes du Thibet, traverse dans toute sa largeur le Kiang-Sou, qu'on ne saurait mieux dépeindre
qu'en rappelant son nom traditionnel de *Paradis de la
Chine*.

Les productions du pays, très-variées, très-abondantes,
consistent principalement en riz, en coton jaune, en thés
verts de qualités supérieures, en matières tinctoriales très-
estimées; le mûrier surtout y est cultivé avec le plus grand
succès, et les fabriques de soieries y sont très-nombreuses; le commerce des draps, en outre, est, sous cette latitude élevée de l'empire chinois, d'une importance considérable. Pour tout dire, enfin, Shang-Haï, qui, situé à douze
ou quinze lieues de l'embouchure du Yang-tsé-Kiang, reçoit des navires de fort tonnage, et communique par ce
fleuve immense avec toutes les provinces centrales de
l'empire, réunit toutes les conditions d'une grande prospérité agricole, industrielle et commerciale.

Avant le traité de Nankin, ce port, l'un des cinq qu'il a

ouverts au commerce, n'avait jamais communiqué avec l'étranger. Son commerce extérieur, en 1844, n'a guère dépassé vingt ou vingt-cinq millions; en 1845, il s'est élevé à près de soixante-dix millions, et l'on croit qu'en 1846 il aura de beaucoup dépassé cette valeur. Un tel accroissement a porté les personnes les plus compétentes dans la question du commerce avec la Chine à penser que Shang-Haï atteindra par la suite, si même il ne la dépasse, l'importance de Canton.

Quoi qu'il en doive être de cet avenir, un fait certain, c'est que le commerce européen et américain afflue en ce port, attiré par les avantages de son marché et de sa position géographique, attiré aussi par la salubrité du climat et par une plus grande liberté commerciale. Les mœurs des habitants y sont douces, on pourrait presque dire affables; l'étranger y est généralement bien accueilli, traité avec confiance; la population, que grossit, comme en toute grande ville de passage et d'entrepôt, une masse flottante considérable, y est très-nombreuse, très-pressée, très-affairée. Rien de plus actif et de plus animé que l'aspect du port et des quais de la ville, dont les magasins sont continuellement encombrés de balles de soie et de coton, et de caisses de thé que viennent charger les jonques du pays ou les navires anglais et américains.

Nous avons dit que ce port est le centre, en Chine, du commerce des lainages : il s'en consomme en effet d'immenses quantités dans le nord de l'empire, qu'approvisionne principalement Shang-Haï; et, comme c'est un article pour lequel il nous sera beaucoup plus facile d'entrer en lutte avec l'Angleterre et l'Amérique que pour les cotonnades; comme, en outre, Shang-Haï abonde en matières de retour moins coûteuses que dans les ports méridionaux, on doit se féliciter du choix que le gouvernement a fait de ce port pour l'établissement d'un poste consulaire.

Le drapeau que je voyais flotter était tout neuf, ce qui m'indiquait que le représentant de notre nation n'était pas là depuis longtemps. Je voulus lui faire une visite, et me présentai deux fois à la maison du consulat. Les deux fois, je fus assez malheureux pour ne trouver que des subalternes. Si j'avais eu la chance de rencontrer le consul, je lui aurais raconté toute ma dernière équipée, je lui aurais parlé des amis que je laissais sur la Terre des Fleurs, et je ne doute pas qu'un jour ou l'autre il n'eût pas pu lier des relations amicales avec quelques-uns d'entre eux, surtout avec Sa-Ni, mon cher hôte de Nankin.

Je ne fis pas un long séjour à Shang-Haï. Cependant j'y dépouillai mon enveloppe chinoise et repris le costume et les usages de ma nation. Deux jours après, le navire anglais étant prêt à partir, je pris passage à son bord, et nous mîmes à la voile dans la direction d'Emouï.

XI

Retour à Emouï. — Filouterie chinoise. — Aliments fraudés. — Porcs insufflés. — Ragoûts de chien. — L'Anglais et le mandarin devant un gigot de chien. — Piastres évidées. — Promenades à l'île de Kolong-Su. — Engagés chinois. — Terreur ressentie par les Chinois à la vue d'un Européen. — Visite et frayeur d'un chef des archers chinois. — Arrivée de la division américaine à Emouï. — Notre départ. — Les îles Pong-Hou. — Vue de l'île Formose. — Ile Marière. — Sauvages. — Danse de sauvages.

Le navire anglais sur lequel nous avions pris passage faisait bonne route, et, grâce à des vents qui nous furent toujours favorables, nous fûmes bientôt loin des atterrages de Shang-Haï. Le matelot qui m'avait servi de truchement pour m'entendre avec les officiers britanniques avait repris son rang dans les cadres, et nul ne l'emportait sur lui en exactitude et en habileté dans toutes les manœuvres. Son ardeur au travail faisait bientôt oublier le congé d'un mois qu'on lui avait donné pour visiter la Chine, comme il disait. Il venait quelquefois nous voir et égayer, en échangeant avec nous ses impressions chinoises, les ennuis de cette traversée. Les officiers anglais venaient également nous visiter souvent, et ils aimaient à se faire raconter les divers épisodes de cette longue aventure. Je les satisfaisais de mon mieux ; mais leur curiosité était insatiable. Ils étaient étonnés surtout du peu de dangers qu'avait eus pour moi cette excursion dans le Céleste Empire ; ils ne comprenaient que médiocrement comment j'avais, grâce à mon déguisement, pu partout passer pour un Chinois, et comment j'avais été, d'autre part, servi par Timao. Il va sans dire que je n'avais eu garde de leur parler de la haine profonde que le Lascar nourrissait contre leur nation, et ce silence fut cause que l'un des officiers proposa à Timao de recommencer la même équipée avec lui. Mais le Lascar refusa en déclarant que désormais il ne pouvait m'abandonner.

Nous fîmes relâche à Ning-Po, comme il était convenu. Le navire anglais avait à achever dans ce port des approvisionnements qui lui étaient nécessaires pour continuer son voyage. Comme j'avais déjà visité Ning-Po, je ne le replace ici que pour mémoire. Au reste, je crois que les Anglais étaient aussi pressés que moi-même de se remettre en route ; car l'ordre le plus sévère régna à bord pendant les quarante-huit heures que nous restâmes dans ce port. Chaque soir on faisait l'appel, et, si quelqu'un eût manqué à son poste, il eût été sévèrement puni.

De Ning-Po nous allâmes en droite ligne à Emouï. Pendant que nous traversions le canal de Formose, je ne pouvais détacher mes regards de cette grande île dans laquelle j'aurais voulu pénétrer. Chose étrange! par un bonheur inespéré, je venais d'accomplir un voyage qui pouvait satisfaire les désirs les plus exagérés de la plus ardente curiosité, et je n'étais pas satisfait, et je ne rêvais que voyages nouveaux, je ne pouvais apercevoir une terre inexplorée encore sans rêver aussitôt d'y porter mes pas aventureux.

Cette île de Formose, que l'on connaît à peine par des relations ou peu exactes ou de trop courte étendue, est l'objet des concupiscences invétérées du Céleste Empire. C'est tout au plus si les côtes reconnaissent la suprématie de la Chine et obéissent à ses lois ; encore faut-il batailler incessamment pour empêcher les populations insoumises de l'intérieur de venir chaque année ravager ces mêmes côtes et empêcher les travailleurs Chinois de récolter les

bénéfices de leur travail. C'est là que sont occupées les
meilleures troupes de l'empire. Elles s'y succèdent depuis
plus d'un demi-siècle, mais sans amener jamais de bien
grands résultats. Et c'est grand dommage vraiment, car
cette île est d'une suprême beauté et d'une fécondité merveilleuse. Si jamais la Chine en est complétement maîtresse, cette île et les deux provinces de Kiang-Su et
de Kiang-Nan seront les plus beaux joyaux du Céleste
Empire. Mais il me paraît bien difficile qu'on atteigne aisément ce résultat. Les soldats chinois guerroient avec une
peine infinie loin de leur pays. Encore, quand on les
amène, faut-il leur promettre d'y ramener leur cadavre
s'ils viennent à tomber sous les coups ennemis. Il y a à
Emouï un cimetière spécial pour ces soldats tués dans la
guerre de Formose. C'est un endroit délicieux tout couvert
de gazons et de fleurs, et ombragé d'arbres odoriférants.

Je peindrais mal la joie que j'éprouvai en retrouvant
dans le port d'Emouï mon brave *Joseph-et-Claire*. Le capitaine Caillet ne m'attendait pas encore, et cependant
il commençait à s'inquiéter d'une absence si prolongée.
Au reste, tout était en bon ordre, et je retrouvais nos
affaires plus avancées que si j'étais resté à Emouï; car chacun avait fait de son mieux, et ce mieux avait amené les
plus heureux résultats.

Je l'ai déjà dit, la Chine est la terre classique du vol, de
la filouterie surtout; nulle part les piéges tendus à la bonne
foi ou à l'inadvertance des acheteurs ne le sont plus adroitement que dans cette contrée, où l'on profite si peu des
leçons de morale de Confucius. Le Chinois commet sans
scrupule et avec une audace qui accuse la faiblesse ou
l'absence des lois de police les fraudes les plus criantes.
Chaque navire, comme je crois l'avoir dit, est soumis, pour
ses approvisionnements, à l'étrange industrie des *com-
pradores*.

Or les provisions que nous fournissait notre *comprador*
étaient toutes, sans exception, sophistiquées le plus étran-
gement du monde. Ce *comprador* mêlait le sel avec de la
vase, la farine avec du sable blanc, il insufflait de l'eau
dans le tissu cellulaire de la viande, afin qu'elle pesât davantage, et, comme il nous vendait tout au poids, il faisait
avaler de petites pierres, bon gré, mal gré, aux volailles
qu'il nous fournissait vivantes, et allait même jusqu'à forcer ces malheureux volatiles à absorber des morceaux de
plomb ou de vieille ferraille pour leur donner ainsi une
pesanteur factice qui tournât à son profit. Quand il portait
ses provisions à notre bord, les preuves de cette alimentation anormale se laissaient lire à travers les gosiers des volailles, qui affectaient des formes fort singulières. Heureusement pour nous, l'expérience nous avait instruits de toutes
ces sophistications, quelque habiles qu'elles fussent, et
nous nous tenions sur nos gardes. Aussi finissions-nous
toujours par nous rendre compte de ces protubérances
exagérées, en trouvant dans ces volatiles des corps sur lesquels avait échoué toute la puissance digestive de leur
estomac.

Pour peu que j'eusse prolongé mon séjour en Chine,
j'aurais pu en rapporter une collection minéralogique
fournie seulement par les corps étranges trouvés dans le
ventre des poules que nous vendait cet effronté *comprador*.
Je l'aurais volontiers lapidé avec toutes les pierres qu'il
faisait avaler à ces pauvres poules. La première fois que
je vis l'infernale ruse de ce Chinois, devant toutes ces
pierres extraites de l'œsophage des poules, je restai pétrifié ; mais il en fut désormais pour ses frais d'invention.

Un porc chinois prend, après qu'il a été abattu, des proportions extraordinaires ; son ventre se présente tendu
comme un ballon, et il pèse beaucoup plus qu'il n'aurait
pesé si l'on n'avait pas eu le soin d'introduire, à l'aide

d'un soufflet, une grande quantité d'air dans l'intérieur de
l'animal. Au reste, j'ai vu tant de Chinois de la classe aisée porteurs de ventres énormes, que, sachant que la considération en Chine se mesure sur le volume du ventre, je
suis tenté de croire que, pour se faire honorer, bien des
Chinois usent de l'insufflation qu'ils pratiquent à l'égard
de leurs porcs.

J'ai longtemps et vainement cherché le but dans lequel les Chinois faisaient subir une semblable opération à
la viande qu'ils viennent d'abattre. J'avoue qu'à cette heure
je ne suis pas plus avancé à ce sujet qu'au début de mon
voyage. J'ai vainement essayé de trouver une saveur particulière à la viande ainsi préparée et livrée à la consommation, j'en ai toujours été pour mes frais de bonne volonté.

Au reste, en fait de comestibles, j'ai été témoin de tant
de bizarres singularités dans ce pays, que je n'en finirais
pas si je voulais ajouter un commentaire à chacune d'elles.

Cela ne veut pas dire que je renonce à les faire connaître à nos lecteurs.

Le Chinois est très-friand de la chair du chien, non pas
du chien vaguant dans les rues et les champs, mais du
chien engraissé et soigné pour figurer comme un excellent
plat de rôti sur la table du mandarin. Les Chinois, du
reste, sont fort experts dans cette espèce d'élevage. Ils parviennent à donner à la chair de cet animal, dont nous faisons peu d'usage dans nos contrées, une succulence rare,
qui en fait un mets digne d'être recherché par les palais
les plus difficiles et les plus gourmands. On en peut juger
par l'anecdote suivante, que je tiens de source authentique et tout à fait digne de foi.

Un officier de la marine anglaise fut invité un jour à
dîner par un riche mandarin, qui lui fit connaître toutes
les extravagances de la cuisine chinoise; on lui servit
dans de petits bols des vers intestinaux, des arêtes de

poisson confites, de jeunes pousses d'arbres macérées dans
le vinaigre, des plats fabuleux. L'Anglais avait encore une
faim extrême, et l'on conviendra que les plats que nous
venons d'énumérer, et qui sont d'obligation dans tous les
dîners chinois, n'étaient guère de nature à l'apaiser, quand
il vit apparaître un morceau de viande supérieurement
rôti et très-appétissant; il crut que c'était un gigot de
mouton, et, après en avoir mangé une bonne tranche ar-
rosée d'un jus délicieux, il fut très-satisfait, mais il gar-
dait des doutes sur l'espèce d'animaux à laquelle appartenait ce prétendu gigot de mouton. « Peut-être, pensa-t-il,
les moutons chinois ont la chair plus délicate que les nôtres. » Notre officier anglais ne savait pas un mot de chinois, et le mandarin pas un mot d'anglais. Ils mangeaient
tous les deux en silence, de fort bon appétit toutefois. La
première faim apaisée, des doutes revinrent en foule dans
l'esprit de l'officier européen sur la nature de la viande à
laquelle il avait trouvé une saveur délicieuse. Plus il re-
passait dans sa tête le goût des moutons de son pays, moins
il leur trouvait de rapport avec ce qu'il venait de manger.
Il voulut avoir le cœur net de ces doutes, mais sa langue
rebelle ne trouvait aucun son pour exprimer sa pensée.
En regardant autour de lui, il ne trouvait pas davantage
ce qui aurait pu le tirer d'embarras; la langue des signes
était impuissante. Force fut donc au marin de la Grande-
Bretagne d'avoir recours au moyen suivant pour connaître
le nom de l'animal dont on avait extrait ce savoureux
gigot. Il fait un signe au mandarin, pose le doigt sur
ce reste du gigot et se met à bêler. Le mandarin comprit
parfaitement l'Anglais, et, faisant avec la tête un signe qui
voulait dire : — Vous n'y êtes pas, — il pousse par trois
fois ce cri : — Bau, bau, bau; il aboya.

L'Anglais avait mangé du chien.

C'était le cas où jamais de montrer ce flegme britanni-

que dont les enfants d'Albion sont si fiers quand ils sont
à l'étranger, et sous lequel ils cachent si admirablement
ce qui leur manque de véritable dignité. Notre Anglais n'y
manqua point. Il était seul à table avec le vénérable mandarin qui l'avait convié, et, de plus, sa faim canine était
loin d'être apaisée. Il redemanda donc le gigot succulent,
et, y faisant amplement honneur une nouvelle fois, il
prouva à son hôte que son palais savait se plier au goût de
tous les pays.

Pour revenir aux larcins chinois, j'ajouterai que ces
effrontés filous vident très-adroitement les piastres par
un côté, et qu'ils remplacent l'argent enlevé par du cuivre ou du plomb, mais de manière à donner à la pièce
évidée le poids qu'elle avait quand elle était intacte.
Aussi a-t-on soin de percer les piastres pour s'assurer si
elles n'ont pas été altérées. Quant aux doublons, les
Chinois les fondent pour en faire des lingots, qu'ils mêlent ensuite avec du cuivre et d'autres matières.

Cette fabrication des lingots, uniquement bizarre au
premier abord, est plus importante qu'on ne le saurait
croire. La Chine n'a point de monnaies; car on ne saurait
donner ce nom au grossier billon qui court dans tout l'Empire sous le nom de sapèque. Ce cuivre informe et sale est
cependant la seule monnaie courante. L'or, l'argent, les
autres métaux précieux, ne circulent en Chine que comme
lingots. C'est donc pour les aider à circuler plus librement
que dans les villes de commerce on transforme de la
sorte nos monnaies d'or et d'argent. Leur introduction dans
l'Empire est, du reste, le signal d'une perte radicale pour
la consommation générale. Car, une fois dans les provinces intérieures de la Chine, elles n'en sortent plus. Dans
les trafics qu'il opère avec nous, le Chinois ne procède
que par voie d'échanges. C'est nous seuls qui mettons en
ligne de l'or et de l'argent. Quant à lui, il n'en apporte ja-

23.

mais. C'est ainsi que chaque année vont se perdre dans les déserts de la Tartarie des sommes énormes de ces métaux précieux. Les marchandises qu'exploite le Chinois étant de première nécessité, nous sommes toujours obligés de subir sa loi.

Comme nous n'avions à Emouï personne qui représentât notre gouvernement, les formalités que j'avais à remplir se bornèrent à envoyer le rôle de l'équipage chez le mandarin, auquel il servit de garantie pour les droits que le navire devait payer, et qui sont de 5 à 10-15 pour 100 sur toutes les marchandises autres que le riz. Il n'y a pas de droits d'ancrage, de pilotage, de quai, etc.

De toutes les puissances européennes, les Anglais sont les seuls qui aient à Emouï des agents de leur gouvernement; ils y entretiennent un consul et un vice-consul et des commis. Le nombre des employés anglais surpasse à Emouï celui des commerçants de cette nation ; on y compte à peine six maisons anglaises. Encore, à l'époque où nous y étions, ces maisons n'étaient-elles pas dans un état des plus florissants. Mais elles luttaient avec persévérance et elles avaient une grande confiance dans l'avenir. Elles avaient raison; le port d'Emouï est destiné à une haute prospérité commerciale ; il suffit pour cela que quelques-uns des navires auxquels la routine fait encore prendre la route de Canton se détournent, comme a fait le *Joseph-et-Claire*, et aillent chercher un peu plus loin un écoulement assuré des marchandises qu'ils auront à leur bord.

Comme on peut bien se l'imaginer, un pays où se trouve un si petit nombre d'Européens n'offre pas au voyageur de grandes distractions, et ce ne sera pas dans l'intérieur de la ville qu'il se les procurera. Dès que l'on a visité quelques magasins, on connaît tous les autres; comme aussi se promener dans des rues où l'on est bousculé, coudoyé, pressé, foulé à chaque pas par une population qui y abonde, au point de vous faire croire que, nulle part, l'espèce humaine ne cherche autant qu'en Chine à ne pas disparaître de la surface du globe.

Dans ces rues, on éprouve aussi une chaleur étouffante. Ce n'était qu'à Kolong-Su que nous pouvions respirer un peu d'air pur ; aussi y allions-nous chaque soir, bien que cet air que nous recherchions soit réputé très-dangereux pour la santé des Européens. Lors du siége d'Emouï, bien des Anglais trouvèrent la mort à Kolong-Su, où nous apercevions leurs tombeaux et les pierres tumulaires qui nous apprenaient les ravages que la fièvre avait faits dans les rangs de l'armée anglaise. Mais la chaleur était si intense et si désagréable, que nous n'hésitions presque jamais à braver ces menaces du climat.

L'île de Kolong-Su peut avoir deux lieues de tour. Les quelques Chinois qui l'habitent se livrent à la culture de la terre, qui est très-fertile et donne chaque année d'abondantes moissons. Au reste, nulle part mieux qu'en Chine le travailleur n'est récompensé de ses peines et de ses soins lorsque ses soins s'adressent à la terre. Le sol est presque partout couvert d'un luxe de végétation qui annonce sa fertilité. Il ne demande qu'à produire. C'est donc à l'homme de le mettre en mesure de satisfaire abondamment à ses besoins.

Comme, pendant le siége qu'ils firent d'Emouï, les Anglais s'étaient établis dans l'île de Kolong-Su, et qu'ils en occupaient les principales maisons, les Chinois, qui, ainsi que tous les peuples asiatiques, éprouvent pour les étrangers la répugnance que nous inspire un animal venimeux, et qui croient qu'il y a quelque chose d'impur dans le contact de ces étrangers, se sont donné bien de garde de rentrer dans les maisons profanées, à Kolong-Su, par les Anglais qui les ont occupées. Les murs de ces maisons recèlent, depuis lors, des miasmes meurtriers, et ils se sont empressés de boucher les portes et les fenêtres pour ôter à ces miasmes toute issue. Pauvre raison humaine ! Il paraît qu'avant la guerre l'île était plus peuplée qu'aujourd'hui, et l'on peut, d'après le luxe d'une foule d'habitations et le bon goût de leur construction, croire que l'aisance régnait parmi le plus grand nombre des habitants de cette île.

Tout est bien changé depuis ces temps heureux, et ce serait bien ici le cas, si nous professions quelque estime pour les tirades philosophiques lancées à tout propos, d'en placer une sur les ennuis qu'amène toujours avec elle la présence de l'étranger sur le sol de la patrie ; mais nous nous abstenons. L'état de délabrement où se trouve aujourd'hui l'île de Kolong-Su en dit plus long que de gros livres. Quiconque a vu cette île charmante a dû avoir le cœur serré de sa désolation et faire aussi des vœux pour qu'elle retrouvât sa prospérité.

Vers la fin de notre séjour à Emouï, nous venions tous les soirs choisir à Kolong-Su les travailleurs que nous devions emmener à Bourbon. Car, je ne sais si je l'ai dit, mais la cause de notre long séjour à Emouï était l'enrôlement volontaire de ces travailleurs, qui deviennent chaque jour plus nécessaires dans nos colonies, et bientôt auront entièrement pris la place des nègres esclaves.

Un Chinois chrétien, nommé Vincent, qui s'exprimait assez facilement en espagnol, nous conduisait chaque jour une trentaine de ses compatriotes, parmi lesquels nous engagions ceux qui nous paraissaient les plus sains et les plus forts. A peine si, sur trente, cinq ou six nous paraissaient devoir être choisis, tant l'aspect de ces pauvres travailleurs était misérable et accusait les plus invétérées maladies. Maigres, rongés par des maladies cutanées, dévorés par la gale, ils excitaient vivement notre pitié. Leur pauvreté était extrême, puisque la plupart se seraient engagés pour rien, pour manger seulement. Le prix auquel nous les enrolâmes fut fixé à trois piastres par mois. En attendant que nous eussions complété le nombre des engagés que nous devions transporter à Bourbon, nous logions ceux que nous choisissions dans les maisons abandonnées de Kolong-Su, où ils étaient nourris à nos frais.

Cependant les jours s'écoulaient, et nous n'étions parvenus qu'à réunir quatre-vingt-dix Chinois destinés à combler, par un libre engagement, les vides que l'abolition de la traite a introduits et élargit chaque jour dans les rangs des travailleurs africains. Nous fîmes sortir le navire du port pour aller mouiller en rade, et nous mîmes nos Chinois à bord. Sans cette précaution, ils auraient pu, après avoir touché les huit piastres que nous leur avions données en avance sur la somme fixée par leur engagement, nous échapper et aisément se soustraire à nos recherches, d'autant plus que le gouvernement local ne nous aurait nullement prêté main-forte. Ce gouvernement ne suppose pas que l'on puisse ne pas chérir cette terre où la misère décime les populations et défend pourtant l'émigration sous les peines les plus sévères.

Une fois que nous eûmes réuni à bord nos Chinois, nous ne permîmes à aucun bateau étranger de nous accoster. Nous avions aussi à éviter la visite, peu probable cependant, d'un mandarin, qui aurait pu prendre du cœur et venir s'assurer si des Chinois n'avait pas été embarqués par nous. L'engagement des travailleurs chinois ne peut se faire dans le secret, et, si les mandarins ne l'empêchent pas, ce n'est point par ignorance, mais par la peur qu'ils ont des étrangers.

Ces agents de l'autorité chinoise sont d'une pusillanimité phénoménale; au reste, la peur est un sentiment dont peu de Chinois sont exempts, surtout quand ils ont affaire à des Européens; elle se peint dans leurs traits, dans leur attitude tremblante, et se produit avec des si-

gnes qui vous inspirent autant de répugnance que de compassion. La vue d'un Européen les bouleverse, décompose
à l'instant leurs visages, et va quelquefois jusqu'à déterminer un véritable désordre dans leurs fonctions animales.
Aussi pouvions-nous regarder comme chimérique la crainte
d'une visite, puisque les chefs de la douane chinoise ne
se décident à venir à bord des navires européens qu'à la
dernière extrémité.

Sans doute cette terreur du nom et du visage européen
a été accrue par les désastreux événements de la dernière
guerre que les Anglais ont faite à l'empire du milieu; l'influence que cette guerre exerce encore sur les esprits des
Chinois a tourné au profit de tous les peuples de l'Europe;
mais, dans la manière dont ils accueillent les navigateurs
chrétiens, il y a des nuances qui prouvent que l'Anglais
est surtout haï, tandis qu'ils ont pour le Français, l'Américain et l'Espagnol, une sorte de respect sans mélange
d'antipathie sourde. Les Anglais, qui se soucient fort peu
d'être pris sur le pied d'une nation aimable, portent une
telle morgue dans leurs relations avec les Chinois, qu'il
est permis de croire qu'ils font de grands efforts, aidés des
souvenirs de leurs études philosophiques, pour ne pas les
mettre au niveau des brutes.

D'ailleurs ce qu'ils font en Chine aujourd'hui, ils l'ont
fait dans tous les coins du globe où ils ont posé le pied.
Les commencements de leurs colonisations et de leurs relations ont été partout marqués de la même façon; et cela
se conçoit. Malgré les grands mots dont retentissent souvent leurs discussions parlementaires, malgré leurs meet-
ings philanthropiques et civilisateurs, on est toujours sûr,
quand une vexation commerciale se commet dans un coin
quelconque du globe, d'y trouver la main de l'Angleterre.
Le commerce, élevé au degré de puissance où l'a élevé le
génie producteur de l'Angleterre, a souvent des nécessités

fort dures, et alors malheur à celui sur lequel retombent
ces nécessités. Dans une question comme celle de la Chine,
le commerce tout entier de l'Angleterre était engagé de
telle sorte, qu'il lui fallait ou triompher ou périr. Ainsi
qu'on ne s'étonne plus de la manière dont ils ont conduit
cette affaire; il n'y a que des niais ou des gens à courte
vue qui pourraient les blamer. Si l'on fait tant que de
porter plainte une fois contre leur morgue nationale et
leurs vexations, c'est au système tout entier de leur politique commerciale qu'il faut s'en prendre.

Retournons aux anecdotes, et laissons là ces hautes
hautes questions philosophiques.

Un jour, tandis que je donnais à déjeuner à deux capitaines espagnols, je vis arriver un chef des archers chinois, à peu près vêtu d'une peau de tigre et ayant sur son
casque une tête de tigre. Car le Chinois cherche, avec des
mascarades grotesques, à se donner au moins un air terrible; il croit faire et se fait à lui-même des peurs incroya-
bles, avec d'extravagantes peintures et des représentations
d'animaux fabuleux qui tirent la langue et dardent en
pointe leur queue.

Ce chef des archers eut à peine mis le pied sur mon
bord, que, malgré sa peau de tigre et son casque en forme
de mufle de tigre, il éprouva une peur qui le tint cloué
sur ses pieds; il ne pouvait plus ni avancer ni reculer,
tremblant de tous ses membres et claquant des dents;
pourtant il avait aussi avec lui des domestiques, qui, à la
vérité, donnaient les mêmes signes de frayeur. J'eus pitié
de toute cette terreur, et j'en eus honte pour l'honneur
des militaires chinois. Le chef des archers avait, par respect, laissé ses souliers au bas de l'échelle de commandement, comme si ses pieds eussent dû fouler un sol sacré.
Je lui faisais les gestes les plus propres à le rassurer, mais
il me regardait avec des yeux où se peignait l'égarement

de la peur, et j'eus toutes les peines du monde à le faire
descendre dans la chambre et à le décider à reprendre ses
souliers ; le thé, les liqueurs que je lui offris, lui donnèrent peu à peu quelque assurance, et il me parut, au moment où je lui présentai un excellent cigare, tout à fait
remis de sa peur. Pour lui prouver que je n'appartenais
pas à la nation qui a bombardé les villes chinoises et écrasé
des milliers de soldats du céleste empereur sous une pluie
de feu, je lui montrai le pavillon de France. Il me fit comprendre que ce pavillon lui plaisait plus que celui des Anglais. Quand il me quitta, il avait presque un air martial,
et son visage rayonnait de joie.

Pendant notre séjour dans le port d'Emouï, nous vîmes
arriver la division américaine, composée du vaisseau le
Columbus, de quatre-vingt-seize, et d'une corvette. Je me
reprochai bien la visite que je crus devoir faire au commodore, car cet insolent yankee ne daigna pas, probablement
par esprit démocratique, me la rendre. On ne saurait
croire jusqu'à quel degré ces démocrates américains poussent l'insolence et le sans-façon dans leur manière de
vivre. Hautains et durs avec leurs égaux, fiers et impérieux
avec leurs subalternes, ils font presque regretter la morgue
britannique. On peut s'attendre à tout de la part d'un
Américain. Lorsqu'une passion le domine, il est capable
de tous les excès pour la satisfaire. Je plains les peuples
de ces mers lointaines si jamais leur pavillon étoilé parvient à y contre-balancer l'influence du pavillon anglais et
celle du pavillon de France. Les hommes qu'ils soumettent
à leur domination sont toujours traités par eux comme de
race inférieure et conquise. Ils ne voient rien qui les égale,
et cet orgueil immodéré, qui n'est justifié par aucune qualité ou aucune vertu, les rend trop souvent insupportables
et à leurs compatriotes et à ceux qui ne le sont pas.

Je ne restai pas assez longtemps à Emouï pour voir comment se conduirait le commodore commandant le *Columbus*; mais je suis persuadé qu'il ne trouva pas, de la part des habitants, les mêmes sympathies qu'avait toujours eues notre pavillon aux trois couleurs.

Les fruits que nous mangeâmes à Emouï, à cette époque, sont en petit nombre; les pommes rouges ou jaunes n'ont pas la saveur des nôtres; les pêches avaient un goût détestable, et les letchis ne valent pas ceux de Bourbon, dont un Marseillais, Eugène B..., raffole et qu'il savoure en vrai gourmet, et qu'il ne cessait de me préconiser. Les letchis lui faisaient presque oublier sa mère patrie et les figues marseillaises, qui méritent bien la renommée dont elles jouissent. Nous trouvâmes aussi à Emouï un fruit ressemblant, à l'extérieur, à celui de l'*arbousier*, et contenant un petit noyau. Dans une autre saison, on doit y manger du raisin, car nous y avons vu quelques vignes en échalas.

Cependant tout était prêt pour notre départ. Le *Joseph-et-Claire* avait sa cargaison de Chinois. Au nombre des passagers j'avais mis la femme chinoise que notre maître d'équipages, Sidore Vidal, avait épousée à Canton. Mis en demeure par ce brave garçon de tenir ma promesse, je n'avais pas hésité un seul instant, et j'avais pu d'autant plus aisément lui donner la petite satisfaction qu'il attendait de moi, que j'avais été obligé d'embarquer quelques autres femmes à mon bord.

Je n'eus jamais à me repentir de cette condescendance. Deux jours avant le départ, Vidal vint chez moi, et, sans préambule, me dit:

— Capitaine, je vous remercie, et vous pouvez compter sur moi à la vie à la mort.

Cette promesse de dévouement n'a pas été une lettre morte.

Enfin, le 7 octobre au matin, nous quittâmes la rade

d'Emouï quatre mois après notre arrivée. La brise, peu fraîche, soufflait du sud-est au sud-sud-est.

Quand on sort de cette vaste baie d'Emouï, surtout pendant la nuit, on doit bien prendre garde à ces grosses pièces de bois que les pêcheurs chinois mettent sur l'eau pour soutenir leurs filets; la baie en est remplie, on en trouve même hors la baie, au large, et quelques-unes sont d'un volume qui, si un navire s'y heurtait par la pointe, pourrait bien causer de fortes avaries.

Nous eûmes pendant deux ou trois jours la vue de la terre, à cause d'un grand calme, et il nous fallut mouiller plusieurs fois pour étaler les marées contraires. Le 12 et le 13, nous étions à une petite distance des îles de Pong-Hou, près desquelles nous aperçûmes plusieurs bateaux pêcheurs de Formose. Le soir du 13, le calme étant revenu, et le courant nous portant dans le nord et sur les îles, nous mouillâmes l'ancre à jet par vingt-cinq brasses; mais, quelques heures après, un remous du courant fit casser notre chaîne et nous dûmes nous remettre à la voile. Le lendemain nous étions en vue de l'île Formose (partie sud). Les îles Pong-Hou sont rocailleuses et peu élevées, à l'exception d'une de ces îles, que nous apercevions dans l'ouest; on les voit de quatre lieues. La partie sud de Formose est au contraire très-élevée. Le 19, après le calme et de faibles brises, nous subîmes un demi-tiphon qui souffla de l'ouest au sud-ouest d'abord, puis au sud-sud-ouest et sud-sud-est, et qui nous obligea de fuir dans le nord-est sous le petit hunier à deux ris amenés sur le ton. Ensuite, le vent s'établit bon frais à l'est-sud-est, et parfois avec des grains très-lourds. Aussi fûmes-nous contraints de louvoyer plusieurs jours dans les Babuyanes et les Bachees; nous revîmes même la partie sud-est de Formose et l'île de Botel-Tobrego. Enfin, le 25, nous avons pu les doubler à l'est, en passant entre l'île de Claro, qui est la plus élevée

de toutes ces îles, et les îlots Richemont. Ces derniers îlots
ressemblent de loin à des navires sous voile. Ces îles sont
presque toutes arides; celles des Babuyanes, qui sont le plus
au sud, sont habitées; l'île de Claro et une autre, qui en
est la plus voisine, l'étaient aussi; mais les fréquentes érup-
tions du terrible volcan de Claro, dont nous vîmes fumer le
cratère un matin, sous un ciel extrêmement pur, ont forcé
leurs habitants de les abandonner. Le courant porte tantôt
au nord-ouest et tantôt au nord-est, à un mille à l'est.

Quand nous eûmes doublé ces îles, nous eûmes continuellement du calme ou des brises du sud-est variables
au sud-est, et rarement des vents du sud-ouest, comme
me le faisait espérer une traversée que le navire le *Progrès*, capitaine Lucco, avait faite l'année précédente, à la
même époque. Il y eut toujours des courants nord.

Le 16, à trois heures du soir, nous aperçûmes l'île
Marière, que nous pûmes laisser dans le nord. Cette île,
qui peut avoir environ quatre à cinq lieues de circuit, est
très-basse, un peu plus élevée dans sa partie nord que
partout ailleurs. Elle est plantée de cocotiers, dont la cime
se montre avant qu'on ait aperçu le sol qui les porte. On
croirait voir des arbres émerger de la mer et former sur
les eaux un ondoyant tapis de verdure.

Le 18, à une heure du soir, nous vîmes l'île de Lord-
North, que nous relevâmes au nord-ouest; elle est un peu
plus petite que l'île Marière, aussi basse et couverte comme
elle de cocotiers. Sa position sur les cartes anglaises,
comme sur les nôtres, ne m'a pas paru bien déterminée.
Douze milles environ nous séparaient de l'île de Lord-
North, quand nous aperçûmes plusieurs pirogues, les unes
à la voile et les autres à la rame, qui se dirigeaient vers
nous.

La première qui nous accosta était montée par sept
hommes, dont tout le vêtement consistait en un petit mor-

ceau de toile attaché autour des reins et ne remplissant
qu'imparfaitement sa destination. Ces hommes ne pouvaient se décider, malgré mes instances, à monter à bord ;
comme notre pont était encombré de Chinois, la vue de
tant de gens leur inspirait une vive crainte ; enfin trois
d'entre eux, après m'avoir demandé en anglais si j'étais le
capitaine, finirent par venir sur notre pont, où ils commencèrent par appliquer leurs narines sur mes mains et
au visage, et me dirent ensuite, en les prononçant avec
une volubilité extraordinaire, ces mots : *Capten*, *very*
good, capitaine, très-bien. Ces sauvages nous donnèrent
des cocos et des cordages faits en fibres de cocotiers ; nous
leur remîmes quelques bouteilles vides et des couteaux,
qu'ils prirent avec un très-grand plaisir.

Rassurés par la réception faite à leurs trois compagnons,
d'autres suivirent l'exemple de ceux-ci ; je conduisis quatre
de ces sauvages dans la chambre, et je leur fis avaler un
verre de rhum à chacun ; ils me parurent n'avoir jamais
goûté cette liqueur, qu'ils absorbèrent comme si c'eût été
de l'eau ; puis ils mangèrent du pain, du biscuit, du riz,
mais seulement quand ils nous eurent vus en manger.
Ensuite je pris un miroir et le leur montrai ; leurs gestes
devant ces objets, inconnus pour eux, me rappelèrent ceux
d'un singe ; celui devant le visage duquel je plaçai le miroir que je tenais crut d'abord que c'était ma figure et non
la sienne qu'il apercevait, parce que j'étais derrière la
petite glace ; mais, après avoir comparé le visage tatoué
que reflétait la glace avec le mien, il ne put plus reconnaître mes traits dans ceux que lui présentait le miroir, et
son œil exprima tout à coup le sentiment d'une stupéfac-
tion mêlée à de l'effroi. Ce phénomène passait son intelligence. Ce miroir excita leur convoitise à un point, que je
le leur fis tirer à la courte paille, et le sauvage que le hasard favorisa se hâta de nous quitter et d'emporter dans

son île un objet dont la possession me parut l'avoir rendu le plus heureux des hommes.

Je distribuai à ces sauvages des chapeaux, des pantalons, des gilets, et ces cadeaux leur causèrent une telle satisfaction, que trois d'entre eux, les plus agiles probablement, s'élancèrent sur une cage à poules et se mirent à exécuter une danse aussi burlesque qu'indécente, en réglant leurs pas sur des chants et des cris épouvantables. Après cette récréation primitive, ils nous firent comprendre qu'ils désiraient beaucoup que nous descendissions dans leur île, et ne cessèrent, pendant près d'une heure, de nous répéter le mot *Marianna*, avec l'air de gens qui comptaient, pour nous décider, sur l'effet de ce mot, dont le sens nous échappa d'abord ; mais nous les comprîmes enfin très-bien, parce que le geste se chargea de l'explication de ce mot, et nous vîmes encore, d'après ce geste, que la nature primitive a été peinte par Rousseau sous de bien fausses couleurs.

24.

XII

On conviendra que sortir de la Chine pour arriver dans ces îles sauvages, c'était une assez singulière aventure. Nous touchions ainsi dans quelques jours les deux points extrêmes de l'humanité, la civilisation la plus raffinée qui soit sous le ciel et la société des peuples enfants. Il y avait pour nous quelque chose d'excessivement piquant dans ce contraste, et nous nous complaisions à étudier ces naïvetés primitives qui ne connaissent aucune de nos vertus, aucun même de nos crimes de convention, et qui se livrent avec une ardeur fougueuse à tous leurs premiers mouvements. Nos matelots mêmes semblaient prendre un vif plaisir à ces transformations subites, à ces transports rapides qui mettaient en quelques jours sous nos yeux des mœurs et des natures si diverses.

Un incident surtout excita leur hilarité.

Parmi les sauvages venus à notre bord, et que nous avions accueillis de notre mieux, se trouvaient plusieurs femmes. Plus timides que leurs frères ou leurs maris, elles s'étaient d'abord tenues à l'écart, et s'étaient contentées de tout dévorer de leurs yeux avides. Mais bientôt, enhardies par l'accueil amical qu'elles nous virent faire aux hommes qui étaient venus avec elles et dépouillant brusquement toute timidité, elles s'élancèrent sur le pont et

commencèrent une de ces danses ardentes, échevelées, qui
commencent avec une fougue incroyable et se terminent
par des poses plus lentes et pleines de langueur voluptueuse. Nos matelots avaient suivi avec un grand intérêt
tous ces mouvements, mais ce qui suivit la danse les
amusa bien davantage.

Ces femmes, rompant tout d'un coup le cercle de marins et de sauvages qui s'était formé autour d'elles, allè-
rent chercher contre la muraille de l'arrière un Chinois
qui y était occupé à je ne sais quel soin domestique.
Surpris, le Chinois se laissa faire, et cependant sa figure
blême et ses jambes tremblotantes indiquaient assez la
frayeur dont il était saisi. Il ne savait sans doute pas plus
que nous ce que ces dames voulaient faire de lui; mais le
premier sentiment d'un Chinois en face de l'inconnu est
toujours la crainte. Sa peur commença par exciter des
rires fous de la part de nos matelots, mais ces rires redoublèrent quand ils virent à quoi le Chinois était destiné.

Après qu'elles l'eurent placé au milieu d'elles, les
femmes sauvages commencèrent autour de lui une ronde
folàtre pendant laquelle elles venaient tour à tour rire et
grimacer sous le nez du Chinois. Celui-ci tremblait de
tous ses membres; mais, plus il tremblait, plus les femmes
riaient, de telle sorte qu'au bout de quelques minutes,
cette progression allant toujours en croissant, la position
devint si comique, que tous, officiers et matelots, se laissè-
rent aller à l'hilarité des femmes sauvages. Voyant leur
triomphe complet, elles prirent le Chinois par les rares
cheveux qui décoraient son occiput, l'étendirent sur le
dos et se mirent à détirer tous ses membres, comme si
elles avaient voulu les disloquer.

La victime de ces jeux avait jusque-là tout supporté
sans proférer une plainte, retenant même son souffle,
comme s'il avait craint qu'on ne le prît pour un gémisse-

ment. Mais, en ce moment, la peur de la mort lui donna
sans doute des forces, car il se mit à pousser des cris qui,
loin d'exciter notre pitié, ne firent que redoubler la verve
joyeuse et des sauvages et de nos matelots. Cependant je
crus devoir arracher ce malheureux aux mains de ces
femmes, et le Chinois m'en témoigna sa reconnaissance en
allant, à peine libre, se réfugier à fond de cale, où nous
le retrouvâmes encore le lendemain.

Ces femmes parurent fort étonnées de ma conduite
Cependant elles cessèrent aussitôt les danses, et revinrent
prendre leur place contre les murailles du navire.

Quand la nuit arriva, un certain nombre de ces sauvages, chez qui la terreur que nous leur avions inspirée
avait fini, grâce aux verres de rhum, aux cadeaux et au
plaisir que nous avions manifesté d'assister aux danses de
leurs femmes, par faire place à une familiarité presque
importune, n'auraient pas mieux demandé que de coucher
à notre bord ; à la vérité, ils s'imaginaient que certaines
offres très-peu morales avaient enflammé notre imagination, et que nous nous empresserions, dès que le soleil du
lendemain se lèverait, d'aller visiter cette Cythère des
mers indiennes.

Si j'eusse été, comme les capitaines Cook et Bougain-
ville, un explorateur *quand même* de terres inconnues,
un observateur de mœurs, j'aurais pu me décider à accepter l'invitation de ces sauvages ; et, comme la science
semble faire excuser, par l'importance de ses résultats,
l'examen des usages les plus excentriques, les plus immo-
raux, j'aurais peut-être permis à mes gens de se livrer,
dans l'intérêt de la physiologie, à des expériences que la
sagesse condamne cependant, mais que la nécessité de
conduire aussi loin que possible les investigations psycho-
logiques exige parfois. Mais je n'avais à remplir qu'une
mission commerciale, et je devais m'interdire tout ce qui

ne se rapportait pas à cette mission; aussi je n'ai pas mis le pied dans cette île, dont les habitants appartenaient à une des plus belles races que l'on puisse voir, bien que leurs traits fussent très-saillants. Leurs yeux supérieurement fendus, leurs lèvres assez finement découpées, leurs membres parfaitement attachés et dans les plus justes proportions, leur taille admirablement prise, confirmeraient, au besoin, ce que je viens de dire sur la beauté de la race de ces sauvages. Leur chevelure n'est jamais coupée et contribue à faire paraître leurs têtes plus grosses qu'elles ne le sont réellement; ils se servent de l'huile du coco pour lisser leurs cheveux, un peu trop habités, du reste, comme l'était la barbe de l'empereur Julien.

Ces sauvages si découplés, si bien faits, ont malheureusement un goût très-prononcé pour la chair humaine et disent, eux aussi, que le plus honorable tombeau qu'ils puissent donner à un homme, c'est un estomac humain. Leur réputation, abominable sous ce rapport, était connue des Chinois, et, comme ceux-ci ne laissent jamais échapper l'occasion de montrer leur pusillanimité, et qu'ils se croient des morceaux dignes des rois cannibales, ils m'égayèrent beaucoup par leur risible pantomime et l'effroi qu'ils manifestaient toutes les fois que nos sauvages s'approchaient d'eux. Au moment surtout où ils virent un des leurs saisi par les femmes sauvages, ils redoublèrent de contorsions; ils nous regardaient avec des yeux suppliants et semblaient nous conjurer de ne pas laisser accomplir le sanglant sacrifice.

On aurait peine à le croire, mais je puis certifier qu'ils croyaient toucher au moment de disparaître, bouchées par bouchées, dans l'œsophage de ces sauvages. A la vérité, ceux-ci, je ne sais trop dans quel but, ont l'habitude de vous flairer avec cette énergie olfactique que déploie un gourmand quand on lui met sous le nez un excellent pâté de Périgueux ou une pièce de venaison cuite à point. D'un autre côté, je vis qu'ils flairaient plus soigneusement, plus lentement, plus savoureusement, les plus gras de nos Chinois. Le Chinois, ainsi flairé, pâlissait, se démenait sous cette formidable investigation nasale, et, s'il avait retenu le sens des mots anglais qui accompagnaient ce procédé peu délicat, il aurait passé au paroxysme de la terreur en entendant le sauvage dire, satisfait des émanations des gras Chinois, *very good*, *very good*, très-bon, très-bon. Un gourmand ne s'exprimerait pas autrement en palpant et en sentant une grosse volaille du Mans.

La scène était d'un comique suprême, surtout pour le capitaine Caillet et pour moi, qui en avions déjà vu de semblables et savions fort bien que, nonobstant leur férocité et leur voracité, les sauvages ne se permettraient jamais un acte violent en notre présence. Car, et c'est une preuve assez curieuse de la supériorité des races européennes, elles exercent dans toutes ces mers un immense prestige sur toutes les populations sauvages de ces archipels. Le sauvage redoute l'Européen. Il comprend d'instinct tout ce que notre Europe verse encore dans nos veines d'énergie et de courage. Il ne redoute pas l'Asiatique, surtout celui de race cuivrée; il devine qu'il est depuis longtemps amolli et énervé par une civilisation arrivée à son dernier période.

Je dois dire aussi, pour justifier un peu les craintes des Chinois embarqués à mon bord, que les sauvages ne se bornèrent pas à promener leur nez, qu'ils ont d'une ampleur et d'une largeur singulières, sur les diverses parties du corps des Chinois, mais qu'en connaisseurs expérimentés, en gens versés dans la gastronomie cannibale, ils voulurent aussi s'assurer par le tact du degré de fermeté des chairs convoitées. Lord Byron, dans son étrange *humour*, aurait vu, dans tout ce que je viens de décrire, un chant

à ajouter à son poëme de *Don Juan*, à ce rire triste d'un
Anglais qui veut pesamment tout railler. Quant à nous, à
part le côté comique de cette scène et qui venait uniquement de la pusillanimité exagérée des Chinois, nous n'é-
tions guère portés à rire de cette étude faite sur le vif des
mœurs sauvages. Dans toute autre circonstance même
nous n'aurions pu assister à un semblable spectacle sans
qu'aussitôt une immense tristesse ne vînt nous serrer le
cœur. Mais ici, je l'avoue, l'incident comique enlevait
beaucoup de sa gravité odieuse à ce détail de mœurs d'un
peuple inconnu.

Cependant, puisque la suite de mon récit m'a naturellement porté à parler de ces choses, qu'il me soit permis de
faire ici un appel aux missionnaires chrétiens. Depuis
longtemps ils nous ont habitués à tous les genres d'intrépidité. Que quelques-uns d'entre eux se détachent donc
des missions de la Chine et du Japon et s'aventurent dans
ces îles. Ils ne peuvent y obtenir que les plus heureux résultats, et encore une fois ils auront bien mérité du christianisme et de l'humanité !

Le chien n'est pas connu de ces sauvages, car la vue de
notre caniche les fit reculer d'effroi, et, si nous ne les
eussions pas rassurés, ils se seraient jetés à l'eau, tant ils
nous parurent redouter l'approche de cet innocent animal. Mais bientôt il en fut du chien comme de nous-mêmes.
En nous le voyant caresser comme un animal domestique,
ils se familiarisèrent avec lui, le caressèrent timidement
d'abord et enfin faillirent, avant la fin du jour, le rendre
victime de leurs espiègleries.

J'admirais les ingénieux dessins dont, grâce au tatouage,
ils couvrent leurs corps, qui, à l'aide de ce procédé, cher
aux sauvages et aux compagnons du devoir, bien que
ceux-ci ne le pratiquent que sur leurs bras et quelques-
uns sur leurs poitrines, ressemblent à des étoffes impri-

mées et enjolivées à plaisir d'un coloris symétrique et régulier. Ces dessins concentriques, ces enroulements, ces losanges qui les revêtent du front aux orteils, par devant, par derrière, donnent à leur personne un aspect aussi curieux qu'étrange. Il est probable que si l'on n'eût pas inventé l'art du tailleur, toutes les nations se seraient tatouées, car le tatouage est invinciblement suggéré par cette incurable coquetterie humaine, par cette vanité qui nous fait chercher les moyens les plus bizarres pour produire de l'effet, pour nous rehausser à nos yeux et à ceux de nos semblables. Mais, je le répète, le tatouage exige à peu près la suppression de tout vêtement, il comporte seulement un léger voile autour des reins et des colliers de coquilles dans le genre de ceux dont nos sauvages ornaient leur cou.

Ceci me rappelle qu'une jeune princesse recommanda un jour à son frère, amiral de grade, de lui apporter le costume d'une sauvagesse. L'amiral lui remit, au retour de son voyage, un collier de coquilles.

— Qu'est-ce que cela? demanda la princesse.

— Le costume d'une sauvagesse, répondit le jeune amiral, tout le costume.

Cet amiral était un homme d'esprit.

Cependant l'usage des vêtements n'est pas complétement inconnu aux sauvages au milieu desquels nous nous trouvions. Quelques-uns avaient même de vieilles vestes de marine. Aux boutons je reconnus qu'elles avaient appartenu à des marins anglais. Je ne saurais dire pourquoi, mais j'aurais été heureux de retrouver sur ces boutons des noms de mon pays. La plupart néanmoins de ces sauvages sont entièrement nus. Les vêtements gênent la liberté de leurs allures et de leurs mouvements, et, plus qu'à toute chose du monde, ils tiennent à la souplesse de leurs membres.

J'aperçus dans les mains de ces sauvages quelques boîtes faites d'une seule pièce, et qu'ils avaient creusées avec des coquilles ou avec des couteaux remis par des passagers de quelque navire européen. Ils font avec de l'écaille de tortue des hameçons ; leurs pirogues sont très-longues et fort étroites, dans le genre de celles qu'on voit suspendues aux plafonds des cabinets chez les amateurs de curiosités ; ils se mettent au moins douze dans ces frêles embarcations, où ils se servent d'un balancier fait en forme d'un demi-cercle, avec un filet au milieu, dans lequel ils placent une foule d'objets. Ce balancier n'agit que d'un seul côté. Ces pirogues n'ont qu'un mât sur l'avant ; ce mât porte une très-grande voile d'une forme à peu près triangulaire.

Je l'ai déjà dit, nonobstant leurs désirs, je n'avais nullement envie de laisser ces sauvages passer la nuit à mon bord. Il me paraissait surtout inutile d'y garder les femmes, qui me semblaient des gaillardes propres, en un clin d'œil, à tout mettre en révolution. Au début de cette seconde traversée, ce n'était pas précisément ce dont j'avais besoin.

Nous renvoyâmes donc nos hôtes tatoués dès que la nuit fut venue, une de ces nuits si splendides dans ces zones heureuses et brillantes ; la brise s'était établie. Pour ne pas trop affliger mes sauvages, je leur promis d'aller les visiter le jour suivant. Il paraît qu'ils nomment leur île *Myga,* car ils prononçaient souvent ce mot en me la montrant, et n'oubliaient pas d'y joindre celui de *Marianna.* Comme on le pense bien, cette promesse fut une de celles que font souvent les navigateurs pour se débarrasser d'importunités qui les gênent. Je n'avais garde, la brise se levant, de rester au mouillage pour la tenir. Des intérêts bien plus grands que la curiosité m'entraînaient désormais et me forçaient à rentrer en France le plus tôt possible.

Comme le vent se maintenait au sud variable sud-sud-

est et sud-sud-ouest, j'aimais mieux prendre la bordée de
l'ouest que de conserver celle de sud-est, qui m'aurait en-
traîné au moins à cent lieues dans l'est de Waiggiou, où les
courants portent à l'est ; de là, il m'aurait fallu encore perdre bien du temps pour venir prendre la mer de Moluques,
par le détroit de Dampierre. En courant à l'ouest, j'étais
presque sûr qu'aux approches de Gillolo les vents tour-
neraient au sud-ouest, ce qui nous permettrait de passer
entre cette île et Guébé ; en effet, cela eut lieu comme je
l'avais heureusement prévu.

Dès 5° nord à 2° sud, nous avons eu des grains fréquents,
plus ou moins forts de différents côtés. Le 29 au soir
nous étions en calme à cinq lieues de la côte nord de la
grande île de Téram. Le détroit de Gillolo est très-large et
parfaitement sûr ; on peut s'approcher de terre d'un bord
à l'autre à la distance de trois à quatre pieds sans courir le
moindre risque. L'intérieur de Gillolo est élevé, Guébé
l'est moins, mais la pointe sud de Gillolo est basse. Téram,
au contraire, est très-élevée et partout, comme le sont
toutes les Moluques. Le 31, avec le vent du sud-est, nous
vînmes très-près de Bourou, dont la côte est sûre, et,
dès que nous l'eûmes reconnu, nous entrâmes dans le détroit de Manippa en louvoyant, parce que la brise était
très-fraîche dans la journée du 2 au 3 novembre.

Dans ces différentes bordées nous eûmes quelquefois à
virer de bord à moins d'un demi-mille de la côte de Bourou.
Jusqu'à ce moment nous avions subi des contrariétés telles,
que nous avions été obligés de nous mettre à la ration de
de l'eau. J'éprouvais le plus vif regret de n'avoir pas à
bord un appareil de distillation ; l'on peut juger du pénible embarras où j'étais avec ces quatre-vingt-dix Chinois,
qu'il me fallut mettre à la ration de trois quarts par jour,
et qui me tiraient la langue pour me faire comprendre
l'ardente soif dont ils étaient dévorés.

Au reste, si jamais ils lisaient cette relation, ils pourraient me rendre cette justice qu'aucun de mes matelots
ni moi-même ne fûmes mieux traités ; et cependant cette
souffrance de la soif est une des plus cruelles que je connaisse. Mais à bord j'ai toujours eu pour principe qu'en cas
de disette il fallait l'égalité la plus parfaite dans le traite-
ment.

Les passagers, me voyant endurer sans impatience les
mêmes maux dont ils souffraient eux-mêmes, se résignè-
rent, et je n'eus pas au moins un nouveau chagrin à ajouter à toutes nos douleurs, celui d'être obsédé de plaintes
auxquelles je me trouvais dans l'impossibilité absolue de
faire droit.

Le lendemain de ce jour fort triste pour nous, nous vîmes
les îles Amblaw et Ambomeo ; je fis gouverner pour le détroit
d'Ombay, de préférence à celui de Salayer, où les brises
de sud-est sont moins fraîches et les pirates plus nombreux
qu'ailleurs ; pourtant nous ne laissâmes pas que de faire toutes les dispositions nécessaires pour nous défendre, au besoin, contre ces écumeurs de mer, pour lesquels lord Byron
avait, comme poëte, un faible extraordinaire. Il les aurait
peut-être moins aimés s'il avait eu maintes fois sa vie, sa
fortune et son honneur à défendre contre eux. Je fis mettre
dans mes canons des boulets à mitraille ; nos fusils furent
immédiatement chargés, et je désignai à chacun de nos
gens le poste du combat ; nos armes étaient en petit nombre, mais le personnel des combattants et de l'équipage
était sur un pied respectable.

Je me félicitai beaucoup, malgré tous ces moyens de défense, de n'avoir pas eu besoin d'en faire usage, parce que
mes quatre-vingt-dix Chinois auraient pu, par leur frayeur,
jeter une fâcheuse confusion dans nos rangs et paralyser
notre résistance. D'un autre côté je n'avais pas à compter
extrêmement sur la bravoure de mes matelots, de sorte que

je bénis le ciel d'avoir évité une rencontre où les chances
du combat auraient pu m'être défavorables.

Quoique cela puisse paraître étrange à quelques-uns,
j'ai toute espèce de bonnes raisons pour parler de la sorte.
Je n'eus qu'à m'applaudir de la conduite que j'avais sui-
vie. Grâce à elle, il ne nous arriva aucun accident fâcheux,
nous n'eûmes à déplorer ni aucune mort, ni la moindre
perte ; tout le monde n'en peut pas dire autant.

Voici du reste à ce sujet une histoire qui se racontait à
Bourbon dans le temps où nous y arrivâmes.

En même temps que nous à peu près voyageait dans ces
parages un autre navire de commerce du même tonnage
que le *Joseph-et-Claire*. Poussé par je ne sais quelle ardeur
belliqueuse, le capitaine voulut s'aviser de donner la
chasse aux pirates. Un bâtiment de commerce n'est jamais un vaisseau de guerre. A ceux-ci appartient la tâche
de donner sur la mer la chasse aux écumeurs qui l'infestent. Le proverbe a raison qui dit : « A chacun sa besogne. » Le capitaine de vaisseau marchand n'était pas pénétré de cette vérité. Qu'arriva-t-il ? Il avait voulu poursuivre
les pirates, les aller chercher jusque dans leurs refuges. A
cause de la faiblesse de ses forces et de l'insuffisance de ses
ressources, ce furent bientôt les pirates qui le poursuivi-
rent, lui donnèrent une chasse d'autant plus vive, qu'ils
étaient plus nombreux et plus agiles ; s'acharnèrent à lui,
enfin, jusqu'à ce qu'ils eurent fait échouer son bâtiment
sur un écueil. Dans cette position critique, ils se ruèrent
sur le malheureux navire comme sur un cadavre, pillèrent
les marchandises, massacrèrent une bonne partie de l'é-
quipage et des passagers, et, s'étant emparés du capitaine,
ils lui firent subir un supplice ignominieux cent fois pire
que la mort, qui s'ensuivit.

J'ai toujours aimé mieux montrer un peu moins de bravoure et éviter un sort pareil.

Dans la journée du 5 au 6 novembre. nous passâmes le détroit d'Ombay, avec une belle brise de sud-est. Après m'être rapproché davantage de l'île de Cambing que d'Ambray, et être ensuite allé dans l'ouest-sud-ouest, un peu plus vers cette dernière île que vers Timor, le 8, nous passâmes entre Sandalwood et Flores, et enfin, le 11, à six heures du matin, nous étions nord et sud avec le détroit d'Allass. Deux grands navires, qui s'y trouvaient en travers, firent, pendant toute une journée, route avec nous, pour entrer dans ce détroit, que l'on préfère à celui de Lombock, pour aller, pendant cette saison, dans les mers de Chine, parce qu'en accostant la côte d'est de Lombock, on peut mouiller pour étaler une marée contraire ou pour faire de l'eau, soit à Peesio, soit à un autre mouillage situé au nord de ce dernier.

Pendant tout le jour, nous longeâmes la côte sud de Lombock, à une distance raisonnable. Cette côte nous a paru bien aride, exposée qu'elle est aux vents du large; la mer, en maint endroit, y déferlait avec furie. Une fois dans le détroit de Lombock, où nous remarquâmes de très-forts remous et des clapotis, nous eûmes les courants pour nous, nous serrâmes la côte de Lombock, près de laquelle il n'y a qu'un seul rescif sur lequel on voit la mer se briser, et à cinq heures trente minutes du soir, nous mouillâmes sur la rade d'Ampanan, où nous avons trouvé deux navires français, le *Mazagran* et le *Pionnier*, qui venaient de Bombay, pour y prendre un chargement de riz.

De semblables rencontres sont toujours fort agréables en mer, mais elles le sont cent fois plus au milieu des périls d'une navigation aussi accidentée que la nôtre en ce moment. Le commandant du *Pionnier* était un de mes vieux camarades; nous avions fait ensemble plus d'un voyage, soit dans les Antilles et les mers américaines, soit dans les mers de l'Inde. Ce fut donc avec un redoublement

de plaisir que nous nous rencontrâmes dans ces parages.
Le *Joseph-et-Claire* et le *Pionnier* mirent en panne pendant quelques heures, et les deux commandants, en se rendant au bord l'un de l'autre, renouvelèrent les souvenirs d'autrefois, et, le verre à la main, se souhaitèrent toutes sortes de prospérités mutuelles. Les équipages et les passagers profitèrent de la bonne fortune de cette rencontre. Il y eut distribution exceptionnelle à bord des deux navires. Le *Pionnier* était admirablement approvisionné ; il ravitailla le *Joseph-et-Claire* de telle sorte, que toute espèce de disette disparut, et que la gaieté revint bientôt parmi nous avec l'abondance.

Nos matelots étaient tout joyeux de cette fête improvisée brusquement dans l'après-midi d'une journée qui menaçait de s'écouler triste et monotone, comme toutes les journées de la mer. Quant aux passagers, l'abondance d'eau leur procura un bien-être dont ils étaient sevrés depuis longtemps. Aussi s'en donnèrent-ils à cœur joie et ne furent-ils pas les derniers à égayer de leurs faces bouffies et de leurs mines grotesques les ponts en fête des deux navires.

Le soir venu, nous nous dîmes adieu, et chacun de nous reprit sa route.

Depuis Amblaw jusqu'au détroit d'Ombay, nous avons éprouvé des courants portant dans l'ouest-sud-ouest d'Ombay à Lombock, nous avons eu des brises assez fraîches de l'est-sud-est ; mais les courants ne portaient pas moins dans le sud-est, à l'encontre du vent.

Dans le détroit de Lombock, les courants, pendant la mousson du sud-est, portent généralement contre le vent, comme ils portent, dans le nord-ouest, durant cette mousson. Ils sont quelquefois très-violents et occasionnent alors de forts clapotis.

En entrant dans la baie d'Ampanan, avec les vents du

sud-est, on doit serrer sur tribord, et mettre le cap au nord-
est un quart est et même à l'est-nord-est, si l'on s'aperçoit
que les courants portent dans le nord ; on passera ainsi à
distance de quelques îles qui sont détachées de la partie
sud de la baie, et près desquelles il y a quelques récifs.
Dans le nord-nord-est de ces îles, à environ trois milles,
se trouve un banc, sur lequel pourtant un navire de commerce peut toujours passer. puisqu'il y a au moins quatre
brasses d'eau. Dans les forts ras-de-marée qui ont quelquefois lieu pendant la mousson de nord-ouest, la mer y
déferle.

Le navire qui a du lest à jeter ne doit pas venir mouiller par moins de douze à quatorze brasses ; autrement il
s'exposerait à ce qu'on le fît changer de mouillage. La
police de la rade est confiée à deux bandars. On appelle à
Lombock bandar l'individu que le radjah autorise à acheter le riz des agriculteurs et à le revendre aux navires.
L'un de ces bandars, que la faveur du radjah met à même
de faire le plus d'affaires, est un Anglais nommé King,
l'autre est un Chinois.

Un navire peut donc mouiller par ce brassage, en relevant le mât de pavillon à l'est nord-est ou est un quart
nord-est. Après s'être débarrassé du lest et avoir embarqué
assez de riz pour lester le navire, on se toue ou bien on
profite d'une brise favorable et modérée qui se lève ordinairement le matin ou le soir, pendant la mousson du sud-
est, et l'on vient mouiller à une bonne portée de voix du
rivage, par six à sept brasses, fond de sable, mêlé de vase,
en ayant soin de relever le mât de pavillon à l'est ou est
un quart sud-est. A cette distance, on est à l'appareillage
et l'on se trouve dans une position avantageuse pour charger promptement, surtout si l'on a une chaloupe que l'on
puisse employer à transporter des sacs de riz. A cet effet,
on mouille un fort grappin ou une petite ancre à jet, sur

laquelle on amarre un des bouts d'une aussière, dont on
amarre aussi l'autre bout (après l'avoir au préalable bien
roidie) sur une des ancres qui sont sur la plage. Cette aussière sert de cablot et de sabaye à la chaloupe, quand elle
vient embarquer les sacs de riz que les coolies mettent à bord.

L'île de Lombock est assez élevée. Dans la partie de
l'est, on aperçoit plusieurs cônes de soulèvement, et entre
autres celui qui est justement appelé le Pic. Ensuite se fait
voir une pointe basse qui, progressivement, se hausse et
s'avance au large. De ce côté, elle ferme l'entrée du détroit d'Alless. Au nord de cette pointe se trouve le village
de Peejoo, qui offre un fort bon mouillage, surtout pendant la mousson du nord-ouest.

La côte sud de l'île de Lombock ne présente que des fa-
laises escarpées et arides et des baies semées de récifs
dentelés. On y voit aussi des pitons assez élevés. Mais,
dès qu'on a doublé la pointe du sud-ouest et que l'on s'a-
vance dans la belle et vaste baie d'Ampanan, le tableau
change et l'œil se repose délicieusement sur des abîmes de
verdure et des mornes, qu'une végétation puissante couvre de la base au sommet.

Alors le navigateur laisse tomber l'ancre en face de ce
magnifique paysage, que l'on contemple avec ravissement.
De longs rideaux de cocotiers s'étendent en face et forment
l'élégante et gracieuse bordure du rivage. C'est dans ce
rideau, dont les naturels semblent avoir, par places, sou-
levé quelques coins, qu'ils encadrent leurs huttes. Derrière l'arbre cher aux zônes tropicales s'étendent des
champs de riz, de maïs, de cannes à sucre, dont les ondulations arrivent, en formant une douce mer de verdure,
jusqu'aux mornes placés au fond du tableau. De ces mornes, qu'elles rayent de leurs filets d'argent, descendent
de petites rivières qui viennent, jusqu'à la rade, former
l'aiguade cherchée par le marin.

En descendant sur le rivage, un tableau extrêmement animé vient saisir et enchanter vos regards. Ici, sous des arbres, des hommes et des femmes, couchés à l'ombre, vous rappellent les calmes paysages du Poussin ; là, d'autres individus s'occupent de ces travaux peu pénibles dans un pays où la nature a prodigué ses dons. Sous le toit du bazar, ouvert de tous côtés, viennent en foule des femmes dont le sein rappelle celui que la Vénus de Praxitèle indique plutôt qu'elle ne le cache avec sa main gracieuse. Ces femmes vendent, les unes les produits de la campagne, les autres ceux de la pêche de leurs maris ou de la pêche de leurs maîtres. Puis arrivent, au bruit des sonnettes qui retentissent autour de leurs cous, les chevaux, qui apportent aux bandars le riz enfermé dans des sacs ou dans des paniers ; des Chinois, fumant leurs longues pipes, prennent le poids de ces sacs et de ces paniers, que l'on embarque dans des djocens ou bateaux balanciers qui chargent, quand le temps est beau, jusqu'à vingt sacs et auxquels on donne douze cuschers par sac, comme prix de transport jusqu'à la rade. Les bords de cette rade sont également fort animés, surtout pendant la mousson de sud-est, car alors il y a toujours quelques grands navires et une infinité de proas malaises de toute dimension qui viennent charger du riz pour Maurice.

La campagne offre l'aspect d'une fertilité extraordinaire. De distance en distance semblent se cacher entre des groupes d'arbres des maisons qu'entourent des champs de riz à perte de vue ; des travailleurs des deux sexes sont répandus dans ces champs. Dans les mares d'eau profondes se vautrent des bufles gigantesques, qui prennent un bain en même temps qu'ils se délivrent des piqûres de ces insectes acharnés, sous les tropiques, sur toutes peaux vivantes. Puis la scène prend un aspect pastoral : de jeunes enfants mènent au pâturage des bœufs, des génisses et des

veaux; plus loin des troupes hennissantes de chevaux
courbent, sous leur vol, les têtes des plantes, ou, suspen-
dant leur course, se plongent dans les hautes herbes. Les
routes, beaucoup plus larges et bien mieux tenues, sont
incessamment traversées par des femmes qui portent d'assez lourds fardeaux sur leurs têtes, ou par des hommes,
les uns à pied, les autres à cheval, et toujours armés de
leurs kris. Dans les rivières, les femmes, les enfants, se
baignent, folâtrent et répandent autour d'eux leurs rires
éclatants ou aigus.

Voilà le premier aspect; voilà ce que l'œil saisit tout
d'abord, dès que l'ancre a arrêté le navire dans sa marche
et que les voiles sont repliées. Aussi, avant de songer à
descendre, le marin s'arrête-t-il un instant sur le pont de
son navire et contemple-t-il avec ravissement ces paysages
délicieux.

Puis, la première curiosité apaisée, il donne des ordres
empressés, et les embarcations sont mises à la mer pour
le conduire à terre.

XIII

Île de Lombock. — Description de cette île. — Habitants, mœurs, religion. — Le radjah — M. King. — Fêtes publiques. — Construction d'une ville en bambous. — Détails curieux.

Ces premiers horizons étaient, on le comprendra, de nature à me donner un vif désir de connaître plus particulièrement cette île nouvelle que j'avais sous les yeux. Je n'y pus résister longtemps et j'annonçai à l'équipage que nous passerions quelques jours à Lombock. Cette nouvelle fut joyeusement accueillie de tous. Il est assez curieux de remarquer avec quelle passion les marins aiment la terre. Chaque fois qu'on leur annonce une relâche quelconque, ils sont heureux comme s'ils avaient trouvé le terme définitif de leurs peines et de leurs périls.

Nos matelots achevèrent promptement leur besogne, et deux heures après toutes nos embarcations étaient à la mer, et, sauf les hommes de garde, tout l'équipage se disposait à gagner joyeusement la terre et à prendre quelques heures de plaisir.

Arrivons donc sur cette terre riante et étudions-la comme nous avons étudié la Chine.

On peut porter jusqu'au chiffre de quatre cent mille le nombre des habitants de Lombock ; ce qui rend cette population inférieure à celle de Bassy, de l'autre côté du détroit, laquelle s'élève à un million deux cent mille âmes, bien que cette île ne soit pas aussi vaste que celle de Lombock.

Les habitants de Lombock sont partagés en trois castes parfaitement distinctes : la première est celle des idas ou prêtres; la seconde, celle des goustis ou nobles, et enfin le peuple forme la troisième, qui se compose de sassaïs ou premiers habitants du pays, des Bougnis que l'on dit y être venus des Moluques, et enfin des Bassynois, qui ont fait, sous le radjah (1) actuel, la conquête de Lombock. Comme de raison, ces trois castes ne forment entre elles aucune alliance matrimoniale et se tiennent ainsi bien en garde de franchir la limite légale qui les sépare; cette loi est si rigoureusement observée, que, le frère du radjah actuel ayant voulu épouser la fille d'un ida, c'est-à-dire d'un prêtre, cet ida, qui ne demandait pas mieux que de marier sa fille au frère de son souverain, ne fut pas moins obligé. pour obéir aux préjugés de sa caste, de chasser publiquement de son toit son enfant et de lui dire avec une colère feinte sans doute, mais parfaitement jouée, que, puisqu'elle voulait se déshonorer, il la déclarait déchue et lui ôtait le titre d'*ida*. Le roi prend ses ministres et ses conseillers indifféremment dans les deux premières castes.

Les Malais de cette île, surtout les nobles, sont plus fiers que les hidalgos d'Espagne, les barons du Saint-Empire, les pairs d'Angleterre et les journalistes de France. A la démarche particulière qu'ils affectent et qui consiste dans une sorte de dandinement, on reconnaît leur rang et la bonne opinion qu'ils ont d'eux-mêmes. Naturellement braves, car sans courage point de fierté véritable, ils ne se servent de leurs kris, de cette arme redoutable et qui enfonce la mort aussi rapidement et aussi vivement que la foudre pourrait le faire, que lorsque leur adversaire est également armé.

C'est sur le manche de ces kris que s'étale tout le luxe

(1) Maître du pays.

des idas; ce manche, qui vaut quelquefois plusieurs milliers de francs, est en or massif et orné de pierres précieuses apportées de Bornéo, de cette île où un agent actif introduit peu à peu la domination anglaise, sans que l'Europe connaisse ces mystérieux agrandissements de l'usurpatrice des mers, ou bien, si elle les connaît, il faut convenir qu'elle les souffre avec une exemplaire longanimité. Les manches des kris prennent, sous la main de l'ouvrier, toute sorte de formes; les uns représentent des hommes ou des femmes, les autres des lézards ou des serpents, et toute autre espèce de fantaisies.

Les hommes de Lombock sont généralement d'une taille au-dessus de la moyenne, et généralement il y a peu à redire aux proportions de leurs corps. Ils portent des pantalons très-courts et fort larges, et se mettent autour des reins une grande pièce d'étoffe d'une couleur éclatante; ils vont toujours tête nue et ne portent aucune espèce de chaussure. Le roi lui-même montre, sous ce rapport, la même répulsion que tous ses sujets pour la chaussure; il foule le sol de ses pieds nus.

Quant aux femmes, leur taille est moyenne et supérieurement prise; rien de gracieux et de souple comme la taille de ces femmes, qui ont, en marchant, des ondulations félines; leur sein est d'une perfection idéale, et, sauf le bas de leurs jambes, qui ne trouverait pas grâce devant les exigences d'un artiste, tout leur corps rappelle le type achevé de la beauté. Toutes ont les cheveux noirs et bien fournis, mais peu longs; elles les portent ordinairement tordus et relevés sur le derrière de leurs têtes, où elles fixent leur peigne; au reste, leur coiffure ressemble assez à celle des Chinoises.

Ce qui choque l'Européen et le déconcerte, au moment où il est le mieux disposé à admirer ces femmes, c'est la double rangée de dents noires que la jeune Malaise lui

étale, quand elle veut bien accueillir d'un sourire le muet
hommage rendu à ses charmes. Ces dents noires ne le sont
ainsi que par l'impérieux caprice d'une mode tyrannique.
Tous ces insulaires, hommes ou femmes, ont l'habitude de
mâcher du bétel mêlé avec la noix d'arec, la chaux et le
gambir. Ce goût si répandu commence par noircir leurs
dents, les ébranle ensuite, et ils ont à peine atteint l'âge
de trente ans quand toutes ces dents, soumises à l'action
énergique de ces stimulants et de cette chaux, se détachent
de leurs alvéoles.

Les femmes de ces îles peuvent devenir mères dès l'âge
de douze ans, mais cette brillante fleur de jeunesse, sitôt
épanouie, ne tarde pas à se flétrir; à vingt-cinq ans, à
l'âge où l'Européenne entre dans tout l'éclat de sa beauté,
ces femmes, qu'un climat dévorant et aussi l'excès des
passions trop tôt développées ont si rapidement vieillies,
sont déjà parvenues au seuil fatal de la décrépitude; tout
a disparu, charmes, douce lumière du regard, et, de cette
rose orientale qui a si vite prodigué ses parfums, il ne
reste plus rien; la tige elle-même s'est couchée.

Les hommes se maintiennent beaucoup mieux, quoiqu'ils s'adonnent de très-bonne heure à un genre de vie
fort énervant. Mais l'énergie de leur caractère les main-
tient contre toutes ces causes de dissolution, et ils se con-
servent beaux et résolus jusque dans un âge assez avancé.
J'ai vu des hommes qui auraient été des vieillards dans
nos pays d'Europe, et qui, dans ce haut Orient, avaient encore toute la beauté, l'agilité et la souplesse de l'âge mûr. Ils
sont hommes de bonne heure, mais ils le restent longtemps.

Ces Malais sont d'une propreté remarquable; hommes.
femmes, enfants, passent une partie du jour dans l'eau.
Quand les femmes se sont lavées, elles s'oignent le corps et
les cheveux. Le vêtement de ces femmes consiste dans une
robe étroite qui accuse leurs formes, et qu'on nomme sar-

ron. Les sarrons, collés sur les corps, arrivent à mi-jambe et sont serrés sur les hanches par une ceinture. Cette ceinture est, selon la fortune de celle qui la porte, d'une grande richesse. Une pièce d'étoffe négligemment jetée sur une épaule, et qui sert aussi à couvrir le sein quand il pleut, complète ce costume. Le regard trop indiscret de l'étranger fait faire à cette pièce d'étoffe la même évolution que produit la pluie.

Les femmes des riches goustis portent une espèce de casaque à manches étroites, et qui croise sur la poitrine ; cette casaque s'appelle bajouque.

Ces peuples touchent encore par bien des côtés à la vie sauvage. Ils ont un assez grand nombre d'esclaves, qu'ils tirent de •Bassy et surtout de Timor ; quelques esclaves viennent aussi de la Nouvelle-Guinée. A Bassy, on se procure une jolie esclave pour la somme de deux à trois cents francs. Le maître a un pouvoir absolu sur son esclave, qu'il peut, par caprice ou autrement, tuer sans qu'il ait à craindre le plus petit châtiment ; mais l'homme libre qui en tue un autre est passible de la peine du talion. Dans ce cas, on supprime d'une manière bien cruelle les formes tutélaires de la justice. Les témoins du meurtre se trouvent autorisés, par l'usage du pays, à punir eux-mêmes l'auteur de l'assassinat, et l'immolent à l'instant même où il a commis son crime, à moins que celui-ci ne demande à être conduit devant le radjah. Alors la vengeance est suspendue, et le meurtrier, amené aux genoux du prince, plaide sa cause et cherche à faire valoir les motifs qui ont armé sa main. Si le radjah trouve dans ces motifs une excuse, le meurtrier est pardonné, sinon, sur un signe du prince, tous les kris des assistants brillent au moment même et sont rapidement enfoncés dans le corps du malheureux, qui a trouvé la mort là où il venait chercher le pardon.

Mais, le plus souvent, un assassin, désespérant du pardon, veut mourir avec un cortége de victimes; à peine a-t-il commis son action, que de son kri ensanglanté il frappe tous ceux qui se trouvent sur son passage; il distribue la mort à droite, à gauche; les yeux en feu, la face bouleversée, en proie à l'ivresse du meurtre, devenu une véritable bête fauve, ce tigre à face humaine n'épargne pas même les enfants et les femmes; ceux qui fuient devant lui poussent le cri terrible d'*amoc*, et ce cri va susciter dans le cœur de quelques braves la généreuse résolution d'arrêter, par un coup de mort, sur son chemin ensanglanté, le terrible fou que la soif du sang enivre.

A Java, où les amocs sont très-fréquents, à ce que m'a assuré M. P..., un Marseillais de ma connaissance qui a fait un long séjour à Batavia, les Européens, en entendant le cri de détresse, prennent leur fusil et le déchargent sur le meurtrier. Quelquefois, à Java du moins, c'est dans l'ivresse produite par l'opium que naît dans un Malais la lugubre fantaisie de périr après avoir distribué autour de lui la mort.

Les habitants de Lombock ne sont pas querelleurs; mais, quand ils s'enivrent à force de boire du vin de palme dans leurs fêtes publiques, de ce vin qu'ils appellent *touac*, ils ont entre eux des disputes qui dégénèrent souvent en combats. Ils ont un goût très-prononcé pour les liqueurs alcooliques, et leurs grands mêmes viennent bassement mendier auprès de M. King, le seul Européen à qui il a été permis de résider à Ampanan, les liqueurs, dont cet Anglais est toujours bien approvisionné.

Il faut être Anglais pour se décider à vivre, sans la moindre société européenne, au milieu d'un peuple barbare, que M. King exploite avec ce calme heureux et cette méthode patiente et persistante dont un habitant de la Grande-Bretagne ne se départ jamais.

Je ne sais trop ce qui a décidé M. King à choisir pour
sa résidence l'île de Lombock, où il demeure depuis onze
ans. Il'a environ quarante-trois ans, et je crois qu'il appartient à la marine anglaise. M. King ne m'a pas paru
dépourvu d'instruction; il s'exprime assez facilement en
français et en hollandais, et connaît à fond tous les idio-
mes de la Malaisie, qu'il a dû apprendre à Java, où il a
séjourné.

Quand il vint à Lombock, plusieurs radjahs se parta-
geaient la souveraineté de l'île; mais celui qui la possède
maintenant tout entière n'eut pas de peine à se persua-
der qu'il lui convenait d'en être seul le maître. Tant qu'il
eut affaire à des radjahs livrés aux seules ressources du
génie malaisien, il réussit complétement; mais un rival
lui resta, le radjah de Carang-Sang, que conseillait un
Anglais nommé Lang. M. King vint alors aider de l'expérience européenne l'ambitieux radjah de Mataran, qui l'a-
vait attiré auprès de lui par de brillantes promesses. Ce
prince et l'Anglais King défirent les troupes de Carang-
Sang, assiégèrent le radjah dans sa ville, s'en emparèrent,
la saccagèrent et la pillèrent. Le radjah vaincu tomba aux
mains de son rival, qui, bien qu'il n'eût pas lu Machiavel,
le moins machiavélique des hommes, fit périr son prison-
nier avec toute sa famille, et rangea ainsi toute l'île sous
sa domination.

Mais le bonheur n'est pas toujours le compagnon fidèle
de la puissance; il est même rare qu'on les trouve longtemps unis, et cela aussi bien dans ces îles des mers asiatiques que dans notre Europe. Ainsi ce radjah est sur un
qui-vive perpétuel; il passe son temps à déjouer et à punir
des conspirations. Dernièrement encore, les Bougnis ont
été sur le point de l'assassiner.

Quand il découvre une conspiration, il use d'un moyen
bien prompt et bien radical pour inspirer quelque dégoût

à ceux qui voudraient en faire une autre ; il fait tuer à
coups de kris tous les conjurés. Ainsi, il y a peu de temps
que trois cents individus furent massacrés par ses ordres,
et, comme ce radjah aime à donner à sa justice de larges
proportions, il a soin de faire figurer dans ces immola-
tions les femmes, les enfants et les esclaves des conspira-
teurs. Du train dont il y va, il court risque de n'avoir plus
pour sujet que M. King.

M. King, au milieu de toutes ces conspirations et de
tous ces mercenaires, poursuit, avec un véritable flegme
anglican, son plan commercial. Moyennant un certain
droit qu'il paye au radjah, il s'est fait déclarer l'unique
acheteur de tout le riz que produit Lombock. Son titre
d'unique acheteur lui vaut le titre très-profitable d'unique
vendeur.

Depuis peu de temps, le radjah a voulu, cependant, que
son protégé anglais partageât à peu près les profits de son
monopole avec un rusé Chinois établi à Ampanan. L'Anglais et le Chinois ont donc été déclarés seuls *bandars*,
c'est-à-dire marchands de riz. Sur trois navires européens
qui viennent prendre du riz, M. King fait le chargement
de deux de ces navires, et n'en réserve qu'un au Chinois.
Ces navires sont tenus de recevoir au moins cinquante
coyans, autrement le tour ne compterait pas. Il va sans
dire que lorsque M. King, qui est propriétaire de six navires, en charge un de ces six de riz, soit pour la Chine,
soit pour un autre endroit, ceci ne lui compte pas pour un
navire. Vainement le Chinois a voulu réclamer contre ce
privilége, qu'il considérait comme un abus. M. King lui
a fait sentir que si son crédit n'avait pas été assez grand
pour l'empêcher de partager avec lui le titre de *bandar*, il
avait encore assez de ressources pour se maintenir toujours
le premier auprès du radjah.

On aime mieux avoir affaire à M. King qu'au Chinois,

parce que celui-ci, malgré ses salutations et ses génuflexions, est un grand et effronté voleur. Ces deux bandars fixent les prix comme ils l'entendent, et il faut, bon
gré, mal gré, les accepter.

M. King exerce sur l'esprit du radjah une influence
extrême ; il lui est devenu indispensable. Au besoin,
M. King passe de ses paisibles occupations commerciales
à celles d'un général d'armée ; il marcha au secours des
Hollandais dans l'affaire de Belinglin. Il a agi comme mé-
diateur entre les Hollandais et le radjah de Bassy. Son
radjah l'a créé *gousti* et lui a fait cadeau de sept femmes,
dont il s'est composé un harem que le *kant* anglais ne saurait trop blâmer. Mais ce n'est point comme sujet de la
reine Victoria, qui a intérêt comme femme et comme souveraine à empêcher ses sujets d'adopter certaines coutumes
trop orientales, que M. King entre dans son harem, c'est
comme *gousti*.

Dès que le radjah arrive à Ampanan, il se rend en
toute hâte dans la maison du gousti King. Cette maison
est le rendez-vous de tous les goustis ou idas qui viennent
se promener sur le rivage, et qui, à chaque visite qu'ils
rendent à leur confrère le gousti King, emportent plusieurs bouteilles de brandy et de genièvre, liqueur dont
notre Anglais tient, comme je l'ai déjà dit, une abondante
provision. Au reste, M. King accueille très-bien les Européens, et leur fait gracieusement les honneurs de son *home*
malais.

Je ne sais trop quelle est la religion dominante à Lombock. Les Bougnis sont mahométans. Les autres, et le
radjah lui-même, pratiquent un culte qui se rapproche
beaucoup du culte hindou ; au reste, il paraît que les Bassynois sont originaires de la côte de Malabar.

Une fête, qui n'a lieu que tous les cent ans, fut célébrée
pendant notre séjour dans cette île ; elle dura plus de

quinze jours. Avant la fête, une foule d'ouvriers avait été employée à construire à Carang-Sang une ville temporaire où une population considérable pût assez confortablement être logée. Nous vîmes s'élever en un clin d'œil, sur une plaine entièrement nue quelques jours avant, ici un hangar immense où l'on réunit tous les dieux, dont le nombre fut considérable, là un magnifique palais pour recevoir le radjah, ses femmes et sa cour. Dans son enceinte circulaire et très-étendue, ce palais renfermait un vaste temple où trois divinités principales devaient recevoir les adorations des dévots. Ce temple fut décoré avec le plus grand soin, et nous y vîmes resplendir des ornements d'une grande richesse. Dans cette même enceinte, on avait choisi de vastes emplacements, les uns couverts, les autres découverts, où les jeux, les danses et d'autres divertissements devaient être exécutés en présence du radjah et des grands; on comptait aussi admettre quelquefois le peuple à ces divers spectacles.

Au centre de cette ville improvisée surgissait une autre cité entourée de remparts en bambous, et du milieu de cette cité première s'élevaient plusieurs petites citadelles fortifiées chargées de toutes sortes d'objets, et disposées autour d'un grand arbre dont les branches pliaient sous le poids de plusieurs petits morceaux d'or, d'éventails, de pièces de toile, de divers tissus et de petits billets garantissant la possession d'un champ de riz à celui qui s'emparerait de l'un de ces billets. Des fossés avaient été creusés autour de cette ville militaire, de cette ville de cocagne.

Avant que la fête commençât, des prêtres et des prêtresses vinrent accomplir leurs cérémonies dans le temple construit au milieu de l'enceinte réservée au radjah; on y brûlait sans cesse des parfums dans des cassolettes d'or; des corps de musique y exécutaient des airs avec des gongs de différentes dimensions, plusieurs petites pièces rectangulaires en métal, sur lesquelles on frappait avec des marteaux en cornes de buffle, et des espèces de clarinettes. On obtenait des sons assez harmonieux de tous ces instruments. Les danseurs étaient déjà à leurs postes ; c'étaient ceux de la cour. J'admirai la richesse de leurs vêtements, de couleurs-diverses et brillantes, ornés de dessins et de broderies ; quelques-uns même étaient d'or et d'autres métaux précieux. Ces danseurs sont plutôt des faiseurs de pantomimes ; ils ne se permettent ni un pas ni un saut, mais on les voit prendre des poses extrêmement difficiles et tordre plus ou moins gracieusement leurs membres et même leurs doigts. C'est un exercice fatigant de désarticulation.

Le 20 septembre eut lieu l'assaut de la cité, que j'ai nommée avec raison la cité de cocagne. Nous étions arrivés à Carang-Sang à cheval, en compagnie de M. King.

Après avoir mis pied à terre, nous fûmes conduits à l'endroit où se trouvait le radjah. Dès que ce prince nous eut aperçu, il nous envoya un de ses ministres et idas, Madasidaman, qui nous fit prendre place parmi les grands personnages de la cour. De ce lieu j'aperçus, rangés autour des fossés, les gens qui devaient prendre part à l'assaut. Ils n'avaient point d'armes, et leur attitude me fit connaître la singulière manière dont on témoigne au radjah le respect que sa présence inspire. Mais, de toutes les attitudes que la flexibilité de nos membres nous permet de prendre, c'était celle à laquelle il aurait fallu le moins songer pour témoigner à ce prince le cas que l'on fait de son rang et de sa personne.

En effet, cette position nous est indiquée par la nature dans une de ces fonctions rebutantes, mais forcées, qui blessent autant notre orgueil que notre odorat. Les assaillants, en un mot, étaient accroupis.

A droite s'élevait une espèce d'amphithéâtre où des prêtres étaient occupés à distribuer des fleurs et des fruits bénis à des femmes et à des enfants. Ces prêtres s'acquit-
taient de leurs fonctions avec une gravité et une affabilité
religieuse que j'ai rarement rencontrées chez les autres desservants d'un culte quelconque. Ils avaient l'air de croire
à la vertu des plantes bénies dont ils faisaient ainsi distribution ; tandis que, dans les autres cultes, j'ai toujours
vu le prêtre être le premier incroyant de la religion qu'il
recommande aux autres, pour ces petites pratiques.

Tout à coup le canon se fit entendre dans le lointain ;
les gens accroupis, qui étaient bien au nombre de quinze
à vingt mille, crurent que ce coup de canon donnait le signal de l'assaut ; ils se levèrent tous, comme si des ressorts
les eussent tout à coup mis en mouvement, et, soulevant
de leurs pas précipités des tourbillons de poussière, ils s'é-
lancèrent sur les remparts de bambous, qui furent en un
instant renversés et broyés.

Aussitôt ces petites citadelles, où l'on avait rassemblé
les prix, ces fortifications chargées d'objets qui excitaient
puissamment la convoitise des assiégeants, ce grand arbre
dont les branches portent une multitude de marchandises
offertes aux plus adroits, aux plus lestes, disparaissent sous
des murs vivants, sous les enveloppes animées des corps ;
les bras, les jambes s'entre-choquent, se mêlent, se saisis-
sent, entrent en lutte. C'était un curieux et saisissant spectacle. Chacun s'efforce d'atteindre le parapet, les branches.
les créneaux où brillent les prix, où flottent les étoffes, où
luisent les petits lingots d'or, où se laissent voir des billets qui annoncent la possession d'un champ de riz. L'ardeur devient de la fureur, l'agilité égale chez quelques-uns
celle de l'oiseau ; les plus lestes essayent de se servir des
épaules des autres en guise d'échelloir ; mais les individus
qui se trouvent au dernier rang de ce mur d'hommes s'é-

cartent, et les gens qui, de tête en tête, s'étaient efforcés
d'atteindre les sommités des tours, des fortifications, les
branches élevées de l'arbre, tombent les jambes en l'air,
et nous vîmes souvent de véritables arcades de dos, de
pieds, de bras, rouler sens dessus dessous, avec l'impétuo-
sité d'une eau qui se précipite le long des rochers d'une ca-
taracte.

Mais les tours rudement secouées finirent par s'écrou-
ler, et leurs débris renversèrent les assaillants; les corps
culbutés, des masses nouvelles d'assaillants se précipitaient,
pour tenter de nouveaux efforts et chercher dans tout ce
pêle-mêle de corps entrelacés les prix que la ruine des
tours avait dispersés, sous des amoncellements de planches, de moellons et d'hommes.

Or, tandis que les tours avaient cédé sous les vigoureux
ébranlements que des masses furieuses leur avaient im-
primés, l'arbre portait des grappes vivantes d'hommes; son
tronc, rudement secoué, finit par céder. Nous vîmes cet
arbre osciller comme si des vents soufflant dans des sens
opposés lui eussent communiqué une vive agitation dans
toutes les directions. Il s'inclina à droite et à gauche et finit par tomber, au milieu de cris épouvantables. On ne
distinguait plus qu'une masse excessivement agitée, qui
roulait, bondissait, hurlait, se démenait. tandis que des
pieds, des bras levés dominaient cette mer tumultueuse
de dos et de ventres convulsifs. D'épouvantables cris, des
cris de bêtes fauves blessées, sortaient de ces monticules
de corps humains. Le spectacle avait pris les caractères
d'une grandeur sauvage. Des centaines d'individus per-
çaient de leur tête, avec des efforts énergiques, la voûte de
corps qui les écrasait, et, grâce à de soudaines trouées, ils
reprenaient l'usage de leurs pieds et de leurs mains, et se
précipitaient vers la curée. D'autres les suivaient, et, tandis que le plus grand nombre était piétiné, foulé, écrasé,

les plus heureux ou les plus hardis se poussant, se heurtant, se culbutant sur ces planches vivantes, et reproduisant les oscillations ondulatoires d'un tremblement de terre, cherchaient, l'écume à la bouche, les yeux égarés, les narines et la bouche sifflantes, à saisir quelques-uns de ces prix, quelque parcelle de ces richesses que le radjah avait prodiguées avec tant de libéralité.

On voit que c'était là le mât de cocagne à sa plus haute expression.

Or, tandis que tout ceci se passait, le radjah et sa cour crurent d'abord à une émeute parce que le signal de l'assaut n'avait pas été réellement donné ; je vis alors quelle énergie de caractère doit accompagner le despotisme asiatique. Le prince se lève en brandissant son kri ; les seigneurs l'imitent, et tous se mettent à pousser le cri de *lahou! lahou!*

Mais, au moment où ils allaient s'élancer sur la foule, M. King, que son calme anglais n'avait pas abandonné, et qui, devinant l'erreur des uns et des autres, n'avait vu qu'une ardeur pacifique là où le radjah avait cru reconnaître une ardeur émeutière, explique au prince la cause de son erreur, et le rassure d'autant plus facilement que nul Malais ne se dirigeait du côté de l'estrade royale. Alors plusieurs chefs marchèrent vers la foule, tenant en l'air leurs kris, mais renfermés dans les fourreaux, et se mirent à protéger les vainqueurs, chargés d'un riche butin, qui aurait bien pu leur être enlevé sans l'autorité et l'intervention de ces chefs.

La poussière, pendant tout ce long spectacle, nous avait autant incommodés que la chaleur. Nous avions sur nos figures un masque grisonnant, et la chaleur nous faisait bouillir la cervelle. Nous nous réfugiâmes dans la case de M. King, qui nous fit servir de l'excellent thé. Ensuite nous remontâmes à cheval et nous allâmes déjeuner à Am-

panan. Le soir, on nous dit que sept Malais avaient perdu
la vie dans l'effroyable tumulte de cette fête.

Un autre jour, nous assistâmes à la revue des troupes,
passée par le radjah. Nous vîmes quarante à quarante-cinq
mille hommes sous les armes, tous vêtus de rouge et les
jambes nues; les uns avaient des fusils anglais ou hollandais; d'autres des carabines très-longues, fabriquées dans
le pays; beaucoup, seulement des piques de différentes dimensions. Ils étaient tous à pied et divisés par compagnies,
dont le chef était armé d'un sabre. Cette troupe n'a pas la
moindre notion de discipline; à peine si les soldats savent
se tenir sur deux rangs. Je les attendais au moment de
décharger les armes : qui tirait en l'air, qui tirait à terre,
qui à droite, qui à gauche, tous, en lâchant leurs coups,
détournaient la tête et donnaient des signes de frayeur.
Vingt pièces démontées et de différents calibres compo-
saient l'artillerie du radjah. Pendant toute la fête, il y eut
de continuelles décharges de canons et de fusils.

XIV

Au milieu de toutes ces fêtes et de tout ce bruit, nous
avions dignement représenté la civilisation européenne.
M. King, sur la figure duquel ne venait jamais s'épanouir
le moindre sourire, avait trouvé ses maîtres. Nous conser-
vions une gravité digne qui ne ressemblait en rien à la
morgue britannique, ce qui parut au reste être fort du
goût du radjah. Dès notre arrivée, il nous avait accueilli
avec de grandes marques de faveur, et, tant que dura la
cérémonie, il s'occupa encore plusieurs fois de nous. Pendant les manœuvres de son armée surtout, il tourna souvent ses regards de notre côté pour chercher sur nos
figures des traces d'approbation et de contentement.

Je connaissais la faiblesse de ce prince asiatique, et je
me permis l'innocente supercherie de témoigner souvent
que j'étais amplement satisfait et des troupes et des manœuvres. Le capitaine Caillet imitait toutes mes pantomimes. Quant à nos matelots, nous les avions laissés entièrement libres de se porter où bon leur semblerait, en leur
recommandant toutefois de se rappeler la grande fête
d'Émouï et de profiter de la leçon qu'ils avaient reçue

dans cette cohue chinoise. Je dois dire à leur louange
qu'ils se conduisirent admirablement. Il est vrai qu'ils se
laissaient mener par Sidore Vidal, qui, depuis mes con-
descendances d'Émouï à son endroit, était devenu le modèle du bord. Sidore conduisit toute la bande vers un
point un peu écarté, où la fête ne parvenait guère que par
ses bruits, mais d'où on pouvait parfaitement en embrasser l'ensemble d'un coup d'œil. J'avais mis à leur disposition quelques-unes de nos provisions de bord, et, d'après
ce que j'appris plus tard, ils s'amusèrent fort joyeusement,
le verre à la main, et sans se mêler aucunement à cette
foule turbulente au milieu de laquelle j'aurais craint sans
cesse qu'il ne leur arrivât quelque accident.

Je fus on ne peut plus satisfait de tout ce qu'avait fait
Sidore Vidal dans cette circonstance, et, une fois de plus,
je m'aperçus qu'il n'y a rien de tel qu'un bienfait pour
attirer à soi à tout jamais les natures franches et loyales
comme la sienne. Chose remarquable, dans tout le cours
de ce long voyage, je n'ai eu qu'à me louer de tout cet
équipage, que j'avais, il est vrai, composé avec soin de
marins d'élite. Mais, dans toutes nos difficultés, si je les ai
trouvé dociles et dévoués, il est vrai aussi de dire que,
dès le début, ils avaient compris que leur capitaine saurait,
aux rigueurs nécessaires de la discipline, donner tous les
adoucissements que comporterait la situation.

Revenons à Lombock.

Le radjah était fort satisfait de nous, comme je l'ai dit,
et en passant près de nous il nous donna des marques non
équivoques de sa satisfaction et de sa bienveillance. S'a-
dressant à M. King, qui en ce moment se trouvait auprès
de lui, il lui demanda de quel pays nous étions, et si notre
nation aimait la guerre. Sur la réponse affirmative de
M. King, il le chargea de nous demander si nous serions
aises d'entrer à son service. M. King nous transmit la de-

mande du radjah avec son flegme habituel, et on comprend
aisément quelle fut notre réponse. Ce refus ne parut mé-
contenter que médiocrement le radjah ; il ne nous en traita
pas moins avec amitié, et nous vîmes par là qu'il était
quelque peu habitué à de semblables refus.

Après la revue, le boucray ou chef de la justice à Ampanan vint, au nom du radjah, nous offrir à déjeuner ;
nous acceptâmes avec d'autant plus de plaisir cette invitation, que nous étions dans les dispositions voulues pour
faire honneur au repas qui nous était préparé. Le cuisinier
du radjah s'était efforcé de nous rappeler les repas européens, par la manière cosmopolite avec laquelle il avait
apprêté ses plats.

Les mets étaient disposés sur de larges feuilles de bana-
nier, que soutenaient de petits tabourets en rotin et que
recouvraient des dômes artistement faits en branches menues et serrées ; les fourchettes étaient absentes et nos
doigts les remplacèrent. Le porc grillé nous fut servi en
abondance, ainsi que des côtelettes de buffle et diverses espèces de volailles, le tout entremêlé de légumes et de sau-
cisses étranges. Toutes ces viandes étaient cuites à point,
fort bien assaisonnées, mais horriblement épicées. Parfois
je croyais avaler des charbons, et je m'attendais à voir sortir des flammes de nos bouches ; nos estomacs durent devenir des brasiers. Le riz remplaçait le pain, et l'eau-de-
vie le vin. Cette eau-de-vie n'était pas même l'alcool pur de
nos pays. Comme si cette essence de feu n'eût pas été assez
violente et assez corrosive pour ces gosiers de sauvages,
ils y mêlaient des épices et des condiments capables de
faire sauter les plus solides palais européens. Ils buvaient
cette liqueur ardente à pleines coupes, et, chose étonnante, pendant longtemps elle paraissait ne produire sur
eux qu'un médiocre effet. Cependant à tout instant je
m'attendais à voir l'ivresse furieuse succéder à ce calme

comparatif. Il n'en fut rien. De temps en temps l'un des convives tombait ivre mort auprès de la table sur laquelle il avait mangé, et ne se relevait plus. C'était tout. On ne faisait aucune attention à lui. Les autres convives continuaient les libations avec un acharnement dont le radjah lui-même donnait l'exemple. On ne se leva que lorsqu'une bonne moitié des convives fut dans l'impossibilité absolue de quitter la salle du festin.

Nous nous disposions à aller voir les danses quand on nous dit que l'on ne pouvait pas nous faire assister à ce spectacle, parce que les femmes du radjah y étaient admises. Il paraît que les Européens font venir aux femmes de ce prince de coupables pensées, et que ce radjah ne voulait pas les exposer à de secrètes et criminelles tentations.

Ce jour-là, je vis, parmi les grands personnages qui formaient la suite du radjah, un Malais albinos. Les cheveux de cet albinos étaient roux; ses yeux châtain clair, et sa peau couverte de taches brunes sur un fond blanc. Comme tous les albinos, il supportait péniblement l'éclat du jour. Son père était gousti et sa mère également; ni le père ni la mère n'étaient albinos.

On me raconta qu'à l'époque de sa naissance le père et la mère avaient été fort étonnés de voir une pareille créature naître de leurs amours. Cependant aucun soupçon ridicule ne traversa l'esprit du père. Il aimait éperdument sa femme; il savait qu'il en était éperdument aimé. Au lieu de laisser entrer dans son cœur les sentiments d'une jalousie stupide et que rien d'ailleurs ne justifiait, il accueillit l'enfant comme une merveille, et l'éleva avec le plus grand soin. Il en fut dignement récompensé. En grandissant, l'enfant conserva toujours, relativement aux autres enfants de son âge, une infériorité physique très-marquée; mais, en revanche, son intelligence se développa grande-

27.

ment, et bientôt il devança tous ses camarades. Dès l'âge adulte il avait le jugement d'un homme mûr, et bientôt les vieillards eux-mêmes vinrent le consulter. Il en résulta qu'au lieu d'être une charge pour sa famille, ce fut bientôt lui qui la dirigea, et par sa sage conduite y fit entrer une prospérité qu'elle n'avait jamais connue avant qu'elle n'eût eu la bonne pensée de remettre toutes ses affaires entre ses mains.

A l'époque où nous visitâmes Lombock, l'albinos était fort avant dans les bonnes grâces du radjah, et ce qui prouvait sa supériorité intellectuelle, il était également au mieux avec M. King et l'autre bandar chinois. De la sorte il était toujours sûr d'écouler ses grandes récoltes de riz de la façon la plus avantageuse. Il savait à l'avance où en était le meilleur placement, et en profitait pour augmenter chaque année le nombre de ses richesses.

Aussi tous les siens entouraient-ils l'albinos d'une vénération profonde. Son infirmité était considérée comme un bienfait presque divin, et, s'il eût voulu en profiter pour s'entourer d'un certain prestige et en tirer quelque supercherie théosophique, je ne doute point qu'il eût réussi. Car, et c'est ainsi chez tous les peuples où les forces physiques sont les premières de toutes les vertus, les Malais ont un immense respect pour la faiblesse, lorsqu'il leur est démontré que cette faiblesse, grâce à l'intelligence, est plus puissante que toute leur force. Ainsi, l'albinos se trouvait dans une position superbe de ce côté-là. Mais il était trop sage pour chercher à profiter de ses avantages.

Nous fûmes curieux de lier plus intime connaissance avec cet être singulier. Il parlait suffisamment l'anglais pour que nous pussions nous passer d'interprète, de telle sorte que, M. King nous ayant mis en présence, nous pûmes causer tout à notre aise. Nous fûmes étonnés de la sagesse et de l'exquis bon sens de ce demi-sauvage des mers orientales, et plus nous y réfléchissons, plus nous sommes persuadés que, même parmi nous, il y avait en lui largement toute l'étoffe d'un homme supérieur. Il répondit fort amicalement à nos avances, et un instant je crus qu'il avait conçu de prime saut pour nous une amitié capable de nous accompagner jusqu'en France. J'aurais été heureux de montrer à notre pays cet homme étrange. Mais, après nous avoir presque promis, il se rétracta et de manière à me faire concevoir une haute idée de son habileté diplomatique.

La fin de la fête eut lieu à Ampanan, sur la plage.

Nous vîmes arriver tous les dieux, que l'on logea dans des cases construites pour les recevoir. Alors commencèrent des cérémonies interminables, les troupes étaient sous les armes, la foule couvrait le rivage; les prêtres aspergaient leurs dieux et faisaient des grimaces. Quand on eut assez honoré ces dieux, on les culbuta, on renversa les autels, ensuite on plaça les dieux sur des *djocaus* qui les transportèrent au milieu de la rade, d'où on les précipita dans la mer, au bruit de l'artillerie et des coups de fusil que les soldats ne cessaient de tirer. Cette noyade générale termina toutes ces fêtes.

Quelques jours après j'assistai à un combat de coqs; ces combats sont un des amusements favoris de ces peuples; ce jeu donne lieu à des paris considérables. Il est assez singulier d'aller retrouver de semblables combats en grande faveur chez ces peuples des mers orientales. Les Anglais, qui les cultivent et les protégent avec une ferveur si nationale, ne se doutent sans doute pas qu'ils ont de semblables émules. Au reste, les coqs de combat des îles Lombock sont de superbes animaux qui n'ont rien à envier à leurs semblables de Londres, et ils se battent avec une ardeur et une furie qui seraient fort appréciées des nobles amateurs anglais, même à côté de la fougue et de l'ardeur bien con-

nues des coqs britanniques. Ils attaquent leur adversaire
avec une adresse qui est toujours le sujet d'une grande
joie, et aussitôt les paris s'engagent.

La polygamie n'est nullement un cas pendable dans
cette île; un homme peut prendre autant de femmes qu'il
lui est permis d'en nourrir. Cet usage, qui est autant pros-
crit par une saine morale que par l'hygiène, a pour les
Orientaux de si graves conséquences, que l'on s'étonne de
l'obstination qu'ils mettent à le maintenir. De bonne heure,
ces polygames ne pourraient plus être même des monogames;
aussi s'imaginent-ils que tout Européen connaît le secret
de leur rendre une vigueur dont la perte est l'inévitable
résultat de leur immorale polygamie. Leur mariage se fait
sans beaucoup de cérémonies; le consentement du père de
la fille suffit en pareille circonstance.

Si la femme d'un chef est accusée d'avoir oublié ses devoirs, le radjah la fait prendre avec son complice. Quand
ce complice est un Malais, on le tue avec tous ses esclaves,
par la raison que ceux-ci ont dû favoriser les adultères
rendez-vous; la femme est ensuite brûlée. Mais, si le complice est un Européen, on l'oblige seulement à quitter le
pays. King pousse un peu trop loin son engouement pour
ces mœurs barbares, puisqu'il a laissé deux de ses femmes
expier par la mort le tort qu'elles avaient eu de ne pas lui
être fidèles. Ces deux femmes périrent en compagnie, l'une
de sept, et l'autre de cinq esclaves.

Les femmes de ce pays, quand leurs maris sont morts,
ne sont pas forcées de se tuer sur la tombe de leurs époux;
mais, si elles le font, on applaudit à leur courage et à leur
dévouement, et la vanité décide souvent de malheureuses
veuves à donner aux cadavres de leurs maris cet héroïque
et atroce témoignage d'une fidélité excessive. Les veuves
ne peuvent plus convoler en secondes noces; cet usage
empêche probablement les empoisonnements domestiques.

Quand une femme doit être tuée pour crime d'adultère, c'est ordinairement son plus proche parent qui doit lui porter le premier coup de kri ; il lui enfonce son kri entre la clavicule et l'omoplate ; si elle n'a pas succombé, les assistants rendent à cette infortunée le service de l'achever, ensuite on brûle son corps et l'on enterre ses cendres.

Quand cette grande fête fut passée, nous n'avions d'autres distractions que des promenades à cheval sur les routes que le radjah, aidé des conseils de King, a fait faire dans différentes directions et qui sont aussi larges que bien entretenues. Dans nos excursions, nous allions souvent à Mataran, ville située à cinq ou six milles, au sud-est d'Ampanan.

C'est à Mataran que le radjah fait sa résidence.

Ce radjah est un homme d'environ quarante-cinq ans, d'une taille un peu au-dessus de la moyenne et d'une corpulence remarquable. Sa physionomie est loin d'être spirituelle ; pourtant King nous assurait que ce prince ne manquait ni d'idées, ni de bon sens, ni de résolution. Il a un frère plus jeune que lui et qui doit lui succéder, au détriment des enfants du radjah, à l'aîné desquels la couronne ne sera donnée qu'après la mort de leur oncle.

Ce frère du radjah s'occupe beaucoup de gouvernement et ne laisse au prince régnant que les honneurs du pouvoir ; aussi est-il très-puissant et très-redouté. Il est petit et maigre, et ses traits ont une grande régularité ; ses sourcils noirs, épais et rapprochés, donnent à sa physionomie un air de dureté ; plus fier que son frère, il aime la guerre et passe pour savoir au besoin payer de sa personne. Il a auprès de lui deux ida qui prennent grande part au gouvernement.

Pendant ces longues journées que nous passions à attendre le moment de nous remettre en route, et que nous aurions trouvées bien plus longues encore si nous n'avions eu M. King, la société du boudar nous était devenue, pour ainsi dire, indispensable. Aussi lui prenions-nous le plus de son temps qu'il nous était possible. Il s'en aperçut sans doute, et il craignit que ces distractions trop fréquentes ne portassent un préjudice notable à ses intérêts, car, les fêtes passées, il nous mit en relations avec un autre Européen, habitant de Lombock, M. Segreton, que nous n'avions pas d'abord connu. Le moyen était ingénieux, il réussit parfaitement à cet heureux M. King.

M. Segreton était un homme charmant, qui, par goût pour la beauté des paysages et l'énergie de la race malaise, s'était fixé dans l'île de Lombock. Il était bien vu de tout le monde, même de M. King, qui, parce qu'il ne cherchait à apporter aucune entrave à son commerce de monopole, ni à en accaparer la moindre partie, en avait fait son ami intime et le confident de ses pensées superbes en faveur de la race malaisienne. M. Segreton riait intérieurement des grands mots et des grandes périphrases de M. King. Il n'ajoutait aucune foi à tout ce que celui-ci lui disait, et cependant il faisait semblant de le croire, ce qui flattait singulièrement l'orgueil de M. King.

M. Segreton nous accueillit les bras ouverts, comme on accueille des amis, et bientôt nous le devînmes en effet.

Dans une de nos promenades à Mataran, M. Segreton nous conduisit chez un des ministres favoris du frère du radjah, l'ida Madasidaman.

Il nous fit une réception à l'européenne. Cet ida avait une haute taille et paraissait âgé d'environ trente-cinq ans. Il se piquait d'aimer l'Europe et ses usages, et nous parut être le plus poli et le moins barbare de cette petite cour orientale; ses manières prévenantes et affables m'enchantèrent. Il nous fit servir une collation, et nous pria, quand les rafraîchissements eurent été épuisés, de lui faire entendre une chanson européenne.

L'un de nous entonna une romance sentimentale, et, tandis qu'il chantait, comme si sa voix eût été douée du privilége de celle que les dieux avaient accordée à Orphée, nous comprîmes, au frais gazouillement qui retentit non loin de nous, que de jeunes auditrices venaient, grâce à la tolérance de l'ida, prendre leur part au plaisir du chant. En effet, de nombreux et folâtres essaims de femmes (celles de l'ida n'avaient pas été les dernières à accourir) nous entouraient, et toutes, le cou tendu, l'œil animé, semblaient par des inflexions de tête marquer la mesure du chant.

L'ida nous surprit ensuite par une romance dont je ne croyais pas qu'un Oriental fût capable, et, quand le chant eut cessé, il nous proposa de boire à la santé de ces dames et surtout à celle de sa vieille mère. C'est ce que nous nous empressâmes de faire.

L'ida nous manifesta ensuite le désir de visiter un navire européen. Je lui demandai de me faire l'honneur de venir à mon bord. Il y consentit avec plaisir et nous promit de nous faire connaître le jour qu'il choisirait pour cette visite, qui eut lieu le 11 novembre.

A peine l'ida eut mis le pied sur le premier échelon, que nous le saluâmes de trois coups de canon; tous les pavillons étaient en même temps déployés. Cette réception lui causa une sorte de surprise qui se changea en une vive satisfaction, quand je lui eus fait dire que c'était ainsi qu'on rendait, en Europe, honneur aux grands dignitaires, au moment où ils visitaient un navire. Mais sachant que son départ devait être également salué par trois coups de canon, il demanda qu'il n'en fût rien fait, de peur, dit-il, d'exciter la jalousie du radjah.

Cet idi visita minutieusement toutes les parties du navire. Nous le conduisîmes, après sa tournée d'inspection, dans la chambre, où il accepta la collation qui lui fut cor-

dialement offerte. Je lui donnai des fleurs artificielles de
Chine et une aquarelle dont j'étais l'auteur. Il insistait
pour que je lui indiquasse les présents que je recevrais le
plus volontiers de lui, et je lui répondis que s'il voulait
bien accepter à dîner à mon bord, il ferait un égal plaisir
au capitaine Caillet et à moi. Il me le promit, pourvu que
nous lui fissions l'honneur de prendre chez lui un repas
à l'européenne. Mais ces divers projets ne purent se réaliser, parce qu'il partit quelques jours après avec le radjah,
pour faire une tournée dans l'île, et nous ne tardâmes pas
à mettre à la voile.

Le lendemain de sa visite, il nous envoya deux bœufs,
l'un pour le capitaine Caillet, l'autre pour moi.

De tous les nobles malais, cet ida avait les manières les
plus dignes et montrait, plus que les autres, le cas qu'il
faisait des lumières de l'Europe; ne demandant jamais
rien, tandis que les autres nobles se montraient avides de
cadeaux, il aurait même voulu payer les présents que
nous lui donnions; ce qui le flattait beaucoup, c'était
l'empressement que les Européens mettaient à lui rendre
visite.

Je m'estimerais très-heureux d'appeler l'attention du
gouvernement français sur Lombock, un des greniers de
l'île Bourbon. Depuis que cette dernière colonie ne peut
plus rien tirer, pour son alimentation, de Madagascar, elle
a un grand intérêt à multiplier ses relations avec Lombock. Aussi conviendrait-t-il que le gouvernement français
détachât de temps en temps un navire de guerre de la station de la Chine, ou de celle de l'île Bourbon même, pour
le faire mouiller dans un des ports de Lombock, c'est le
seul moyen de donner une idée de notre puissance à des
gens qui s'imaginent que la plus forte nation européenne
est la nation hollandaise.

Les navires hollandais se montrent fréquemment à Lombock; et récemment les Hollandais, en châtiant rudement les habitants de Bassy, ont encore accru le prestige de leur équivoque puissance aux yeux de ces insulaires.

Les Hollandais, pourvu que les Anglais ne s'y opposent pas, réaliseront le projet qu'ils nourrissent depuis longtemps, de s'emparer de cette longue chaîne d'îles, qui joint, pour ainsi dire, la presqu'île des Malayes à la Nouvelle-Hollande. Sous un prétexte assez futile, ils se sont mis à faire la conquête de Bassy; puis viendra le tour de Lombock; ils ont, en 1845, essayé de faire accepter leur protection au radjah de Lombock, qui l'a poliment refusée. Mais il sera bien forcé de se soumettre, car King m'a paru désirer secrètement de voir cette île passer dans des mains européennes. En attendant, les Hollandais ont des résidants à l'île de Flores, ces résidants sont parvenus à arrêter les essais de commerce que le capitaine Caillet y avait entrepris; ils en ont aussi à Timor. Les Anglais ont probablement leurs raisons pour laisser les Hollandais marcher à l'usurpation de toutes ces îles; mais il me semble que la France aurait intérêt à ne pas laisser grandir une puissance qui n'assiéra fortement sa domination dans ces belles régions qu'au détriment de notre commerce. Il nous importe d'autant plus de ne pas laisser tomber Lombock aux mains des Hollandais ou des Anglais, que tant que cette île restera au pouvoir d'un radjah, les navires qui ne trouvent pas à charger à Bourbon pourront faire, dans les mers qui la baignent, des voyages fructueux, et attendre ainsi, sans pertes considérables, le moment de la récolte.

L'île de Lombock est extrêmement fertile; outre le riz, qui y croît en abondance, les naturels cultivent le maïs, dont ils sont très-friands. Ils en font griller les épis et en mangent les grains ramollis par la chaleur. La canne à sucre y est de toute beauté; on y récolte aussi l'indigo et

28

le coton. Les naturels ne savent pas extraire le sucre de la canne ; ils mangent la canne toute fraîche. Leur sucre, ils le tirent du palmier ; ce sucre de palmier est très-doux.

Si une nation policée était la maîtresse de cette île, ou si ses habitants étaient moins indolents, son sol riche et vigoureux produirait en abondance le sucre, le café, les épices et généralement toutes les denrées tropicales ; je ne parle pas des troupeaux de bêtes à cornes, qui y sont très-nombreuses et dont il serait facile d'améliorer les espèces ; leurs chevaux, avec un peu de soin, deviendraient très-forts et très-beaux. La vie animale y est à très-bon marché. Mais l'Européen, accoutumé à varier ses mets, n'y fait pas bonne chère ; car il n'a jamais pour satisfaire son appétit que du porc et du buffle. S'il veut manger du bœuf, il est forcé d'acheter un bœuf entier, par la raison que les naturels ne font usage de cette viande que dans des circonstances solennelles ; la chair des poules et des canards est très-coriace, et le beau poisson fort rare. Des haricots noirs de fort mauvaise qualité sont les seuls légumes qu'on puisse s'y procurer. Les fruits y sont abondants et délicieux ; pourtant, chose extraordinaire, le mangoustan et le sala n'y croissent pas ; ceux qu'on y vend viennent de Bassy : cela tient probablement à ce que les arbres qui portent ces fruits n'y sont pas cultivés.

Les habitants de Bassy sont plus industrieux que ceux de Lombock, car tous les produits de l'industrie, tels que les chapeaux malais, les nattes, les marmites, le sel, viennent de Bassy. Cela vient de ce que, Bassy étant incomparablement plus peuplé que Lombock, les habitants de cette première île sont obligés d'employer pour vivre bien des moyens auxquels ceux de Lombock, moins nombreux, sont dispensés d'avoir recours.

Dans la partie sud de la baie de Lombock se trouve un port excellent, mais dont l'entrée offre quelque danger.

Ce port est à l'abri de tous les vents ; l'air y est insalubre, à cause des marais qui l'entourent.

Ce qui m'a le plus frappé dans mes voyages et dans l'histoire, c'est le peu de soin qu'on a toujours mis à combattre ces causes de mort, auxquelles on peut attribuer des dépopulations bien plus grandes que celles dont les combats et les passions humaines sont les sources. Un marais, une eau stagnante et putrifiée répandent incontestablement la mort autour d'eux ; c'est de la vase laissée par le Nil que s'élance cette peste dont les ravages sont si déplorables ; du sein de ces mares croupissantes du Gange, de l'Ougli, sort le terrible choléra, cette horrible peste indienne ; les fièvres qui déciment la population de la campagne romaine naissent des marais Pontins. Ce serait donc à dessécher les marais, à donner aux eaux un libre cours, que les gouvernements, pour le bien de l'humanité, auraient dû appliquer constamment leurs soins ; mais l'incurie, l'apathie humaines sont si grandes, qu'on n'a presque jamais songé à détruire ces foyers d'infection d'où s'élance périodiquement une mort dont les coups sont inévitables et multipliés.

C'est dans ce port si bien abrité, et si purulent à cause des marais qui l'avoisinent, que M. King fait réparer ses navires et qu'il en fait construire de nouveaux par des ouvriers malais ou chinois qui travaillent sous sa direction et sous celle de l'un de ses capitaines. Ce port se nomme le Côve.

Un peu à l'ouest de ce port se trouvent quelques petites îles, peuplées de cerfs. On n'a qu'à se munir d'une permission du radjah pour y aller chasser. Le jeune radjah et sa suite s'y rendent quelquefois et en rapportent de nombreuses victimes ; on compte chez ces gens-là d'habiles tireurs de carabines ; car ils s'exercent de bonne heure à bien ajuster leurs coups.

M. King n'était pas homme à me laisser partir sans m'avoir fait visiter ses ateliers de construction. Il me mena donc un jour à ce port de Côve; puis, quand j'eus tout visité jusque dans les moindres détails, donnant librement mon avis sur toute chose:

— Je vais maintenant vous faire voir une curiosité, me dit M. King.

— Et laquelle?

— Vous verrez.

Et, m'ayant fait de nouveau traverser les ateliers, il me conduisit dans la salle où l'on préparait les voilures.

— Voilà, me dit-il.

Et il me désignait du doigt un ouvrier chinois qui paraissait commander en maître à cinq ou six Malais.

Un instant je crus à une mystification; mais la figure éternellement impassible de M. King m'annonçait de reste qu'il était absolument incapable de toute supercherie de ce genre. Dès lors sa conduite cachait un mystère qui demandait une explication que je m'empressai de lui demander.

— Ce Chinois, me dit-il, est l'homme le plus étrange que j'aie jamais rencontré de ma vie.

— Tous les Chinois sont étranges.

— Oh! mais celui-ci l'est plus que tous les autres.

— En quoi, s'il vous plaît?

— Par sa vie et ses aventures.

Je pris l'attitude d'un homme qui ne demande pas mieux que d'accorder toute son attention à une histoire intéressante. M. King comprit cette pose, et, desserrant péniblement les dents:

— Mi, me dit-il, était un des plus habiles ouvriers de Canton. Un jour un consul européen perdit son chapeau en remontant le fleuve Chou-Kiang. Ce consul n'en avait pas de rechange et professait une horreur invincible pour

la coiffure chinoise. Il demanda donc un chapelier; on lui
amena Mi.

— Dans combien de temps peux-tu me confectionner un
chapeau semblable à celui-là? demanda le consul en présentant le chapeau endommagé par les eaux du Chou-Kiang.

— En deux jours, répondit l'ouvrier chinois.

— Eh bien, emporte le modèle et reviens dans deux
jours.

Quarante-huit heures après, l'ouvrier chinois était à la
porte du consul européen, deux chapeaux à la main, l'un
avarié par les eaux du fleuve, l'autre tout flambant neuf.
Au reste, c'était identiquement la même forme. L'ouvrier
chinois avait copié son modèle avec une exactitude scrupuleuse. En coiffant le chapeau fabriqué à Canton, le consul
européen put croire coiffer celui qu'il avait laissé choir
dans les ondes azurées de la rivière des Perles. Satisfait au
delà de toute expression, il rétribua largement le travail
de l'ouvrier chinois, qui se retira fort content.

Celui-ci n'avait pas indiqué le procédé dont il avait usé.
On ne le lui avait pas demandé, il avait gardé le silence.

Mais, un an après, le consul était de retour en Europe.
Un jour, comme curiosité, il présenta son chapeau chinois
à son chapelier ordinaire. Du premier coup d'œil celui-ci
vit ce que n'avait pas vu le consul. La forme seule des
chapeaux était semblable; mais la matière qui avait servi à
les confectionner était bien différente.

Sommé d'exécuter un travail, l'ouvrier chinois avait
voulu être fidèle à sa parole. Il avait donc cherché de quoi
était composé le chapeau. Mais la matière première était
inconnue à la Chine. Alors qu'avait fait l'ouvrier? Sur une
légère feuille de carton, il avait collé une étoffe de soie
ornée de tout son duvet. Puis, contournant le tout selon
un procédé facile, il avait pu livrer un chapeau qui ressemblait au modèle fourni.

28.

L'idée parut ingénieuse à l'ouvrier européen. Il s'en empara et put de la sorte confectionner des chapeaux qu'il livrait à la circulation à bien meilleur compte que ses confrères.

— Et l'inventeur de cette idée, dis-je à M. King, c'était Mi?

— C'était l'homme que vous avez sous les yeux. Des inventions comme celle-là, il en a fait des centaines. Je n'aurais qu'à le conduire à votre bord, et il pourrait quelque temps après me fournir un navire entièrement confectionné comme le vôtre.

— Mais comment se trouve-t-il dans vos ateliers de Côve?

— Ceci, dit gravement M. King, est l'histoire des faiblesses humaines. Mi est ingénieux, mais il est irascible, et, quand il est dans ses heures d'emportement, il ne se connaît plus. Il a tué deux hommes, et j'ai été assez heureux pour lui sauver deux fois la vie. Seulement à la seconde, et pour l'empêcher de retomber en faute, j'ai mis une petite condition : c'est qu'il me servirait pendant vingt ans et que j'aurais sur lui droit de vie et de mort.

En ce moment, il tient la parole qu'il m'a engagée.

XV

Le climat de Lombock est malsain ; aussi n'est-il pas
rare de voir les Européens y être atteints des fièvres d'accès,
qui sont excessivement tenaces. Les employés de King,
malgré le long séjour qu'ils ont déjà fait dans cette île, ce
qui aurait dû les acclimater, sont toujours sujets à ces
atroces fièvres, qui semblent avoir été créées pour forcer
les hommes à mourir sur le coin de terre où ils sont nés.
Ce n'est que par une grande vigilance sur sa santé, que
par un régime de privations, qu'on peut s'en garantir, et
malheureusement les incitations du climat sont telles, que
bien peu d'étrangers trouvent en eux assez de courage et
force d'âme pour ne pas les suivre. Les employés de King,
malgré les sévères avertissements de ces fièvres, ne se li-
vraient pas moins à des excès qui les rendaient victimes
d'une maladie toujours provoquée par l'intempérance.

L'Européen qui n'arrive à Lombock que pour y effectuer
un embarquement de marchandises doit s'abstenir de

coucher à terre. Il convient même d'interdire aux équipages de dormir sur le pont; car, lors même qu'ils passe-
raient la nuit sous les tentes, ils ne subiraient pas moins
l'influence pernicieuse de cette brise de terre qui insinue
la fièvre, surtout pendant la première partie de la nuit.
Cette brise suffit pour vous donner ces formidables dys-
senteries, une des plus horribles inventions de cette ma-
râtre qu'on appelle la nature; une fois que l'homme en
est saisi, il est bien rare qu'il y échappe; il succombe
presque toujours à ces incessantes évacuations alvines qui
font de notre pauvre espèce un éternel sujet de pitié et de
ridicule. Sous ces zones si vantées, où l'air se charge de
mille émanations embaumées, où la nature n'a oublié que
l'homme, pour donner la force, la vigueur, la beauté aux
plantes et aux animaux, où le serpent vit dans la boue
immonde qui nous donne la mort, où les singes se balan-
cent, pleins de santé et d'énergie, sous ces forêts dont la
chaude exhalaison corrompt notre sang, l'homme marche
entouré d'une foule d'ennemis invisibles, tapis sous les
eaux, embusqués dans les rivières, cachés dans les bois:
ces ennemis, ce sont des exhalaisons que le soleil met en
action, le soleil, dont le rayon, bravé par tous les animaux
à poils et à plumes, allume soudainement dans nos têtes
ces formidables fièvres cérébrales qui vous font mourir
dans les convulsions de la folie. Il convient donc de ne
pas faire travailler l'équipage au riz pendant que le soleil
embrase l'air, quand même la brise du large le permettrait; à moins toutefois que l'on n'emploie une forte chaloupe, pourvu qu'on la charge peu dans ce cas; car ces
brises du large ou du sud-sud-est au sud-ouest, qui sont
parfois très-fraîches dans le canal, y occasionnent, dans les
mois de septembre et d'octobre, de très-forts ras de marée,
lesquels heureusement ne durent que quelques heures.
Dans celui qui eut lieu le 25 novembre, j'ai vu des cha-

loupes et des canots brisés; un homme fut noyé, et, peu
de temps après, un requin poussa son cadavre vers le rivage. Cependant les ras de marée de cette saison sont loin
d'être aussi violents que ceux qui ont lieu pendant la
mousson du nord-ouest. Quand ceux-ci arrivent, il ne faut
pas mouiller par moins de dix à douze brasses.

Mes lecteurs n'ont pas oublié que j'avais une centaine
de Chinois à bord; ils me furent très-utiles pendant mon
séjour à Ampanam, et je dois dire à leur louange qu'ils
travaillaient avec ardeur et même avec plaisir. Mon affré-
teur, M. E. Bedier, ne les laissait manquer de rien; ce qui
les empêcha d'écouter les insinuations de leurs compatriotes, qui, établis à Ampanam depuis qu'ils eurent déserté
le navire le *Nouveau-Tropique*, auraient voulu les décider
à en faire autant. Cependant un dimanche, le 20 décembre,
j'avais envoyé à terre, divisés par escouades, mes Chinois,
pour qu'ils fissent des ablutions hygiéniques dans la rivière et qu'ils y lavassent leur linge. Un d'entre eux dé-
serta, et nous fûmes informés de cette fuite par ses propres
compagnons, au retour de ceux-ci à bord. Ce déserteur avait
écouté les instigations des Chinois du bandar; nous résolûmes
donc, le capitaine Caillet et moi, d'aller à terre, avec une
partie de nos gens bien armés, pour effrayer les Chinois du
bandar et tâcher de saisir le fugitif. Quand nous fûmes
descendus sur la plage, je fis former les faisceaux, et, d'a-
près les conseils de M. King, nous nous rendîmes chez le
boucray ou chef de la justice, qui, après nous avoir en-
tendus ainsi que les témoins, se transporta avec nous immédiatement chez le bandar, que la vue de nos armes
avait terrifié. A l'instant même eut lieu une visite domici-
liaire, mais le fugitif ne se trouva pas. La peur avait ôté
au bandar l'usage de la parole, et, à toutes les questions
que le boucray lui faisait, il ne répondait que par le bruit
de ses dents, qui claquaient avec force les unes contre les

autres. Nous allions nous retirer, mécontents de l'insuccès
de nos recherches, quand nous vîmes arriver au pas de
course, hâletant, pâle et tremblant, le Chinois déserteur,
qui vint tomber à mes pieds en me demandant grâce; nous
le ramenâmes à bord. Le lendemain, le boucray parvint à
découvrir le Chinois qui avait décidé son compatriote à
quitter notre bord et à se fixer à Lombock; il le fit en-
chaîner par le cou, et, après quelques heures d'exposition,
il me l'envoya pour que je fisse un exemple. L'humanité
plaida d'abord sa cause dans mon cœur; mais je me rap-
pelai que tous les Chinois engagés par le capitaine du
Nouveau-Tropique l'avaient abandonné, et je me dis que si
je me montrais clément, je pouvais nuire aux Européens
qui, comme moi, engageraient à prix d'argent des Chinois,
et les verraient ensuite disparaître avant d'avoir atteint le
terme de leurs voyages. Le Chinois ne respecte que la force,
et confond la clémence avec la faiblesse. M'arrêtant à cette
pensée, je fis un signe, et à l'instant même le Chinois que
le boucray m'avait fait remettre se courba et reçut, sans
trop se plaindre, une correction à coups de corde.

Je restais extasié devant la voracité que déployaient mes
Chinois au moment de leur repas; jamais, nulle part, je
n'ai vu l'énergie gastrique arriver à la limite où ces Chinois la portaient. On cite dans Marseille l'appétit d'un
honorable savant qui, avant de faire honneur à un somp-
tueux dîner, avale une douzaine de petites côtelettes et
quelques têtes de pains. Ce savant est le plus sobre des
hommes à côté de mes Chinois. Nous leur prodiguions des
patates et des giromons; ils avaient un porc entier tous
les deux jours, des œufs et des fruits en quantité. Eh
bien, quand je les croyais repus et que leurs ventres tendus annonçaient l'effroyable quantité de nourriture qu'ils
y avaient introduite, ils se disputaient la peau et les cornes
de bœuf, et ceux qui parvenaient à s'en emparer les fai-

saient macérer dans l'eau et les dévoraient à belles dents.
J'ai vu un de ces Chinois, au sortir d'un repas où il s'était
effroyablement bourré le ventre, avaler encore trente-six
œufs, et, si je ne l'eusse arrêté au milieu de cette consommation d'œufs, il en aurait absorbé bien davantage. J'eus
ainsi l'explication de la distension que la peau humaine
prend chez les riches Chinois et de la considération qu'on
attache en Chine à un gros ventre. Nos Chinois avaient
aussi la passion du jeu, la plus stupide et la plus incurable des passions; ils jouaient leurs hardes et le peu d'argent qu'ils avaient ; mais, malgré cette voracité et ce goût
effréné pour le jeu, ils étaient très-tranquilles et très-obéis-
sants, grâce à la sévérité avec laquelle nous étions contraints de les traiter. La puissance pour eux réside dans
la corde et le bâton.

Les amateurs de la simplicité homérique chez les prin-
ces auraient de quoi satisfaire leur goût à Lombock ; in-
dépendamment des belles esclaves qu'on leur offrirait, ils
pourraient aussi voir le prince, comme cela nous arriva,
agir avec un sans-gêne égal à celui du roi des rois sur le
rivage troyen. J'allais assez souvent souper chez M. King ;
un soir, après avoir longtemps causé à table, je m'ache-
minai, accompagné de M. Caillet, vers le rivage, pour
regagner mon bord ; je trouvai le vieux radjah et sa suite
assis sur la plage ; on avait allumé des torches autour
d'eux, et le radjah paraissait respirer avec délices la fraîcheur de la mer. Tandis que nous hélions nos embarcations, qui se tenaient sur leurs grappins, le radjah eut l'idée
de nous appeler ; il nous fit asseoir à côté de lui et se mit
à nous regarder ; nous en fîmes autant ; puis il nous invita
à faire venir les hommes de nos embarcations ; quand
ceux-ci se furent approchés et assis, car il est défendu de
rester debout devant un prince malais, le radjah me demanda si je voulais lui vendre mes hommes ; je lui fis

répondre que ces hommes n'étaient pas des esclaves, et l'un d'eux, informé du désir du radjah, lui fit alors, en vrai Marseillais qu'il était, un geste familier aux *nervis* de sa patrie. Tandis qu'il appuyait son poing gauche fermé à l'extrémité de son nez, il exécutait, avec son poing droit également fermé, un mouvement de rotation rapide, à peu de distance de son nez. On connaît à Marseille toute l'incivilité de ce geste ; mais le sens en échappa complétement au radjah, qui parut même satisfait de cette curieuse pantomime exécutée par l'auteur avec un sérieux ironique qu'il m'était extrêmement difficile de garder.

Le radjah va presque toujours à cheval. Ses chevaux sont les plus beaux du pays. Quand un particulier est parvenu à élever un beau cheval et que le radjah le sait, il lui envoie tout simplement dire qu'il désire son cheval, et on se donnerait bien de garde de ne pas le satisfaire. Aussi arrive-t-il souvent que le possesseur d'un beau cheval coupe le bout des oreilles de l'animal pour ôter au radjah l'envie de se l'approprier.

Les habitants de Lombock montent à cheval sans selle et sans bride ; ils passent seulement une corde dans la bouche de l'animal, et, après avoir fait faire à cette corde un tour sur la tête, ils la fixent sur les côtés de la bouche. Ces bouts servent de rênes. Les chevaux des grands vont presque tous à l'amble ; c'est l'allure que les Malais préfèrent.

Le radjah, comme je l'ai déjà dit, réside à Matarans. Son palais est très-vaste et très-proprement tenu ; il est entouré d'un mur en briques d'une hauteur moyenne et percé, à différents endroits, de portes assez larges. Il demeure dans ce palais avec trente-cinq femmes et de nombreuses concubines ; s'il reçoit un cadeau d'un Européen, il s'empresse de lui envoyer une de ces concubines. Il y a un an, un capitaine anglais, se rendant de la Nouvelle-

Hollande à Bombay avec un chargement de chevaux, relâcha à Ampanam ; le radjah lui fit proposer de lui vendre deux de ses chevaux. L'Anglais en demanda et en obtint un prix excessif ; ce qui n'empêcha pas le radjah d'être si satisfait de son acquisition, que, le soir même, il envoya à l'Anglais et à son subrecargue deux belles concubines, sous la conduite de l'un de ses nobles. Le navire anglais était déjà parti, et les deux concubines furent ramenées au palais.

Enfin, le jour du départ arriva. Le 26 décembre au soir, j'appareillai avec une brise de terre qui, bien que légère, suffit pour me faire gagner le large. La brise fraîchit un peu ; je fis serrer sur bâbord, et le matin, au jour, je me trouvai à la pointe ouest de l'île. Là, nous fûmes accueillis par des vents de sud-ouest variables au sud et par une très-forte houle de sud-ouest. Nous fîmes peu de chemin ce jour-là ; les deux jours suivants, nous eûmes du calme et nous ne pûmes perdre la terre de vue. Les courants nous portaient tantôt au sud, tantôt au nord. Le second jour même, nous perdîmes beaucoup de chemin du côté du nord. Enfin la brise passa au sud-est, d'abord par grains fréquents, ensuite elle s'y établit très-fraîche, et alors nous pûmes réparer le temps perdu.

Il nous arriva ce qui avait eu lieu à notre départ d'Émouï ; presque tout mon équipage était malade : la dyssenterie l'avait saisi. Le 2 janvier, je perdis un de mes hommes, et, le 10, un autre eut le même sort. A mon arrivée à Bourbon, j'avais encore trois malades.

Le premier jour de mon départ, nous fîmes un peu plus sud, afin de laisser le soleil dans le nord et de rencontrer des brises plus fraîches, ce qui me réussit parfaitement. Je n'aime pas, en mer, à avoir le soleil au zénith ; et on s'expose, dans ce cas, à des calmes désespérants ou à des grains et à des vents très-variables. Après avoir déposé

29

mes travailleurs chinois à Bourbon et y avoir complété ma
cargaison, je repris, le 1ᵉʳ février, là route de mon port
d'armement, et j'arrivai à Marseille le 30 juillet 1847,
après un voyage qui avait duré plus de deux ans.

FIN

APPENDICE

Pendant que l'Europe s'agitait dans les convulsions révolutionnaires qui suivirent le coup de foudre du 24 Février, une autre révolution s'accomplissait dans le haut
Orient. La Chine, qu'on est habitué à nous représenter
comme un immense lac aux eaux tranquilles et calmes
dans lequel croupissent trois cent millions d'hommes, la
Chine était prise soudain de la fièvre insurrectionnelle ;
des bandes armées, descendues des montagnes reculées,
parcouraient ces provinces, vastes comme les royaumes de
notre Europe, marchant sous un vieil étendard cher à tous
les Chinois, ce qui faisait accourir sans cesse au milieu
d'elles de nouveaux adhérents, et, au bout de quelques
mois, elles se trouvaient assez fortes pour élever trône
contre trône et opposer dynastie à dynastie.

Ce n'est pas la première fois que la Chine subit de semblables crises. L'histoire du Céleste Empire est pleine, au
contraire, à toutes les époques, des péripéties les plus
étranges, amenées par des faits d'insurrection et de révolte, quelquefois de conquête. Le renversement de la dynastie nationale des Mings et l'établissement de la domination tartare ont leur origine dans une révolte qui, ayant
mis le trône des Mings à deux doigts de sa perte, les contraignit à appeler à l'aide leurs voisins des grands déserts.
Aujourd'hui c'est un fait inverse qui s'accomplit : c'est à

l'expulsion des Tartares usurpateurs et à la restauration des Mings que travaille l'insurrection.

Il y a plus d'un demi-siècle que ces idées insurrectionnelles fermentaient dans les esprits chinois. Lorsque l'Angleterre, maîtresse du Bengale, eut résolu de faire des Indes sa plus belle colonie, elle voulut commencer cette œuvre gigantesque en ouvrant au commerce indien le plus vaste des débouchés. Elle envoya en Chine le plus rusé de ses diplomates ; lord Macartney pénétra jusqu'au Fils du Ciel.

De cette ambassade, le résultat le plus utile pour l'Europe fut de longues relations qui permirent aux esprits curieux de jeter un coup d'œil sur ce pays bizarre qui continuait à conserver tous les attraits de l'inconnu. Or ces relations sont unanimes pour nous présenter la Chine comme généralement travaillée par un esprit de mécontentement qui tôt ou tard devait aboutir à l'insurrection.

Une domination étrangère, en effet, ne s'établit pas dans un pays sans apporter bien des changements dans la manière de vivre des indigènes, et ces modifications blessent en général des intérêts. En Chine, la domination des Tartares fut le commencement d'une transformation presque complète. Sans parler des modes nouvelles qui franchirent à leur suite la grande muraille, des changements essentiels furent opérés dans le gouvernement. Nankin perdit son titre et son rang de capitale ; les Tartares éprouvaient le besoin de se rapprocher du Nord, leur patrie, et ils établirent le siége central de leur administration dans la province du Pé-Tché-Li. En outre, s'ils conservèrent les grandes institutions littéraires qui, dans le Céleste Empire, faisaient de l'examen et du concours la base première sur laquelle reposait tout l'édifice gouvernemental, ils eurent bien soin de n'appeler aux hautes fonctions politiques que des hommes de leur race, des hommes qui avaient sans cesse à défendre les mêmes intérêts qu'eux-mêmes. Cela dure depuis plus de deux siècles. Il en est résulté une oppression si complète de la race conquise par la race conquérante, des Chinois par les Tartares, qu'aujourd'hui encore subsistent et restent debout, vivantes et fortes, les distinctions des premiers jours.

De pareils faits, l'histoire tout entière est là pour nous dire quelle en a été, quelle en est, quelle en sera toujours la conséquence régulière et fatale ; à un moment donné, les races vaincues peuvent accepter la fusion avec les races victorieuses. Malheur aux conquérants qui ne savent point saisir cette heure propice : c'est l'heure pour eux d'établir solidement leur domination ; une fois passée, elle ne revient plus.

Quand lord Macartney visita la Chine, le mécontentement contre les Tartares était si grand et se faisait si facilement jour, qu'il crut, ainsi que ses compagnons, à un soulèvement prochain des Chinois. Leurs livres, sous ce rapport, sont très-curieux à relire aujourd'hui. Pour leurs yeux européens, habitués à notre promptitude et à notre légèreté, la révolution chinoise était mûre, et ils auraient accusé d'aveuglement et d'ineptie celui qui leur aurait dit qu'elle avait encore besoin de cinquante années d'incubation et de circonstances extraordinaires venues du dehors avant d'éclater. Ils ne savaient pas qu'avec la patience chinoise on doit s'attendre à tout.

La mort de l'empereur Tao-Kouang et l'avénement au trône de son quatrième fils, l'empereur Hien-Foung, furent le signal de cette levée de boucliers.

Les dernières années du règne de Tao-Kouang avaient été signalées par de grands événements. L'Angleterre, mécontente des traitements infligés à son commerce des Indes, avait par deux fois porté la guerre dans le Céleste Em-

29.

pire, et la seconde fois l'uniforme britannique avait paru jusque sous les murs de Nankin. Pour soutenir cette lutte, Tao-Kouang fut obligé non-seulement de réformer les anciens équipements militaires des Tartares, mais encore de réchauffer la sainte horreur de l'étranger, qui allait s'éteignant dans le cœur des Chinois. Les sociétés secrètes, toujours en grande vénération sur la Terre des Fleurs, furent hautement protégées, et rendirent de grands, quoique impuissants services à la cause nationale.

Vaincu partout par la force supérieure des machines de guerre européennes, le Fils du Ciel, pour avoir la paix, fut obligé de s'humilier et de subir le traité de Nankin. Mais la paix avec l'étranger ne ramena pas la tranquillité intérieure. Les sociétés secrètes ne purent être dissoutes et réduites à travailler dans l'ombre, c'est-à-dire lentement. Elles agirent, au contraire, au grand jour, et, quand le vieil empereur mourut, elles profitèrent des embarras qu'entraîne nécessairement avec lui, en Chine comme ailleurs, l'établissement d'un règne nouveau.

En montant sur le trône, le 26 février 1850, le jeune Hien-Foung se trouva donc en présence d'une situation pénible et dans des circonstances fort difficiles. Entouré de ce peuple servile qui rôde toujours dans toutes les avenues du pouvoir, courtisans de toute sorte et de tout sexe, il n'eut pas longtemps à jouir du bruit flatteur de leurs douces paroles. Un cri terrible vint bientôt troubler sa tranquillité et ses plaisirs, le cri de l'insurrection.

Elle éclata dans les montagnes du Kouang-Si, province qui sert de limite septentrionale à celle de Canton, et, quelques mois après, elle était devenue si formidable, que les journaux d'Europe s'en préoccupaient déjà.

Certes, si jamais foyer d'insurrection fut bien choisi, il faut convenir que c'était celui des insurgés chinois. Pays de montagnes difficultueux et abrupt, le Kouang-Si nour-

rit une race d'hommes énergiques, robustes, toujours mécontents parce qu'ils sont toujours malheureux, et que,
malgré des labeurs incessants et pénibles, la terre ne parvient à leur donner qu'une existence misérable et beso-
gneuse. C'est de là que sont toujours sorties ces bandes
avec leurs chefs intrépides, qui ont si souvent fait trembler
la Chine. Prompts au pillage, ils sont aussi prompts à la
bataille et font bon marché d'une vie qui n'a jamais connu
la richesse et ses douceurs.

Ces montagnards insurgés s'annoncent comme les restaurateurs de la dynastie constamment regrettée des Mings.
Ils ont retrouvé l'antique étendard de la famille ; c'est sous
cette bannière qu'ils marchent, et à leur tête est un jeune
homme qui prétend descendre des anciens empereurs. Le
merveilleux vient à l'aide de l'insurrection. L'on retrouve
des prophéties, vieilles de deux siècles, qui annoncent que
ces événements doivent s'accomplir. Tien-Tè, voilà le nom
que prend le prétendant, nom mystique qui signifie *vertu
céleste* et indique une grande affinité entre les insurgés et
les adhérents des sociétés secrètes.

Pendant les premiers mois, la révolte est tout entière
concentrée dans cette province du Kouang-Si ; les hostilités
se bornent à des escarmouches. Avant de descendre en rase
campagne et de présenter la bataille aux troupes impériales, on dirait que les insurgés veulent essayer leurs forces
et attendre que l'opinion publique se déclare en leur faveur. Ce calcul habile leur réussit. A la première nouvelle
de cette levée de boucliers, une fermentation générale règne dans l'empire et dans toutes les provinces, les frères
de la Triade, du Lis blanc, de vingt autres affiliations secrètes, sont prêts à s'enrôler sous la bannière de l'insurrection dès qu'elle se présentera au milieu d'eux.

Sûrs de cet appui immense, les insurgés se décident enfin à tenir bravement la campagne. Jusque-là, ils n'ont li-

vré que des combats de partisans ; mais, vers la fin de
1850, ils quittent leurs montagnes à peu près inaccessi-
bles, pénètrent dans le Kouang-Toung, et, ayant rencontré
un détachement considérable de troupes impériales, ils n'hésitent pas à lui livrer bataille. Ce ne fut qu'une boucherie.
Tous les impériaux y périrent, et les insurgés purent pro-
clamer le nom de leur prétendant.

L'année 1851 s'ouvre par de nouveaux triomphes des
insurgés. Ils ont organisé un État dans l'État, s'emparent
des villes, mais n'y séjournent pas, se contentant de faire
peser sur elles des contributions de guerre qui doivent alimenter la caisse de l'armée. Ils entrent dans le Kouang-
Toung et s'y maintiennent, nonobstant les efforts des Tartares, soulevant les populations, et recevant sans cesse de
nouvelles recrues. Canton a noué des relations suivies
avec le camp des insurgés. Les négociants patriotes fournissent les munitions, les armes, qui sont aussi nécessaires
à l'insurrection que les soldats ; et, pendant ce temps, les
impériaux ne se procurent qu'avec peine vivres et objets
de campement, ne réparent que difficilement les pertes
qu'ils éprouvent à chaque rencontre, et sont obligés encore de faire de grands détours pour ne pas tomber entre
les mains des insurgés.

Dès ce moment, au milieu de péripéties sans nombre,
l'insurrection se promène de ville en ville, et les mandarins envoyés pour la combattre essayent de mille inventions pour tromper l'opinion publique et maintenir la cour
de Pékin dans sa sécurité. Mais c'est en vain ; malgré eux
la vérité se fait jour. Les disgrâces successives qui frappent les hauts fonctionnaires indiquent aux populations
que l'alarme commence à gagner l'administration centrale.
Elle envoie ses meilleures troupes et ses meilleurs généraux ; mais ces efforts suprêmes ne peuvent empêcher les
impériaux de perdre la bataille de Ho-ou-i, sur les confins

du Kouang-Si et des contrées qui avoisinent cette province du côté oriental.

La nouvelle de cette bataille gagnée par l'insurrection jette dans un grand trouble les autorités des deux Kouangs. On ne sait comment faire connaître ces mauvaises nouvelles à Pékin, on perd un temps précieux en temporisations de toutes sortes ; on croit pouvoir réduire l'insurrection par l'inertie et la corrompre avec de l'argent. On ne comprend pas que ce n'est pas une révolte ordinaire ; qu'une idée est cachée dans cet étendard des Mings déployé au grand soleil, et que désormais il n'y a qu'une composition possible : ou l'anéantissement complet de la révolte, ou la retraite des Tartares dans les déserts de la Mandchourie. Que résulte-t-il, en effet, de ces tentatives de séduction?... Les révoltés ne passent point sous la bannière impériale, et, dans des escarmouches et de petits combats chaque jour renouvelés, l'insurrection épuise et anéantit les forces impériales.

En même temps, dans les autres provinces, et jusque dans le Tché-Kiang et le Kiang-Nan, on voit poindre des ferments de révolte. De petites bandes s'organisent éparses çà et là, et forment le noyau d'auxiliaires qui voleront au secours de l'insurrection dès qu'elle mettra le pied sur leur territoire. Ce qui les encourage à ces mouvements anticipés, ce sont les proclamations qui partent incessamment du camp des insurgés et se répandent dans tout l'empire. Elles mettent tous les adhérents au courant de la situation, elles leur apprennent que l'organisation fédérale de l'empire, attendue depuis plusieurs siècles, est le but final de cette restauration pour laquelle on combat.

Les provinces de Ho-Nan et du Hou-Pé donnent le signal de ces adhésions, et, pendant que les insurgés apprennent ces bonnes nouvelles, ils livrent la bataille de Ping-Nan-Hien. Dans cette affaire meurtrière, les impériaux eurent

encore le dessous, ce qui acheva de ruiner la cause tartare
dans l'esprit des populations des deux Kouangs. Dès lors,
on dirait que mandarins civils et militaires perdent la
tête : ils ne savent imaginer que des stratagèmes ridicules
pour soutenir la lutte contre un ennemi dont la puissance
grandit à toute heure, qui compte dans ses rangs des
hommes chez lesquels l'audace s'unit à une rare intelligence, et qui bientôt auront un nom célèbre et retentissant dans tout l'empire. Celui que nous devons mentionner dès à présent porte un nom mystique comme le prétendant lui-même ; on l'appelle Taï-Wang-Ping, ou le prince
de la paix universelle. Cet habile homme de' guerre ne
laisse aucun repos aux troupes impériales. Partout où il
les trouve, il leur livre bataille, il prend leurs meilleures
garnisons, et, maître du Kouang-Si, d'une partie du
Kouang-Toung, il établit ses rapports avec les insurgés du
Hou-Kouang, du Ho-Nan, du Hou-Pé.

Nous touchons à une nouvelle phase de cette révolution.
Persuadés que la cour de Pékin ne demande qu'à être
trompée et que quelques jours de répit sont toujours bons
à prendre, les mandarins commencent l'année par une de
ces farces qui, parmi nous, serait tout au plus bonne pour
les tréteaux de la foire, et qui est familière à la vie publique du Céleste Empire. Ayant par hasard mis la main sur
un des chefs inférieurs de l'insurrection, ils l'expédient à
Pékin, en l'affublant du nom et des insignes de Tien-Té.

Ce fut une grande joie à la cour. Tenant le prétendant,
elle crut tenir l'insurrection. Elle fit semblant d'ignorer
que ce nom mystique cachait bien plus une idée qu'un
homme, et prépara un supplice digne de celui qui avait
aspiré à porter le nom de Fils du Ciel. Je n'entrerai pas
dans le détail de cette comédie, je ne mentionnerai même
pas le ridicule dont auraient été couverts, partout ailleurs

qu'en Chine, les mandarins inventeurs, lorsque de nouvelles défaites accompagnèrent la nouvelle que la tranquillité était enfin rétablie dans les provinces insurgées.

Alors les bulletins apocryphes se multiplient avec une
rapidité effroyable. Partout où la révolte éclate et le cercle
de ses opérations s'agrandit d'instants en instants, on est
sûr de rencontrer un mandarin à imagination vive qui fabrique des succès aux armes impériales, transforme les
défaites en victoires, et cependant conseille à ses soldats de
ne pas trop se hasarder en rase campagne et de se tenir
prudemment renfermés derrière les remparts des villes de
guerre. Malgré toutes ces précautions, une triste fatalité
semble s'acharner après la domination tartare. Les éléments s'unissent aux hommes pour la combattre ; le fléau
périodique des inondations transforme des contrées entières en d'immenses lacs limoneux. Jamais, de mémoire
d'homme, les eaux n'ont envahi autant de terrains et ne
se sont élevées à une aussi grande hauteur. Les populations sont accablées et périssent en grand nombre au milieu de ces terribles fléaux ; les mandarins ne savent quoi
faire pour parer à tant de désastres, et, quand l'année 1852
arrive à son terme, elle laisse les insurgés à peu près les
maîtres dans trois provinces, et les eaux se retirant avec
lenteur des terres qu'elles avaient envahies.

Dès ce moment, on peut prévoir que la cause des insurgés va devenir de plus en plus une cause nationale dans
les provinces du midi de l'empire. Conduits par l'intrépide
Taï-Wang-Ping, le prince de la paix universelle, ils entrent dans les villes et se contentent de prélever une contribution de guerre. En février 1853, ils sont maîtres de
Ou-Tchang-Fou, capitale du Hou-Pé. La possession de cette
ville est fort importante pour eux. Elle est bâtie sur la rive
droite du Yang-Tze-Kiang, ce grand fleuve qui parcourt
presque toute la Chine parallèlement au fleuve Jaune, en

coulant de l'ouest à l'est. Pour les insurgés, cette ville et
ce fleuve vont maintenant ouvrir les portes du Kiang-Nan,
la plus riche province du Céleste Empire, leur permettre
de se diriger sur Nankin, la vieille capitale de la dynastie
qu'ils prétendent restaurer, et, s'ils parviennent à s'emparer de cette grande ville, de dater leurs décrets d'un
lieu qui toujours a été cher au cœur de tous les vrais Chinois: voilà ce qui leur reste à faire. Après tant de travaux
accomplis, ce n'est pas une mince besogne. Mais qu'importe? un premier triomphe est au bout, et on ne lève pas
l'étendard d'une insurrection nationale pour s'arrêter en
si beau chemin.

En effet, à peine maîtres de Ou-Tchang, ils se remettent
en marche. Contre leurs habitudes cependant, ils laissent
une garnison dans cette ville. La position vaut la peine
qu'on la garde. C'est par Ou-Tchang que les provinces du
midi approvisionnent sans cesse celles du nord des produits
qui leur manquent. Un habile coup de main donne une
flotte aux insurgés, et dès lors ils peuvent descendre le
fleuve et venir jusqu'à Nankin.

A la nouvelle de ces désastres, la terreur s'empare de la
cour. Hien-Foung comprend que son trône chancelle. Il
appelle à son secours les Tartares; qui promènent sans
cesse leurs hordes sur les bords du Kirin et de l'Amour.
Elles accourent, comme jadis leurs pères étaient accourus
au secours des Mings. Mais leur indiscipline est plus fatale à Hien-Foung que ne leur est utile leur bravoure.
Elles ne peuvent arrêter le torrent insurgé et oppriment
les populations. Après la prise de Ou-Tchang, l'étendard
des Mings descend le fleuve. Dans deux rencontres, les
Tartares sont vaincus; une bataille navale livre l'accès de
Nankin, et, après une résistance de courte durée, cette ville
elle-même ouvre ses portes à la restauration de ses vieux
empereurs. (31 mars 1853.)

Maintenant il nous resterait à apprécier la partie morale de cette révolution. Nous aimons mieux laisser parler les hommes qui ont vu les choses de plus près que nous, puisqu'ils étaient sur les lieux. Nous lisons dans les lettres des missionnaires :

« L'insurrection chinoise est devenue aujourd'hui tellement terrible, que l'empereur lui-même, commence à craindre sérieusement de perdre son trône, et a déjà, dit-on, pris des mesures pour transporter le siége de son gouvernement au Leao-Tong, en Tartarie.

« Les troupes révolutionnaires paraissent bien disciplinées et sont de beaucoup supérieures à l'armée impériale en fait de tactique militaire. Elles s'annoncent partout comme aspirant à délivrer la patrie du joug des Tartares, dont elles font ressortir les vices et la tyrannie dans leurs proclamations. Les peuples, désireux d'avoir une dynastie chinoise, applaudissent à ces pamphlets, qui dénigrent l'étranger. Par là, les rebelles obtiennent partout des subsides volontaires s'élevant à des sommes énormes, ce qui leur permet de grossir chaque jour leur armée. Les troupes impériales, au contraire, s'avilissent toujours davantage ; épouvantées au plus haut degré de la valeur, de l'audace et des forces supérieures des rebelles, il semble qu'elles s'étudient à éviter tout engagement avec eux, se contentant, au lieu de combattre, de leur céder leur poste et de les introduire dans les villes abandonnées. De fait, elles ne se battent que dans les rencontres inévitables, ou quand elles voient la victoire plus que certaine ; mais le cas est très-rare. Il en résulte que les soldats de l'empereur désertent en masse, et que les officiers inventent mille prétextes pour quitter le service : même conduite du côté des mandarins civils.

« Du reste, je ne sais quelle opinion me former sur les rebelles de la Chine. Ils n'ont rien de commun avec l'ido-

30

lâtrie, culte qui s'étend à tout l'empire et aux royaumes limitrophes. Partout où ils arrivent, ils renversent et détruisent, jusque dans leurs fondements, les temples des idoles; ils mutilent, foulent aux pieds, et réduisent en poussière les dieux si vénérés du peuple. Les monastères des bonzes et des bonzesses ne sont pas plus épargnés. Après avoir saccagé et démoli leurs couvents, l'insurrection promène leurs divinités en guise de mascarade, et fait un carnaval complet de leurs idoles et des autres objets de leur superstition.

« A cause de cette étrange conduite, personne ne sait encore quelle est la religion des insurgés, ni quel culte ils veulent établir en Chine. Leur projet sur ce point est une énigme impénétrable qui fait le sujet des conjectures et de la conversation de tous les Chinois. Or, comme la destruction des temples et des idoles est un acte opposé aux principes de toutes les sectes païennes, y compris celle de Confucius, le gouvernement du Céleste Empire commence à croire que les chefs et instigateurs de la rébellion sont des chrétiens, et il appuie cette donnée sur ce que, entre toutes les religions de la Chine, l'Évangile seul professe la haine des idoles et de leur culte.

« Il est d'ailleurs mille fois démontré que les chefs des rebelles sont tout autres que des catholiques romains, par ces trois mots qui se lisent sur leurs bannières : *Xam-ti houoei* (religion du suprême empereur). Qui ne sait que Benoît XIV a défendu aux missionnaires et aux chrétiens chinois l'usage de ces deux premiers mots : *Xam-ti*, pour représenter le nom de Dieu, parce que ces mots, ne parlant que du grand et suprême empereur, étaient insuffisants par là même pour désigner le Dieu tout-puissant?

« Néanmoins le *coum-tou*, vice-roi de Canton, après avoir été nommé généralissime de l'armée impériale du Midi, voyant les lettres écrites sur la bannière des insurgés et les temples qu'ils ruinaient, en a conclu que des chrétiens étaient à la tête de la révolte; il l'a dit nettement et sans hésitation à l'empereur. »

Nankin a vu tomber sa vieille tour de porcelaine; mais les temples du ciel, de la terre, des ancêtres, sont respectés. Ce ne sont point des barbares qui détruisent pour détruire, ce sont des lettrés qui vont rechercher la sagesse et la moralité aux antiques sources de la civilisation.

Depuis la prise de Nankin, l'armée insurrectionnelle a cessé de marcher droit devant elle. Un gouvernement régulier s'est établi dans cette ancienne capitale, et les insurgés ont cherché à assurer leurs conquêtes. Dans le Fo-Kien, ils ont éprouvé quelques échecs; mais, en revanche, ils se sont emparés, après une lutte meurtrière, de Shang-Haï. Maîtres de ce port de mer, maîtres du port intérieur de Ou-Tchang-Fou, ils commandent aux approvisionnements des provinces septentrionales. Ont-ils l'intention de conquérir par la famine le reste de l'empire? C'est ce que l'Europe ignore. Depuis plusieurs jours les nouvelles manquent d'une manière absolue. On ne sait plus ce que devient Hien-Foung, mais l'on sait que le gouvernement des rois feudataires de Tien-Té est régulièrement assis à Nankin. Dans cet état de choses, nous n'attendons plus pour saluer l'insurrection triomphante que d'apprendre qu'elle a porté dans le Pé-Tché-Li l'étendard des Mings.

Cette lettre, écrite par un prélat chrétien, nous montre clairement le but vers lequel tend cette insurrection chinoise. C'est une réforme morale en même temps que politique du Céleste Empire qu'elle veut tenter. Elle détruit les idoles parce que les symboles ont fait perdre de vue les idées religieuses qu'ils ne devaient que voiler. En agissant ainsi, les rebelles obéissent à un des premiers préceptes de l'antique religion du Xan-Té, et Confucius lui-même a souvent donné l'exemple de semblables destructions. Nous ne

croyons pas plus que le vicaire apostolique du Hou-Kouang
que le mouvement insurrectionnel chinois est chrétien.
Cependant, nous ne saurions oublier que les Mings ont été
les derniers protecteurs des chrétiens en Chine, et que
l'insurrection marche sous le vieil étendard des Mings.

GEORGES BELL.

TABLE

CHAPITRE XV.